高等职业学校教材

机械基础
（非机类）

蔡广新　主编
宋晓明　张天旭　副主编

第二版

JIXIE JICHU
FEIJILEI

  化学工业出版社
·北京·

内 容 简 介

本书依据教育部高等职业学校专业教学标准，结合近年来高等职业教育非机械类专业机械基础课程教学改革经验编写而成。

全书共九章，内容包括：机械常用工程材料与钢的热处理、平面构件的静力分析、拉压杆件的承载能力、梁的弯曲、轴与轴毂连接、常用机构、常用传动方式、轴承、连接零件等。各章配有习题，供学习时选用。

本书可作为高等职业教育非机械类各专业机械基础课程的教材，也可供企业的工程技术人员参考使用。

图书在版编目（CIP）数据

机械基础：非机类/蔡广新主编. —2版. —北京：化学工业出版社，2021.8（2024.2重印）
ISBN 978-7-122-39427-9

Ⅰ.①机… Ⅱ.①蔡… Ⅲ.①机械学-高等职业教育-教材 Ⅳ.①TH11

中国版本图书馆CIP数据核字（2021）第129119号

责任编辑：提 岩 于 卉　　　　　　　　　　文字编辑：韩亚南
责任校对：王素芹　　　　　　　　　　　　　装帧设计：史利平

出版发行：化学工业出版社（北京市东城区青年湖南街13号　邮政编码100011）
印　　装：北京科印技术咨询服务有限公司数码印刷分部
787mm×1092mm　1/16　印张13½　字数329千字　2024年2月北京第2版第2次印刷

购书咨询：010-64518888　　　　　　　　　　售后服务：010-64518899
网　　址：http://www.cip.com.cn
凡购买本书，如有缺损质量问题，本社销售中心负责调换。

定　价：39.80元　　　　　　　　　　　　　　　　　　　版权所有　违者必究

第二版前言

"机械基础"是高等职业教育非机械类专业的一门重要的专业基础课,是连接基础课和专业课的桥梁,具有承上启下的作用。为适应我国高等职业教育教学改革的需要,编者团队在参照教育部高等学校工程专科非机械类专业机械基础课程教学基本要求的基础上,总结多年教学改革经验,于2012年出版了《机械基础》第一版,得到了全国众多院校师生的认可和选用。

本次修订主要以教育部高等职业学校专业教学标准为依据,结合近年来高等职业教育非机械类专业机械基础课程教学改革经验,对教材内容进行了精心选取和编排,对理论性较强的公式和复杂的实例进一步简化,并提供了一些参考资料,同时结合师生们的使用反馈和建议,对各章后的习题按判断题、选择题、计算题等形式进行了重新梳理和编排,既保证了知识点的覆盖面,又便于练习巩固。

本书由河北石油职业技术大学蔡广新任主编,河北石油职业技术大学宋晓明、张天旭任副主编。具体编写分工如下:绪论、第九章由蔡广新编写;第一章、第二章由宋晓明编写;第三章、第四章由河北石油职业技术大学郭姝萌编写;第五章、第六章由张天旭编写;第七章、第八章由河北石油职业技术大学陈文娟编写。全书由蔡广新统稿。

由于编者水平所限,书中不足之处在所难免,敬请广大读者批评指正!

编 者
2021年5月

目 录

绪论 ·· 1
    一、机器的组成与相关概念 ·· 1
    二、本课程的内容、性质和任务 ·· 2
    三、本课程的学习方法 ·· 3

第一章　机械常用工程材料与钢的热处理 ··· 4
   第一节　金属材料的力学性能与工艺性能 ·· 4
      一、力学性能 ·· 4
      二、工艺性能 ·· 8
   第二节　金属的晶体结构与结晶 ·· 9
      一、晶体结构 ·· 9
      二、实际晶体结构 ·· 10
      三、结晶 ··· 11
   第三节　合金的相结构与合金相图 ··· 12
      一、合金的基本概念 ··· 12
      二、合金的相结构 ·· 13
   第四节　铁碳合金及其相图 ·· 15
      一、纯铁的同素异晶转变 ·· 16
      二、铁碳合金的基本相 ··· 16
      三、铁碳相图分析 ·· 17
      四、铁碳合金分类 ·· 18
      五、典型铁碳合金的冷却过程与组织 ·· 18
      六、含碳量与杂质对铁碳合金性能的影响 ··· 20
   第五节　钢的热处理 ··· 21
      一、组织转变原理 ·· 21
      二、热处理工艺 ··· 24
   第六节　常用金属材料 ·· 25
      一、铁基金属材料 ·· 25
      二、非铁基金属材料 ··· 29
   第七节　工程材料的选用 ··· 31
      一、零件的失效 ··· 31

二、失效的原因 ……………………………………………………… 31
　　三、选材的原则 ……………………………………………………… 31
　　四、选材的步骤 ……………………………………………………… 32
　　五、典型零件的选用 ………………………………………………… 32
习题 …………………………………………………………………………… 34

第二章　平面构件的静力分析 …………………………………………… 36

第一节　静力分析基础 ……………………………………………………… 36
　　一、基本概念 ………………………………………………………… 36
　　二、基本公理 ………………………………………………………… 38
　　三、约束与约束反力 ………………………………………………… 39
　　四、受力分析与受力图 ……………………………………………… 42
第二节　平面基本力系 ……………………………………………………… 43
　　一、平面汇交力系合成与平衡的几何法 …………………………… 43
　　二、平面汇交力系合成与平衡的解析法 …………………………… 45
　　三、平面力偶系的合成与平衡 ……………………………………… 47
第三节　平面任意力系 ……………………………………………………… 48
　　一、力线平移定理 …………………………………………………… 48
　　二、平面任意力系向一点简化 ……………………………………… 49
　　三、合力矩定理 ……………………………………………………… 51
　　四、平面任意力系的平衡方程与应用 ……………………………… 51
习题 …………………………………………………………………………… 54

第三章　拉压杆件的承载能力 ……………………………………………… 57

第一节　构件承载能力概述 ………………………………………………… 57
第二节　轴向拉伸与压缩的概念 …………………………………………… 58
第三节　轴向拉伸与压缩时横截面上的内力 ……………………………… 59
　　一、内力的概念 ……………………………………………………… 59
　　二、截面法求轴力 …………………………………………………… 59
　　三、轴力图 …………………………………………………………… 60
第四节　轴向拉伸（或压缩）的强度计算 ………………………………… 61
　　一、应力的概念 ……………………………………………………… 61
　　二、横截面上的应力 ………………………………………………… 61
　　三、许用应力和强度条件 …………………………………………… 62
第五节　轴向拉伸（或压缩）的变形 ……………………………………… 65
　　一、变形与应变 ……………………………………………………… 65
　　二、泊松数 …………………………………………………………… 66
　　三、胡克定律 ………………………………………………………… 66
第六节　材料拉伸和压缩时的力学性能 …………………………………… 68
　　一、低碳钢的拉伸试验 ……………………………………………… 68
　　二、铸铁的拉伸试验 ………………………………………………… 70

		三、材料的压缩试验 ··	71
		四、应力集中 ··	71
	第七节	压杆稳定 ··	72
	习题	··	73

第四章　梁的弯曲 ·· 76

	第一节	平面弯曲的概念与弯曲内力 ································	76
		一、平面弯曲的概念 ··	76
		二、弯曲内力 ··	77
		三、剪力图和弯矩图 ··	79
	第二节	弯曲强度计算 ··	82
		一、弯曲正应力及分布规律 ································	82
		二、梁弯曲时的正应力强度条件及其应用 ················	82
	第三节	提高梁承载能力的措施 ······································	84
		一、减小最大弯矩 ···	84
		二、提高弯曲截面系数 ·····································	85
		三、等强度梁 ··	85
	习题	··	86

第五章　轴与轴毂连接 ·· 89

	第一节	轴的分类与材料 ···	89
		一、分类 ··	89
		二、材料 ··	89
	第二节	圆轴扭转时的内力 ··	91
		一、圆轴扭转的概念 ··	91
		二、外力偶矩的计算 ··	91
		三、扭矩的计算 ··	92
		四、扭矩图 ···	93
	第三节	圆轴扭转时的应力和强度计算 ····························	94
		一、应力 ··	94
		二、极惯性矩和抗扭截面系数 ·····························	96
		三、强度计算 ··	97
	第四节	轴的结构设计 ··	97
	第五节	剪切与挤压的实用计算与轴毂连接 ·······················	99
		一、实用计算 ··	99
		二、轴毂连接 ··	102
	习题	··	108

第六章　常用机构 ··· 111

	第一节	平面机构的组成 ···	111
		一、运动副 ···	111

二、平面机构的运动简图 ································ 112
　　　三、平面机构的自由度 ···································· 114
　第二节　平面连杆机构 ·· 117
　　　一、平面四杆机构的类型及应用 ······················ 118
　　　二、平面四杆机构的基本性质 ·························· 122
　第三节　凸轮机构 ·· 124
　　　一、组成、应用和特点 ···································· 124
　　　二、分类 ·· 124
　　　三、运动过程与运动参数 ································ 125
　　　四、凸轮和滚子的材料 ···································· 126
　　　五、凸轮和滚子的结构 ···································· 126
　第四节　其他常用机构 ·· 127
　　　一、棘轮机构 ··· 127
　　　二、槽轮机构 ··· 129
　习题 ··· 131

第七章　常用传动方式 ··· 134

　第一节　带传动 ·· 134
　　　一、类型、特点和应用 ···································· 134
　　　二、V带和V带轮 ·· 135
　　　三、V带传动的张紧和维护 ······························ 137
　第二节　链传动 ·· 139
　　　一、结构和特点 ··· 139
　　　二、运动特性 ··· 140
　第三节　齿轮传动 ·· 140
　　　一、齿轮传动的类型和特点 ····························· 140
　　　二、渐开线齿廓 ··· 140
　　　三、渐开线标准直齿圆柱齿轮的基本参数和几何尺寸计算 ··········· 142
　　　四、渐开线直齿圆柱齿轮的啮合条件 ················ 144
　　　五、根切现象、最少齿数和变位齿轮的概念 ····· 146
　　　六、轮齿的失效形式和齿轮的材料 ··················· 147
　　　七、标准直齿圆柱齿轮传动的强度计算 ············ 149
　　　八、斜齿圆柱齿轮传动 ···································· 154
　　　九、其他齿轮传动简介 ···································· 161
　　　十、轮系 ·· 162
　习题 ··· 170

第八章　轴承 ··· 174

　第一节　滑动轴承 ·· 174
　　　一、滑动轴承的结构 ·· 174
　　　二、轴瓦（轴套）的结构 ································· 177

		三、轴承材料	177
		四、滑动轴承的润滑	178
	第二节	滚动轴承的构造及类型	179
		一、滚动轴承的构造	179
		二、滚动轴承的分类及特点	180
	第三节	滚动轴承的代号及类型选择	182
		一、滚动轴承的代号	182
		二、滚动轴承的类型选择	183
	第四节	滚动轴承的组合设计	183
		一、滚动轴承的轴向定位与固定	183
		二、滚动轴承的配合与装拆	186
		三、滚动轴承的润滑与密封	186
	习题		188

第九章　连接零件　189

	第一节	螺纹连接	189
		一、连接用螺纹	189
		二、螺纹连接的类型	190
		三、螺纹连接件	191
		四、螺栓连接的几个结构问题	193
		五、螺纹连接装配中的几个问题	194
	第二节	联轴器和离合器	197
		一、联轴器	197
		二、离合器	200
	第三节	弹簧	202
		一、功用	202
		二、类型	202
		三、材料	203
		四、圆柱螺旋弹簧的结构	203
		五、圆柱螺旋弹簧的几何参数	203
	习题		204

参考文献　206

绪论

一、机器的组成与相关概念

日常生活和工作中接触到的缝纫机、洗衣机、自行车、汽车，工业生产中的机床、纺织机、起重机、机器人等，都是机器。机器的种类繁多，其结构、功用各异，但从机器的组成来分析，它们的共同之处如下：

① 都是人为的实体组合；

② 各实体间具有确定的相对运动；

③ 能实现能量的转换或完成有用的机械功。

同时具备这三个特征的称为机器，仅具备前两个特征的称为机构。机构就是多个实物的组合，能实现预期的机械运动。例如，图 0-1 所示的内燃机，由活塞、连杆、曲轴、齿轮、凸轮、顶杆及汽缸体等组成，它们构成了连杆机构、齿轮机构和凸轮机构，如图 0-2 所示。内燃机的功能是将燃料的热能转化为曲轴转动的机械能。其中连杆机构将燃料燃烧时体积迅速膨胀而使活塞产生的直线移动转化为曲轴的转动；凸轮机构用来控制适时启闭进气阀和排

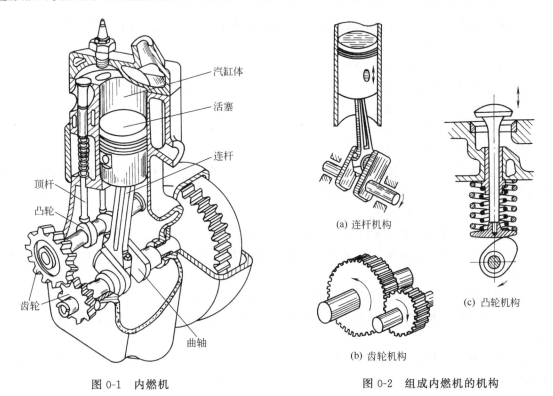

图 0-1　内燃机　　　　　　　　图 0-2　组成内燃机的机构

气阀；齿轮机构保证进、排气阀与活塞之间形成协调动作。由此可见，机器是由机构组成的，从运动观点来看两者并无差别，工程上统称为机械。

组成机械的各个相对运动的实体称为构件，机械中不可拆的制造单元称为零件。构件可以是单一零件，如内燃机的曲轴（图0-3），也可以是由多个零件组成的一个刚性整体，如内燃机的连杆（图0-4）。由此可见，构件是机械中的运动单元，零件是机械中的制造单元。

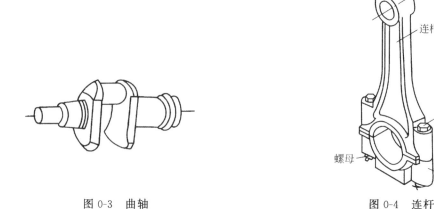

图 0-3　曲轴　　　　　　　　　　图 0-4　连杆

零件又可分为两类：一类是在各种机器中都可能用到的零件，称为通用零件，如螺母、螺栓、齿轮、凸轮、链轮等；另一类则是在特定类型机器中才能用到的零件，称为专用零件，如曲轴、活塞等。

二、本课程的内容、性质和任务

本课程的内容是研究机械的基本理论及与机械设计相关的计算、制造等技术问题，具体主要有以下几个方面：

① 机械常用工程材料及钢的热处理；
② 平面机构的静力分析；
③ 构件的承载能力分析；
④ 常用机构及传动设计；
⑤ 通用零件设计。

机械基础是一门技术基础课。它在培养非机械类工程技术人才掌握机械的基本知识方面起着非常重要的作用，是一门不可缺少的课程。

本课程的任务和要求如下。

① 了解机械常用工程材料和热处理的基本知识。
② 掌握物体的受力分析与平衡条件，能解决日常生活和工作实际中有关静力分析的具体问题。
③ 掌握构件承载能力的计算方法及提高构件承载能力的措施。
④ 熟悉常用机构的结构特点、工作原理及应用等基本知识，并具有初步分析和设计常用机构的能力。
⑤ 掌握通用零件的类型、工作原理、特点、应用及简单计算，并具有运用和分析简单传动装置的能力。

⑥ 通过本课程的学习，具有运用标准、规范、手册、图册等相关技术资料的能力。

三、本课程的学习方法

本课程是实践性较强的技术基础课，因此，在学习时应注意以下几点。

① 应多看一些实物、模型，仔细观察机械的工作和运动情况，对各种机构有直观印象，则可对所学知识加深理解。

② 由于机器的种类繁多，而组成机器的机构种类却有限，本课程只对一些共性问题和常用机构进行探讨。所以，在学习时，一方面要着重搞清基本概念，理解基本原理，掌握机构分析的基本方法；另一方面也要注意这些原理和方法在机械工程上实际应用的范围和条件，要有一定的工程意识。

③ 做适量的习题也是学好本课程的重要环节。首先要了解如何从生产实际中提炼出理论问题，再用学到的理论、研究方法进行求解，最后得到符合实际需要的结论。

④ 实验课是加深基本概念理解和培养基本技能的重要环节，需要严肃认真地进行操作，审慎细致地取得数据，培养严谨的工作作风。

第一章
机械常用工程材料与钢的热处理

学习目标

掌握热处理的基本原理与工艺，掌握合理选材的方法和步骤，了解金属的基本结构，了解金属材料的分类与牌号表示方法，了解材料的性能与组织、结构的关系。

第一节 金属材料的力学性能与工艺性能

材料是人类社会发展的重要物质基础，人类社会发展的历史证明，生产技术的进步和生活水平的提高与新材料的应用息息相关。每一种新材料的出现和应用，都使社会生产和人们生活发生重大变化，并有力地推动人类文明的进步。因此，历史学家常以石器时代、铜器时代、铁器时代来划分历史发展的各个阶段，而现在人类已跨入人工合成材料的新时代。

材料的种类很多，其中用于机械制造的各种材料称为机械工程材料。生产中用来制作机械工程结构、零件和工具的固体材料，分为金属材料、非金属材料和复合材料三大类。其中金属材料是最重要的工程材料，应用最广、最多，占整个用材的80%～90%。金属材料之所以能够广泛应用，是由于它具有优良的使用性能和工艺性能，易于制成性能、形状都能满足使用要求的机械零件、工具和其他制品。

材料的性能与其成分、组织及加工工艺密切相关。金属材料可以通过不同的热处理方法，改变表面成分和内部组织结构，以获得不同的性能，满足不同的使用要求。因此，机械设计和制造的重要任务之一，就是合理地选用材料和制定材料的加工工艺。而要合理选材，必须了解其性能。

金属材料的性能包括使用性能和工艺性能。使用性能是指金属材料在使用过程中所表现出来的性能，主要有力学性能、物理性能和化学性能；工艺性能是指金属材料在各种加工过程中表现出来的性能，主要有铸造、锻造、焊接、热处理和切削加工性能。在机械行业中选用材料时，一般以力学性能作为主要依据。

一、力学性能

力学性能是指金属在外力作用下所表现出来的特性。常用的力学性能判据有强度、塑性、硬度、韧性和疲劳强度等。金属力学性能判据是指表征和判定金属力学性能所用的指标和依据。判据的高低表征了金属抵抗各种损伤能力的大小，也是设计金属制件时选材和进行强度计算的主要依据。

1. 强度和塑性

强度是指金属抵抗塑性变形和断裂的能力。塑性变形是指金属在外力作用下发生不能恢复原状的变形，也称永久变形。根据受力情况的不同，材料的强度可分为抗拉、抗压、抗弯曲、抗扭转和抗剪切等强度。常用的强度指标为静拉伸试验条件下，材料抵抗塑性变形能力的屈服点强度 σ_s 和抵抗破坏能力的抗拉强度 σ_b。材料的 σ_s 或 σ_b 值越大，则强度越高。

塑性是指断裂前材料发生塑性变形的能力，常用的判据有断后伸长率 δ 和断后收缩率 ψ。δ 和 ψ 越大，材料的塑性越好。伸长率 δ 是指材料受拉断裂时，一定长度的绝对伸长量与原有长度的百分比。

要测定材料的强度和塑性，通常是将材料制成标准试样，在材料万能试验机上进行测定。关于强度、塑性及其测定将在后文中进一步讲述。

2. 硬度

硬度是指材料抵抗局部变形，尤其是塑性变形、压痕或划痕的能力。硬度是衡量金属软硬程度的判据。

材料的硬度是通过硬度试验测得的。硬度试验所用设备简单，操作简便、迅速，可直接在半成品或成品上进行试验而不损坏被测件，而且还可根据硬度值估计出材料近似的强度和耐磨性。因此，硬度在一定程度上反映了材料的综合力学性能，应用很广。常将硬度作为技术条件标注在零件图样或写在工艺文件中。

硬度试验方法较多，生产中常用的是布氏硬度、洛氏硬度试验法。

（1）布氏硬度 其测定是在布氏硬度试验机上进行的，试验原理如图 1-1 所示。用直径为 D 的淬火钢球或硬质合金球做压头，以相应的试验力 F 将压头压入试件表面，经规定的时间后，去除试验力，在试件表面得到一直径为 d 的压痕。用试验力 F 除以压痕表面积 $A_压$，所得值即为布氏硬度值，用符号 HB 表示。以淬火钢球为压头时，符号为 HBS；以硬质合金球为压头时，符号为 HBW。

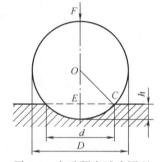

图 1-1　布氏硬度试验原理

$$HBS(HBW) = \frac{F}{A_压} = \frac{F}{\pi D h} = 0.102 \times \frac{2F}{\pi D (D - \sqrt{D^2 - d^2})}$$

式中　$A_压$——压痕表面积，mm^2；

d, D, h——压痕平均直径、压头直径、压痕深度，mm。

上式中只有 d 是变量，只要测出 d 值，即可通过计算或查表得到相应的硬度值。d 值越大，硬度值越小；d 值越小，硬度值越大。

布氏硬度试验法压痕面积较大，能反映出较大范围内材料的平均硬度，测得结果较准确，但操作不够简便。又因压痕大，故不宜测试薄件或成品件。HBS 适于测量硬度值小于 450 的材料；HBW 适于测量硬度值小于 650 的材料。

目前，大多用淬火钢球做压头测量材料硬度，主要用来测定灰铸铁、有色金属及退火、正火和调质的钢材等。

（2）洛氏硬度 以试验测量压痕深度表示材料的硬度值。

洛氏硬度试验所用的压头有两种类型：一种是圆锥角 $\alpha = 120°$ 的金刚石圆锥体，另一种是一定直径的硬质合金球（$\phi 1.5875mm$ 和 $\phi 3.75mm$ 两种）。用金刚石锥体测定洛氏硬度试验过程示意图如图 1-2 所示。

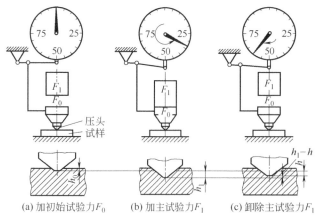

图 1-2 洛氏硬度试验过程示意图

为保证压头与试样表面接触良好，试验时先加初始试验力 F_0，在试样表面得一压痕，压头压入深度为 h_0。此时，测量压痕深度的指针在表盘上指零，如图 1-2（a）所示。然后加上主试验力 F_1，压头压入深度为 h_1。表盘上指针以逆时针方向转动到相应刻度位置，如图 1-2（b）所示。试样在 F_1 的作用下产生的总变形 h_1 中包括弹性变形与塑性变形。当卸除后，总变形中的弹性变形恢复，压头回升一段距离（h_1-h），如图 1-2（c）所示。这时试样表面残留的塑性变形深度即为压痕深度 h，而指针顺时针方向转动停止时所指的数值就是洛氏硬度值。

为了能在一台硬度计上测定不同软硬或厚薄试样的硬度，可采用不同的压头和试验力组合成不同的洛氏硬度标尺。用不同标尺测定的洛氏硬度符号在 HR 后面加标尺字母或数字字母组合表示。字母有 A、B、C、D、E、F、G、H、K 共 9 种，数字字母组合有 15N、30N、45N、15T、30T、45T 共 6 种，故洛氏硬度标尺有 15 种。

洛氏硬度值用压痕深度 h 来计算。压痕越深，表针摆动越大，硬度值越低；反之，则硬度值越高。洛氏硬度的计算公式为

$$HR = N - h/S$$

其中，N、S 为常数。根据不同的洛氏硬度标尺，N 的取值分别为 100 和 130，S 的取值分别为 0.001 和 0.002。

洛氏硬度的表示方法如下：

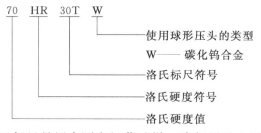

洛氏硬度试验的 N、T 标尺是用来测定极薄试样、渗氮层及金属镀层等的硬度的。

常用洛氏硬度试验的标尺、试验规范及应用与洛氏硬度试验的 N、T 标尺试验规范及应用见表 1-1。

洛氏硬度试验的优缺点如下。

优点：

① 操作简便、迅速，硬度可直接读出；

② 压痕较小，无损于工件，可在成品或较薄工件上进行试验；

③ 采用不同标尺可测定各种软硬不同的金属和厚薄不一的试样的硬度，因而广泛应用于热处理质量检验。

表 1-1　常用洛氏硬度试验的标尺、试验规范及应用与洛氏硬度试验的 N、T 标尺试验规范及应用

常用洛氏硬度试验的标尺、试验规范及应用							
标尺	硬度符号	压头类型	初始试验力 F_0/N	主试验力 F_1/N	总试验力 F/N	测量硬度范围	应用举例
A	HRA	金刚石圆锥	98.07	490.3	588.4	20~88	测定硬质合金、硬化薄钢板、表面薄层硬化钢的硬度
B	HRB	ϕ1.5875mm 硬质合金球	98.07	882.6	980.7	20~100	测定低碳钢、铜合金、铁素体、可锻造铁的硬度
C	HRC	金刚石圆锥	98.07	1373	1471	20~70	测定淬火钢、高硬度铸铁、珠光体可锻铸铁的硬度
洛氏硬度试验的 N、T 标尺的试验规范及应用							
标尺	硬度符号	压头类型	初始试验力 F_0/N	主试验力 F_1/N	总试验力 F/N	测量硬度范围	应用举例
15N	HR15N	金刚石圆锥	29.42	117.7	147.1	70~94	渗碳钢、渗氮钢、极薄钢板、切削刃、零件边缘部分、表面镀层
30N	HR30N	金刚石圆锥	29.42	264.8	294.2	42~86	渗碳钢、渗氮钢、极薄钢板、切削刃、零件边缘部分、表面镀层
45N	HR45N	金刚石圆锥	29.42	411.9	441.3	20~77	渗碳钢、渗氮钢、极薄钢板、切削刃、零件边缘部分、表面镀层
15T	HR15T	ϕ1.5875mm 硬质合金球	29.42	117.7	147.1	67~93	低碳钢、铜合金、铝合金等薄板
30T	HR30T	ϕ1.5875mm 硬质合金球	29.42	264.8	294.2	29~82	低碳钢、铜合金、铝合金等薄板
45T	HR45T	ϕ1.5875mm 硬质合金球	29.42	411.9	441.3	10~72	低碳钢、铜合金、铝合金等薄板

缺点：

① 压痕较小，代表性差；

② 如果材料中有偏析及组织不均匀等缺陷，则所测硬度值重复性差，分散度大，测量结果不准确，需要在试件不同部位测定三点取其平均值；

③ 用不同标尺测得的硬度值彼此没有联系，不能直接进行比较。

3. 韧性与疲劳强度

（1）韧性　以上讨论的是静载荷下的力学性能指标，但生产中许多零件是在冲击力作用下工作的，如锻锤的锤杆、风动工具等。这类零件，不仅要满足在静力作用下的力学性能指标，还应有足够的韧性。韧性是指金属在断裂前吸收变形能量的能力，它表示了金属材料抗冲击的能力。韧性的判据是通过冲击试验确定的。

常用的方法是摆锤式一次冲击试验法，它是在专门的摆锤试验机上进行的。试验时首先按 GB/T 229—2020 的规定，将被测材料制作成标准冲击试样，然后将试样缺口背向摆锤冲击方向放在试验机支座上（图 1-3）。摆锤举至 h_1 高度，然后自由落下；摆锤冲断试样后，升至 h_2 高度。摆锤冲断试样所消耗的能量，即试样在冲击力一次作用下折断时所吸收的功，称为冲击吸收功，用符号 A_K 表示。

$$A_K = mgh_1 - mgh_2 = mg(h_1 - h_2)$$

A_K 值不需计算，可由试验机刻度盘上直接读出。冲击试样缺口底部单位横截面积上的冲击吸收功，称为冲击韧度，用符号 a_K 表示，单位为 J/cm²。

$$a_K = \frac{A_K}{A}$$

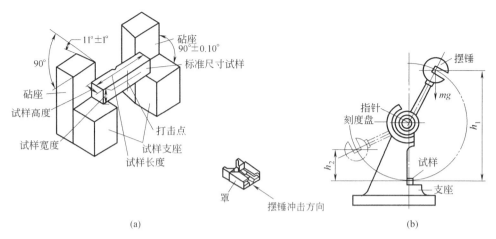

图 1-3 摆锤式冲击试验原理示意

式中 A——试样缺口底部横截面积，cm^2。

冲击吸收功越大，材料韧性越好，在受到冲击时越不容易断裂。但应当指出，冲击试验时，冲击吸收功中只有一部分消耗在断开试样缺口上，冲击吸收功的其余部分消耗在冲断试样前，缺口附近体积内的塑性变形上。因此，冲击韧度不能真正代表材料的韧性，而用冲击吸收功 A_K 作为材料韧性的判据更为适宜。

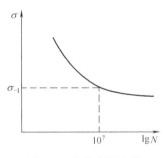

图 1-4 疲劳曲线示意

(2) 疲劳强度 许多零件如轴、齿轮、弹簧等是在交变应力作用下工作的。在循环应力作用下，零件在一处或几处产生局部永久性累积损伤，经一定循环次数后产生裂纹或突然发生完全断裂的过程，称为疲劳或疲劳断裂。零件疲劳断裂前无明显塑性变形，危险性大，常造成严重事故。

实验证明，金属材料能承受的交变应力与断裂前应力循环基数有关。如图 1-4 所示，当 σ 低于某一值时，曲线与横坐标轴平行，表示材料可经无数次循环应力作用而不断裂，这一应力称为疲劳应力，并用 σ_{-1} 表示光滑试样对称弯曲疲劳强度。

一般，交变应力越小，断裂前所能承受的循环次数越多；交变应力越大，可循环次数越少。工程上用的疲劳强度，是指在一定的循环基数下不发生断裂的最大应力。通常规定钢铁材料的循环基数取 10^7，有色金属取 10^8。

二、工艺性能

(1) 铸造性能 铸造是将熔融金属浇注、压射或吸入铸型型腔中，待其凝固后而得到一定形状和性能的零件的方法。铸造性能是指浇注时液态金属的流动性、凝固时的收缩性和偏析倾向等。流动性好的金属材料有充满铸型的能力，能够铸出大而薄的铸件。收缩是指液态金属凝固时体积收缩和凝固后的线收缩，收缩小的可提高液态金属的利用率，减少铸件产生变形或裂纹的可能性。偏析是指铸件凝固后各处化学成分的不均匀性，若偏析严重，将使铸件力学性能变坏。在常用的金属材料中，灰铸铁和青铜有良好的铸造性能。

(2) 锻造性能 指材料在压力加工时，能改变形状而不产生裂纹的性能以及变形时变形抗力的大小。锻造性好，表明容易进行锻压加工；锻造性差，表明该金属不宜选用锻压加工方法。锻造性与化学成分和变形温度有关，通常在高温下材料锻造性好。与高碳钢和合金钢相比低碳钢能承受锻造、轧制、冷拉、挤压等形变加工，表现出良好的锻造性。

（3）焊接性能 指材料在通常的焊接方法和焊接工艺条件下，获得质量良好的焊缝的性能。焊接性能好的材料，易于用一般的焊接方法和工艺进行焊接，焊缝中不易产生气孔、夹渣或裂纹等缺陷，其强度与母材接近。焊接性能差的材料要用特殊的方法和工艺进行焊接。焊接性与化学成分有关，常用材料中，低碳钢有良好的焊接性，而高碳钢和铸铁焊接性较差。

（4）切削加工性能 指工件材料进行切削加工的难易程度。切削加工性好的材料易于高效获得加工表面质量好的零件，且刀具寿命长，而加工性不好的材料，不宜获得高表面质量的工件甚至不能切削加工。金属材料的切削加工性，不仅与材料本身的化学成分、金相组织有关，还与刀具有关。通常，可根据材料的强度和韧性对切削加工性进行大致的判断。硬度过高或过低以及韧性过大的材料，切削加工性较差。碳钢硬度为150～250HBS时，有较好的切削加工性。材料硬度高，使刀具寿命短或不能切削加工；材料硬度过低，不易断屑，容易粘刀，加工后表面粗糙。灰口铸铁具有良好的切削加工性。

第二节　金属的晶体结构与结晶

金属材料的性能不仅取决于它们的化学成分，还取决于它们的内部组织结构。即使是成分相同的材料，当经过不同的热加工或冷变形加工后，性能也会有很大差异。材料性能上的差异主要取决于金属内部原子排列规律和结构缺陷。

一、晶体结构

1. 金属是晶体

固体材料按内部原子聚集状态不同，分为晶体和非晶体。晶体内部的原子按一定几何形状有规律地重复排列，而非晶体内部的原子无规律地堆积在一起。晶体（如金刚石）具有固定的熔点和各向异性的特征；非晶体（如玻璃）没有固定熔点，且各向同性。固态金属与合金基本上都是晶体。

2. 晶体结构的基本概念

实际晶体中的各类质点（包括原子、离子、电子等）虽然都是在不停地运动着，但是，通常在讨论晶体结构时，常把构成晶体的原子看成是一个个固定的小球，这些原子小球按一定的几何形式在空间紧密堆积，如图1-5（a）所示。

为便于分析晶体原子排列规律，可将原子近似地看成一个点，并用假想的线条（直线）将各原子中心连接起来，便形成一个空间几何格架。这种抽象的用于描述原子在晶体中排列方式的空间几何格架称为晶格，如图1-5（b）所示。晶格中直线的交点称为结点。由于晶体中原子排列规律，因此，可以在晶格内取一个能代表晶格特征的，由最少数目的原子排列成的最小结构单元来表示晶格，称为晶胞，如图1-5（c）所示。分析晶胞可从中找出晶体特征及原子排列规律。各种晶体由于其晶体类型及晶格大小不同，呈现出不同的性能。

3. 常见的晶体结构

（1）体心立方晶格 晶胞为一立方体，立方体的八个顶角各排列着一个原子，立方体中心有一个原子，如图1-6所示。属于这种晶格类型的金属有α-铁、铬（Cr）、钨（W）、钼

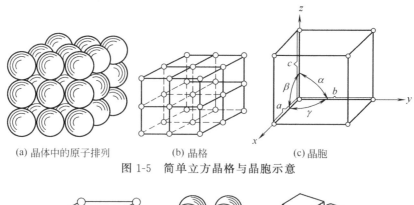

图 1-5 简单立方晶格与晶胞示意

图 1-6 体心立方晶格与晶胞示意

(Mo)、钒（V）等。

（2）面心立方晶格　晶胞也是一个立方体，立方体的八个顶角和六个面的中心各排列着一个原子，如图 1-7 所示。属于这种晶格类型的金属有 γ-铁、铝（Al）、铜（Cu）、镍（Ni）、金（Au）、银（Ag）。

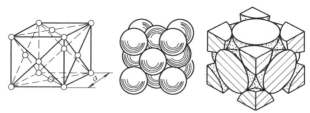

图 1-7 面心立方晶格与晶胞示意

晶格类型不同，原子排列的致密度（晶胞中原子所占体积与晶胞体积的比值）也不同。体心立方晶格为 68%，面心立方晶格为 74%。面心立方晶格原子排列紧密。各种晶体由于原子结构和原子结合力不同，表现出不同的性能。

晶体中不同的晶面和晶向上原子密度不同，原子间结合力也不同，因此晶体在不同晶面和晶向上表现出不同的性能，即各向异性。但在实际金属材料中，一般见不到它们具有这种各向异性的特征，这是因为实际晶体结构与理想晶体结构有很大的差异。

二、实际晶体结构

（1）多晶体结构　晶体内部的晶格位向完全一致的晶体称为单晶体。金属的单晶体只能靠特殊的方法制得。实际使用的金属材料都是由许多晶格位向不同的微小晶体组成，每个小晶体都相当于一个单晶体，内部晶格位向是一致的，而小晶体之间的位向却不相同。这种外形呈多面体颗粒状的小晶体称为晶粒。晶粒与晶粒之间的界面称为晶界。由许多晶粒组成的晶体称为多晶体，如图 1-8 所示。由于多晶体的性能是位向不同晶粒的平均性能，故可认为金属（多晶体）是各向同性的。

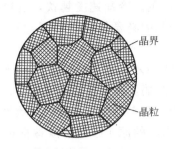
图 1-8　金属的多晶体结构

图 1-9　点缺陷示意

（2）晶体缺陷　在实际晶体中，原子的排列并不像理想晶体那样规则和完整。由于许多因素（如结晶条件、原子热运动及加工条件等）的影响，某些区域的原子排列受到干扰和破坏，这种区域称为晶体缺陷。如图 1-8 和图 1-9 所示的晶界、间隙原子和晶格空位。金属晶体中的晶体缺陷，对金属的性能会有很大影响。例如，晶界的抗腐蚀性差、熔点低等。

三、结晶

纯金属由液态转变成固态晶体的过程称为结晶。因结晶所形成的组织直接影响到金属的性能，所以研究金属的结晶基本规律，对改善其组织和性能有重要意义。

1. 过冷曲线与过冷度

纯金属的结晶过程可用冷却曲线来描述。如图 1-10（a）所示为用热分析法测绘的冷却曲线，即在金属液缓慢冷却过程中，观察并记录温度随时间变化的数据，将其绘制在温度-时间坐标中而得到的。

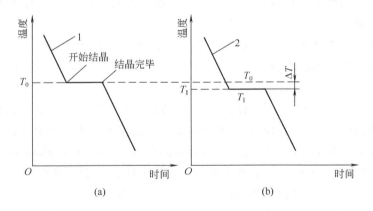

图 1-10　纯金属的冷却曲线

由冷却曲线 1 可知，金属液缓慢冷却时，随着热量向外散失，温度不断下降，当温度降到 T_0 时，开始结晶。由于结晶时放出的结晶潜热补偿了其冷却时向外散失的热量，故结晶过程中温度不变，即冷却曲线上出现一水平线段，水平线段所对应的温度称为理论结晶温度（T_0）。结晶结束后，固态金属的温度继续下降，直至室温。

在实际生产中，金属结晶的冷却速度都很快。因此，金属液的实际结晶温度 T_1 总是低于理论结晶温度 T_0，如图 1-10（b）曲线 2 所示，这种现象称为过冷现象。理论结晶温度与实际结晶温度之差 ΔT，称为过冷度，即 $\Delta T = T_0 - T_1$。

过冷度的大小与冷却速度、金属的性质和纯度等因素有关。冷却速度越快,过冷度越大。实际上,金属都是在过冷情况下结晶的,过冷是金属结晶的必要条件。

2. 纯金属的结晶过程

纯金属的结晶过程是晶核形成和长大的过程,如图 1-11 所示。液态金属中的原子进行着热运动,无严格的排列规则。但随温度下降,热运动逐渐减弱,原子活动范围缩小,相互之间逐渐靠近。当冷却到结晶温度时,某些部位的原子按金属固有的晶格,有规律地排列成小晶体。这种细小的晶体称为晶核,也称自发晶核。晶核周围的原子按固有规律向晶核聚集,使晶核长大。在晶核不断长大的同时,又有新的晶核产生、长大,直至结晶完毕。因此,一般金属是由许多外形不规则、位向不同的小晶体(晶粒)所组成的多晶体。

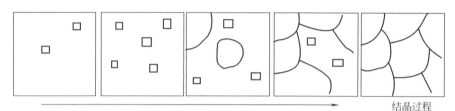

图 1-11　金属结晶过程示意

金属中含有的杂质质点能促进晶核在其表面上形成,这种依附于杂质而形成的晶核称为非自发晶核。能形成非自发晶核的杂质,其晶体结构和晶格大小应与金属的相似,才能成为非自发晶核的基底。自发晶核和非自发晶核同时存在于金属液中,但非自发晶核往往比自发晶核更为重要,起优先和主导作用。

3. 金属晶粒大小与控制

金属结晶后,其晶粒大小对金属材料的力学性能有很大影响。晶粒越细小,金属的强度、塑性和韧性越高。

由前述可知,晶粒大小取决于晶核数目的多少和晶粒长大的速率。凡是能促进形核,抑制长大的因素,都能细化晶粒。生产之中为细化晶粒,提高金属的性能,常采用以下方法。

(1) 增大冷速　冷速增加,金属结晶时,过冷度增加,形核速率和晶核长大速率随之增加,但在很大范围内形核速率比晶核长大速率更大,故增大冷速,可使晶粒细化。

(2) 变质处理　在浇注前,可人为地向金属液中加入一定量的难熔金属或合金元素(称为变质剂),增加非自发形核,以增加形核率,这种方法称为变质处理。变质处理在冶金和铸造生产中应用十分广泛,如在钢中加入铝、钛、钒、硼等。

第三节　合金的相结构与合金相图

许多导电体、传感器、装饰品均是由铜、铝、金、银等纯金属制成的。但纯金属的力学性能较差,在应用上受到一定限制,不宜制造机械零件。所以,机械制造业使用的金属材料大多是合金。

一、合金的基本概念

合金是指由两种或两种以上的金属元素(或金属与非金属元素)组成的并具有金属特性

的物质。

组成合金最基本的、独立的物质称为组元（简称元）。通常组元就是指组成合金的元素，也可以是稳定的化合物。例如，钢和铁中的铁和 Fe_3C 都是组元，其中 Fe_3C 是化合物。按组元的数目，合金分为二元合金、三元合金和多元合金等。当组元不变，而组元比例发生变化时，就可以得到一系列不同成分的合金。这一系列相同组元的合金称为合金系。

在纯金属或合金中具有相同的化学成分、晶体结构和相同物理性能的组分称为相。不同相之间有明显的界面。例如，纯铜在熔点温度以上或以下，分别为液相或固相，而在熔点温度时则为液、固两相共存。合金在固态下，可以形成均匀的单相组织，也可以形成由两相或两相以上组成的多相组织，这种组织称为两相或复相组织。组织是泛指用金相观察方法看到的由形态、尺寸不同和分布方式不同的一种或多种相构成的总体。合金的性能，取决于相和组织两个因素，即取决于组成合金各相本身的性能和各相的组合情况。

二、合金的相结构

固态合金中的相，按其组元原子的存在方式分为固溶体和金属化合物两大基本类型。

1. 固溶体

固溶体是指合金在固态下，组元间能相互溶解而形成的均匀相。固溶体晶格类型与某组元晶格类型相同。例如，普通黄铜是锌（溶质）原子溶入铜（溶剂）的晶格而形成的固溶体。根据溶质原子在溶剂晶格中所占位置不同，固溶体分为置换固溶体和间隙固溶体，如图1-12 所示。

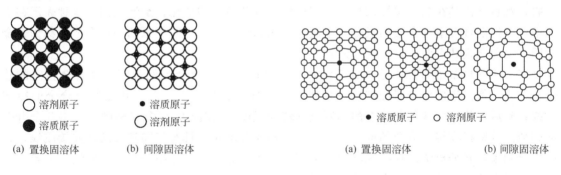

(a) 置换固溶体　　(b) 间隙固溶体　　　　　　　　(a) 置换固溶体　　　　(b) 间隙固溶体

图 1-12　固溶体结构示意　　　　　　　　　图 1-13　固溶体中晶格畸变示意

由于溶质原子的溶入使溶剂晶格产生畸变（图 1-13），增加了晶格变形抗力，因而导致材料强度和硬度提高，并使其塑性和韧性有所下降。这种通过溶入溶质元素，使固溶体强度和硬度提高的现象叫固溶强化。固溶强化是提高材料力学性能的重要途径之一。

2. 金属化合物

金属化合物是合金组元间发生相互作用而形成的具有金属特性的一种新相，其晶格类型和性能不同于合金中的任一组元元素，一般可用分子式表示。例如，钢中的 Fe_3C 即是铁和碳形成的化合物。

金属化合物一般具有复杂的晶体结构，熔点高，硬而脆。当合金中出现金属化合物时，通常能提高合金的强度、硬度和耐磨性，但会降低塑性和韧性。金属化合物是各种合金钢、硬质合金及许多非铁金属的重要组成相。

合金的组织组成可能出现以下几种状况：

① 由单相固溶体晶粒组成；

② 由单相的金属化合物晶粒组成；

③ 由两种固溶体的混合物组成；

④ 由固溶体和金属化合物混合组成。

合金组织的组成相中，固溶体强度、硬度较低，塑性、韧性较好；金属化合物硬度高、脆性大；而由固溶体和金属化合物组成的机械混合物的性能往往介于二者之间，即强度、硬度较高，塑性、韧性较好。由两种以上固溶体及金属化合物组成的多相合金组织，因各组成相的相对数量、尺寸、形状和分布不同，形成各种各样的组织形态，从而影响合金的性能。例如，碳钢退火状态下的组织是铁素体（碳在 α-Fe 中的间隙固溶体）与化合物 Fe_3C 的混合物。铁素体塑性、韧性好，强度低，化合物 Fe_3C 硬而脆。不同含碳量的钢中，化合物 Fe_3C 数量不同，其性能也不同。一定含碳量的高碳钢中，化合物 Fe_3C 数量一定，但 Fe_3C 呈粒状或片状形态不同，将在很大程度上影响钢的性能。Fe_3C 呈细粒状分布，可获得良好的综合力学性能。

因此，要了解合金的成分与性能的关系，除了要了解相的结构和性能外，还必须掌握合金固态转变过程中所形成的各个相的数量及其分布规律。

3. 二元合金相图

合金的结晶过程也遵循形核与长大的规律，但合金的内部组织远比纯金属复杂。同是一个合金系，合金的组织随化学成分的不同而变化；同一成分的合金，其组织随温度不同而变化。为了全面了解合金的组织随成分、温度变化的规律，需对合金系中不同成分的合金进行实验，观察分析其在极其缓慢加热、冷却过程中内部组织的变化，绘制成图。这种表示在平衡条件下给定合金系中合金的成分、温度与其相和组织状态之间关系的坐标图形，称为合金相图（又称合金状态图或合金平衡图）。

建立相图最常用的方法是热分析法，下面以铅锡二元合金为例说明二元合金相图的建立。首先，将铅锡两种金属配制成一系列不同成分的合金（表 1-2），作出每个合金的冷却曲线；然后，找出各冷却曲线上的相变点（转变温度），在温度-成分坐标图上，将各个合金的相变点分别标在相应合金的成分垂线上；将各成分垂线上具有相同意义的点连接成线，并根据已知条件和分析结果在各区域内写上相应的相名称符号和组织符号，给曲线上重要的点注上字母和数字，就得到一个完整的二元合金相图（图 1-14）。

表 1-2　实验用 Pb-Sn 合金的成分和相变点

合金序号	化学成分 $w_{Me}/\%$		相变点/℃		合金序号	化学成分 $w_{Me}/\%$		相变点/℃	
	Pb	Sn	开始结晶温度	终止结晶温度		Pb	Sn	开始结晶温度	终止结晶温度
1	100	0	327	327	5	38.1	61.9	183	183
2	95	5	320	290	6	20	80	205	183
3	87	13	310	220	7	0	100	232	232
4	60	40	240	183					

各个冷却曲线上的转折点和水平线，表示合金在冷却到该温度时发生了冷却速度的突然

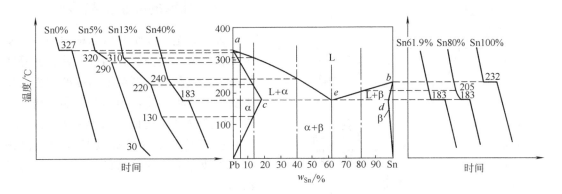

图 1-14 相图建立过程示意

变化,这是由于金属和合金在结晶(或固态相变)时有相变潜热放出,抵消了部分或全部热量散失的缘故。纯铅和纯锡是在恒温下进行的;锡含量在 61.9% 的合金的结晶过程也是在恒温下进行的,温度为 183℃;而其余合金的结晶过程则是分别在一定的温度范围内进行的。把所有代表合金结晶开始温度的相变点都连接起来成为 aeb 线,在此线上的铅锡合金都是液相,因此把此线称为液相线。同理,$acedb$ 线称为固相线,此线以下的合金都呈固相。在液相线和固相线之间是液、固相平衡共存的两相区。在 ced 水平线成分范围的合金,结晶温度到达 183℃ 时,将发生恒温转变 $L_e = \alpha_c + \beta_d$,即从某种成分固定的液相合金中同时结晶出两种成分和结构皆不相同的固相,这种转变称为共晶转变,这时 $L+\alpha+\beta$ 三相共存。

二元合金相图有多种不同的基本类型。实用的二元合金相图大都比较复杂,但复杂的相图总是可以看做是由若干基本类型的相图组合而成的。例如,铁碳合金相图包含了共晶、匀晶、包晶三种基本二元相图(图 1-15)。

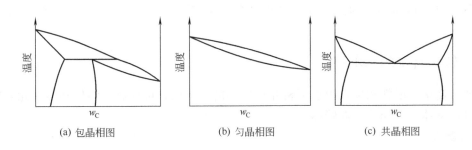

(a) 包晶相图　　　　　(b) 匀晶相图　　　　　(c) 共晶相图

图 1-15 三种二元合金基本相图

除二元合金相图外,还有三元合金相图、多元合金相图等用来分析多元合金的平衡相变过程和组织变化。

第四节　铁碳合金及其相图

钢和铸铁是现代工业中应用最广泛的金属材料,形成钢和铸铁的主要元素是铁和碳,故又称铁碳合金。不同成分的铁碳合金具有不同的组织和性能。若要了解铁碳合金成分、组织和性能之间的关系,必须研究铁碳合金相图。

一、纯铁的同素异晶转变

大多数金属在结晶后晶格类型不再发生变化，但少数金属，如铁、钛、钴等在结晶后，其晶格类型会随温度的改变而发生变化，这种变化称为同素异晶（构）转变。同素异晶转变时，有结晶潜热产生，同时也遵循晶核的形成及长大的结晶规律，与液态金属的结晶相似，故又称为重结晶。

如图 1-16 所示，液态纯铁在 1538℃ 结晶后，晶格类型为体心立方晶格，称为 δ 铁，可用 δ-Fe 表示；继续冷却到 1394℃，晶格类型转变为面心立方晶格，称为 γ 铁，可用 γ-Fe 表示；再继续冷却到 912℃，晶格类型转变为体心立方晶格，称为 α 铁，可用 α-Fe

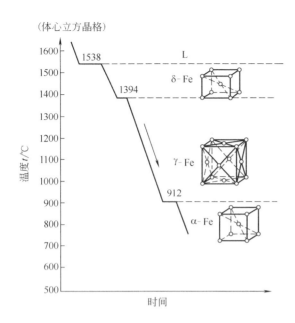

图 1-16 纯铁的冷却曲线及晶体结构变化

表示。此后，继续冷却，晶格类型不再发生变化。加热时，则发生相反的变化。纯铁的同素异晶转变过程概括如下。

$$\delta\text{-Fe} \xrightleftharpoons{1394℃} \gamma\text{-Fe} \xrightleftharpoons{912℃} \alpha\text{-Fe}$$

（体心立方晶格）　　　（面心立方晶格）　　　（体心立方晶格）

金属的同素异晶转变将导致金属的体积发生变化，并产生较大的应力。由于纯铁具有同素异晶转变的特性，因此，在生产中才能通过不同的热处理工艺来改变钢铁的组织和性能。

二、铁碳合金的基本相

铁碳合金中，因铁和碳在固态下相互作用不同，所以，可形成固溶体和金属化合物，其基本相有铁素体、奥氏体和渗碳体。

1. 铁素体

α 铁中溶入一种或多种溶质元素构成的固溶体称为铁素体，用符号 F 表示，具有体心立方晶格。

碳在 α-Fe 中的溶解度很小。在 600℃ 时，溶解度仅为 0.006%；随温度的升高溶碳量逐渐增加，在 727℃ 时，溶碳量为 0.0218%。因此，铁素体室温的性能与纯铁相似，强度、硬度低，塑性、韧性好（80HBS，$\sigma_b = 180 \sim 280$ MPa，$A_K = 128 \sim 160$ J）。

2. 奥氏体

γ 铁中溶入碳形成的固溶体称为奥氏体，用符号 A 表示，具有面心立方晶格。

碳在 γ 铁中的溶解度较大。在 727℃ 时，为 0.77%；在 1148℃ 时溶解度最大，为 2.11%。奥氏体的塑性、韧性好，强度、硬度较低（$\sigma_b = 400$ MPa，170~220HBS，$\delta = 40\% \sim 50\%$）。因此，生产中常将工件加热到奥氏体状态进行锻造。

3. 渗碳体

渗碳体是铁和碳形成的一种具有复杂晶格的金属化合物，用化学式 Fe_3C 表示，其含碳量为 6.69%，硬度很高（800HBS），塑性和韧性几乎为零，熔点为 1227℃。

渗碳体在铁碳合金中常以片状、球状、网状等形式与其他相共存，它是钢中的主要强化相，其形态、大小、数量和分布对钢的性能有很大影响。

除上述基本相外，铁碳合金中还有由基本相组成的复相组织珠光体（P）和莱氏体（L_d）。

三、铁碳相图分析

铁碳合金相图是指在平衡条件下（极其缓慢加热或冷却），不同成分铁碳合金，在不同温度下所处状态或组织的图形。

铁和碳可形成一系列稳定化合物（Fe_3C、Fe_2C、FeC），由于含碳量大于 6.69% 的铁碳合金脆性极大，没有实用价值，Fe_3C 又是一个稳定的化合物，可以作为一个独立的组元，因此，铁碳合金相图实际上是 Fe-Fe_3C 相图，如图 1-17 所示。为便于分析和研究，图中左上角部分已简化。

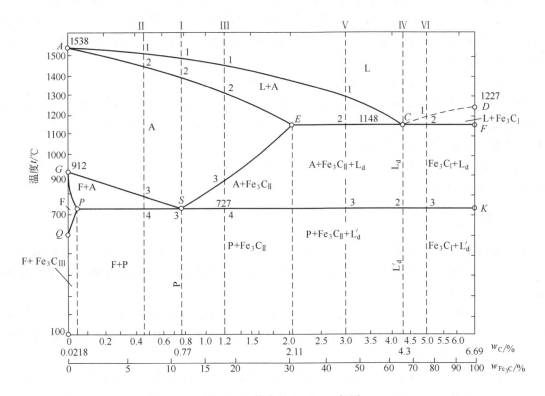

图 1-17 简化的 Fe-Fe_3C 相图

1. 特性点

Fe-Fe_3C 相图中特性点的意义、温度及含碳量见表 1-3。

2. 特性线

Fe-Fe_3C 相图中的特性线是不同成分合金具有相同意义相变点的连接线，也是铁碳合金组织发生转变或相变的分界线。

表 1-3 简化的 Fe-Fe$_3$C 相图的特性点

特性点	$t/℃$	$w_C/\%$	含 义
A	1538	0	纯铁的熔点
C	1148	4.3	共晶点,L_C → $L_d(A_E+Fe_3C)$
D	1227	6.69	渗碳体的熔点
E	1148	2.11	碳在 γ-铁中的最大溶解度
G	912	0	纯铁的同素异晶转变点,α-Fe → γ-Fe
P	727	0.0218	碳在 α-铁中的最大溶解度
S	727	0.77	共析点,A_S → $P(F_P+Fe_3C)$
Q	600	0.0006	碳在 α-铁中的溶解度

ACD 为液相线。各种成分的合金冷却到此线时,开始结晶。在 AC 线以下从液相中结晶出奥氏体 A,在 CD 线以下结晶出渗碳体 Fe_3C(称为一次渗碳体),用 Fe_3C_I 表示。

$AECF$ 为固相线。合金冷却到此线全部结晶为固态,此线以下为固态区。其中 AE 线为奥氏体结晶终了线,ECF 线为共晶线。含碳量超过 2.11% 的合金冷却到此温度线时,将从液态合金中同时结晶出两种固相(A+Fe_3C),即发生共晶转变(反应),共晶转变的产物(奥氏体和渗碳体的机械混合物)称为莱氏体。

ES 线为碳在奥氏体中的溶解度曲线,又称 A_{cm} 线。在 1148℃ 时,碳在奥氏体中最大溶解度为 2.11%。随着温度的降低,溶碳量减少,727℃ 时,溶碳量减少为 0.77%。它也是含碳量大于 0.77% 的铁碳合金,由高温缓冷时,从奥氏体中析出渗碳体的开始温度线,此渗碳体称为二次渗碳体(用 Fe_3C_{II} 表示)。

GS 线又称 A_3 线,是合金由奥氏体中析出铁素体的开始线。

PSK 线为共析线,又称 A_1 线。凡是含碳量大于 0.0218% 的铁碳合金缓冷至该线时,从含碳量为 0.77% 的奥氏体中同时析出铁素体和渗碳体,构成交替重叠的层片状两相组织,称为珠光体。而这种转变称为共析转变,S 点称为共析点。

PQ 线为碳在 α-铁中的溶解度曲线。在 727℃ 时,溶碳量为 0.0218%,随温度降低,溶碳量减少,至 600℃ 时为 0.0006%。

四、铁碳合金分类

按铁碳相图中碳的含量及室温组织的不同,铁碳合金分为工业纯铁、钢和白口铸铁。

(1) 工业纯铁 含碳量小于 0.0218% 的铁碳合金,组织为 F。它是电器、电机行业中的磁性材料。

(2) 钢 含碳量在 0.0218%~2.11% 之间的铁碳合金。按室温组织不同又分为共析钢(含碳量为 0.77%,组织为 P)、亚共析钢(含碳量小于 0.77%,组织为 P+F)、过共析钢(含碳量大于 0.77%,组织为 P+Fe_3C_{II})。

(3) 白口铸铁 含碳量为 2.11%~6.69% 的铁碳合金。其性能特点是脆性大、硬度高,断口呈白色。按组织又可分为共晶白口铸铁(含碳量为 4.3%,组织为 L_d)、亚共晶白口铸铁(含碳量为 2.11%~4.3%,组织为 L_d+P+Fe_3C_{II})、过共晶白口铸铁(含碳量 4.3%~6.69%,组织为 L_d+Fe_3C_I)。

五、典型铁碳合金的冷却过程与组织

下面以共析钢、亚共析钢、过共析钢和共晶白口铸铁的冷却结晶过程为例,分析铁碳合金成分、温度和组织之间的关系。

(1) 共析钢 图 1-17 中合金 Ⅰ 为含碳量为 0.77% 的共析钢。合金在 1 点温度以上全部为液相（L），当缓冷至与 AC 线相交的 1 点温度时，开始从液相中结晶出奥氏体（A），奥氏体的量随温度下降而增多，液相逐渐减少。冷至 2 点温度时，液相全部结晶为奥氏体。2 点～3 点温度范围内为单一奥氏体。冷至 3 点（727℃）时，发生共析转变，从奥氏体中同时析出铁素体和渗碳体，构成交替重叠的层片状的珠光体（P），结晶过程如图 1-18 所示。珠光体的力学性能介于铁素体与渗碳体之间，即强度较高，硬度适中，有一定塑性（σ_b=770MPa，180HBS，δ=20%～35%，A_K=24～32J）。

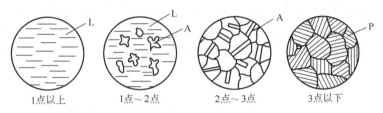

图 1-18 共析钢的冷却过程示意

(2) 亚共析钢 图 1-17 中合金 Ⅱ 为含碳量 0.45% 的亚共析钢。合金 Ⅱ 在 3 点以上的冷却过程与合金 Ⅰ 在 3 点以上相似。当合金冷至与 GS 线相交的 3 点时，开始从奥氏体中析出铁素体，随温度降低，铁素体量不断增多，奥氏体量逐渐减少。但由于铁素体的含碳量极低，因此使剩余奥氏体中的含碳量，随着温度的降低而沿 GS 线逐渐增加，当温度降至 727℃ 时，奥氏体中的含碳量达到 0.77%（共析点 S），发生共析转变形成珠光体。故其室温组织为铁素体和珠光体。冷却过程如图 1-19 所示。

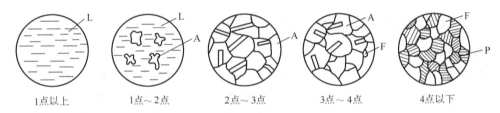

图 1-19 亚共析钢冷却过程示意

所有亚共析钢的冷却过程均相似，其室温组织都是由铁素体和珠光体组成。不同的是随含碳量的增加，珠光体量增多，铁素体量减少。

(3) 过共析钢 图 1-17 中合金 Ⅲ 为含碳量 1.2% 的过共析钢。合金 Ⅲ 在 3 点以上的冷却过程与亚共析钢在 3 点以上相似。当合金冷至与 ES 线相交的 3 点时，奥氏体中的含碳量达到饱和，碳以二次渗碳体（$Fe_3C_Ⅱ$）的形式析出，呈网状沿奥氏体晶界分布。继续冷却，二次渗碳体量不断增多，奥氏体量不断减少，剩余奥氏体的成分沿 ES 线变化。当冷却到与 PSK 线相交的 4 点时，剩余奥氏体中含碳量达到共析成分，故奥氏体发生共析转变，形成珠光体。其室温组织为珠光体和网状二次渗碳体。冷却过程如图 1-20 所示。

所有过共析钢的室温组织都是由珠光体和网状二次渗碳体组成。不同的是随含碳量的增加，二次渗碳体量增多，珠光体量减少。

(4) 共晶白口铸铁 图 1-17 中合金 Ⅳ 为含碳量 4.3% 的共晶白口铸铁。合金在 1 点（C 点）温度以上为液相，冷却至 1 点，发生共晶转变，即结晶出莱氏体（L_d），莱氏体的性能

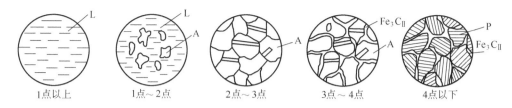

图 1-20 过共析钢冷却过程示意

与渗碳体相似,硬度很高,塑性极差。继续冷却,从共晶奥氏体中不断析出二次渗碳体,当冷却至 2 点时,发生共析转变,形成珠光体。因此室温组织是由珠光体和渗碳体(二次渗碳体和共晶渗碳体)组成的两相组织,即变态莱氏体(L'_d)。冷却过程如图 1-21 所示。

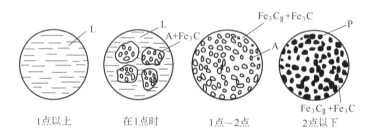

图 1-21 共晶白口铸铁冷却过程示意

亚共晶白口铸铁室温组织为珠光体＋二次渗碳体＋变态莱氏体;过共晶白口铸铁的室温组织为变态莱氏体＋一次渗碳体。

六、含碳量与杂质对铁碳合金性能的影响

1. 含碳量

综上所述,任何成分的铁碳合金在室温下的组织均由铁素体和渗碳体两相组成。只是随含碳量的增加,铁素体量相对减少,而渗碳体量相对增多,而且渗碳体的形状和分布也发生变化,因而形成不同的组织。而组织不同,性能也不同。图 1-22 所示为含碳量对钢组织和性能的影响。

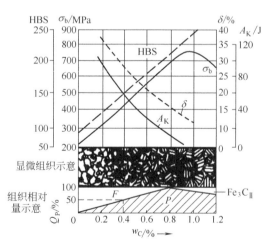

图 1-22 含碳量对钢组织和性能的影响

从图中可看出,含碳量小于 0.9% 时,随含碳量的增加,钢的强度和硬度直线上升,而塑性和韧性不断下降。这是由于随着含碳量的增加,钢中渗碳体量增多,铁素体量减少。当含碳量大于 0.9% 以后,二次渗碳体沿晶界已形成较完整的网,因此,钢的强度开始明显下降,但硬度仍在增高,塑性和韧性继续降低。为保证工业用钢具有足够的强度,一定的塑性和韧性,钢的含碳量一般不超过 1.3%。含碳量大于 2.11% 的白口铸铁,由于组织中有大量的渗碳体,硬度高而塑性和韧性极差,既难以切削加

工，又不能用锻压方法加工，故机械工程中很少直接应用。

2. 杂质

实际应用的铁碳合金除含铁和碳外，一般含有锰、硅、磷、硫等杂质元素。硅和锰是有益的元素，可改善铁碳合金的质量，提高其强度和硬度。

磷和硫为有害元素。硫与铁形成化合物 FeS，而其与 Fe 形成低熔点共晶体（熔点 985℃），分布在奥氏体晶界上。当热加工时，由于共晶体熔化，导致钢开裂，这种现象称为热脆。为此，除严格控制钢中硫的含量外，可增加锰的含量消除硫的影响。磷会降低钢的塑性和韧性，尤其在低温时影响更大，这种现象称为冷脆性，故钢中应严格控制磷含量。

第五节　钢的热处理

热处理是指采用适当的方式对金属材料或工件进行加热、保温和冷却，以获得预期的组织结构和性能的工艺方法。热处理只改变材料的内部组织和性能，而不改变其形状和尺寸，是提高金属使用性能和改善工艺性能的重要的加工工艺方法。因此，在机械制造中，绝大多数的零件都要进行热处理。例如，汽车、拖拉机工业中 70%~80% 的零件要进行热处理；各种量具、刃具和模具几乎 100% 要进行热处理。

热处理按目的、加热条件和特点的不同，分为以下三类。

（1）整体热处理　特点是对工件整体进行穿透加热。常用方法有退火、正火、淬火、回火。

（2）表面热处理　特点是对工件表面进行热处理，以改变表层的组织和性能。常用的方法有感应淬火、火焰淬火。

（3）化学热处理　特点是改变工件表层的化学成分、组织和性能。常用的方法有渗碳、渗氮、碳氮共渗等。

热处理方法虽然很多，但都是由加热、保温和冷却三个阶段组成的，通常用温度-时间坐标图表示，称为热处理工艺曲线，如图 1-23 所示。

一、组织转变原理

1. 钢加热时的组织转变

加热是热处理的第一道工序。大多数热处理工艺首先要将钢加热到相变点以上（又称临界点）以上，目的是获得奥氏体。由铁碳相图可知，共析钢加热到 A_1（727℃）温度以上时组织可由珠光体转变成奥氏体，对于亚共析钢和过共析钢要加热到 A_3 和 A_{cm} 以上，组织才完全转变为奥氏体。奥氏体的转变过程要经过奥氏体的形成、长大，渗碳体的溶解和奥氏体的均匀化三个阶段。故钢加热时不但要加热到一定温度，而且要保温一段时间，使内外温度一致，组织转变完全，成分均匀，以便在冷却后得到均匀的组织和稳定的性能。

珠光体最初全部转变为奥氏体时的晶粒比较细小，但若加热温度过高或保温时间过长，奥氏体晶粒会长大。奥氏体晶粒长大的结果，对热处理后的材料组织有影响（晶粒大的奥氏体冷却后的组织粗大），从而影响材料的力学性能。所以，热处理时加热温度和保温时间不能过高和过长。

2. 钢冷却时的组织转变

钢热处理后的力学性能，不仅与钢的加热、保温有关，更重要的是与冷却转变有关。例如，同种成分的 45 钢，加热后空冷和水冷后的性能有很大的差别（空冷后硬度为 210HBS、水冷后硬度为 52～60HRC）。这是由于热处理生产中冷却速度比较快，奥氏体组织转变不符合铁碳相图所示的变化规律，不能用铁碳相图分析。由于冷却速度较快，奥氏体被过冷到共析温度以下才发生转变，在共析温度以下暂存的、不稳定的奥氏体称为过冷奥氏体。

(1) 过冷奥氏体的冷却方式　冷却方式有两种：一种是连续冷却，它是将奥氏体化的钢以一定的冷却速度连续冷却到室温（图 1-23），使奥氏体在一个温度范围内连续转变；另一种是等温冷却，它是将奥氏体化的钢快速冷却到 A_1 以下某一温度进行保温，使奥氏体在该温度下完成转变，然后冷却到室温（图 1-23）。

(2) 奥氏体的等温转变　如图 1-24 所示是由实验获得的共析钢奥氏体等温转变曲线，图中粗实线为等温冷却转变曲线，细实线为冷却曲线，图中左边曲线是奥氏体开始转变线，右边曲线是转变终止线。奥氏体等温曲线由于形状像字母"C"，故称为 C 曲线。A_1 以上的区域是奥氏体稳定区。A_1 线以下，转变开始线左面是过冷奥氏体区；转变终止线右面为奥氏体转变的产物区。在 C 曲线下部有两条水平线，一条是马氏体转变开始线（用 M_s 表示），一条是马氏体转变终了线（用 M_f 表示），位于 0℃线以下，图中未画出。由共析钢的 C 曲线可以看出，在 A_1 温度以上，奥氏体处于稳定状态。在 A_1 以下，过冷奥氏体在各个温度下的等温转变并非瞬间就开始，而是经过一段"孕育期"（以转变开始与纵坐标之间的距离表示）。孕育期越长，过冷奥氏体越稳定。孕育期的长短随过冷度而变化，在靠近 A_1 线处，过冷度较小，孕育期较长。随着过冷度增大，孕育期缩短。在约 550℃时孕育期最短，此后，孕育期又随过冷度的增大而增大。孕育期最短处，即 C 曲线的"鼻尖"处，过冷奥氏体最不稳定，转变最快。每种成分的钢都有自己的 C 曲线，可在有关的热处理手册中查到。

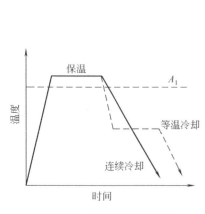

图 1-23　热处理工艺曲线

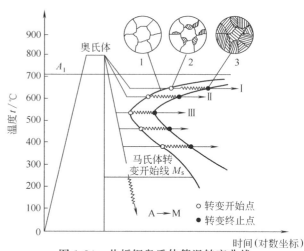

图 1-24　共析钢奥氏体等温转变曲线

(3) 奥氏体等温转变的产物　过冷奥氏体在 A_1 温度以下不同温度范围内，可发生三种转变。在 C 曲线图上可划出三个转变的温度区间。

① 高温转变　转变发生在 A_1～550℃温度范围内，转变产物为层片状的珠光体组织。珠光体的层间距随过冷度的增大而减少。按其层间距的大小，高温转变的产物可分为珠光体 P、索氏体 S（细珠光体）和托氏体 T（极细珠光体）。其力学性能则是层间距越小，强度、硬度越高，即强度为 T＞S＞P。

② 中温转变　转变发生在 550℃～M_s 温度范围内。转变产物为含过量碳的铁素体和微

小渗碳体的机械混合物,称为贝氏体(用 B 表示)。贝氏体比珠光体的强度、硬度高。

③ **低温转变** 当奥氏体被迅速过冷至 M_s 线以下时,由于温度低,奥氏体来不及分解,渗碳体也来不及析出,只发生晶格的改变(γ-Fe 变为 α-Fe),碳原子全部保留在 α-Fe 的晶格中,形成过饱和的 α-Fe 固溶体,称为马氏体(用 M 表示)。马氏体的强度、硬度比贝氏体、珠光体都高,马氏体硬度一般大于 55HRC,但塑性、韧性比较差。

(4) **奥氏体等温转变曲线的应用** 在实际生产中,热处理多采用连续冷却的冷却方式,需要应用钢的连续冷却曲线。但是由于连续冷却曲线的测定比较困难,至今尚有许多钢种未测定出来,而各种钢的 C 曲线都已测定,因此,生产中常用 C 曲线来定性地、近似地分析连续冷却转变的情况。连续冷却奥氏体的转变是在一个温度区间内完成的。可将某一冷却速度的冷却曲线画在 C 曲线上,根据与 C 曲线相交的位置,可估计出连续冷却转变的产物,如图 1-25 所示。

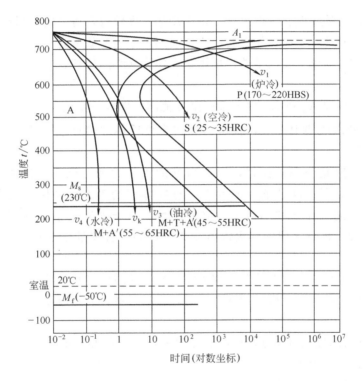

图 1-25 等温转变曲线在连续冷却中的应用

图中 v_1 相当于随炉冷却的速度(退火),根据它与 C 曲线相交的位置,可估计连续冷却后转变为珠光体。v_2 相当于空冷的冷却速度(正火),可估计出转变产物为索氏体。v_3 相当于油冷的冷却速度(油淬),它只与 C 曲线转变开始线相交于 550℃ 左右处,未与转变终了线相交,而到达 M_s 线。这表明只有一部分过冷奥氏体转变为极细珠光体(托氏体),剩余的过冷奥氏体到 M_s 线以下转变为马氏体,最后得到托氏体和马氏体的复相组织。v_4 相当于在水中冷却的冷却速度(淬火),它不与 C 曲线相交,直接通过 M_s 线,转变为马氏体。

图中冷却速度曲线 v_k 恰好与 C 曲线"鼻尖"处相切,这是表示奥氏体全部获得马氏体的最小冷速,称为临界冷却速度。它对钢的热处理冷却方式有重要的意义。

二、热处理工艺

1. 退火

退火是将钢加热到 A_3（亚共析钢）、A_{cm}（过共析钢）以上某一温度范围，保温一定时间，随炉缓慢冷却的热处理工艺。

退火主要用于铸、锻、焊毛坯或半成品零件，作为预备热处理。退火后获得珠光体组织。退火的目的是调整硬度（160～230HBS），以利于切削加工；细化晶粒，改善组织，以提高力学性能或为最终热处理做准备；消除内应力，防止零件变形或开裂，并稳定尺寸。

2. 正火

将钢加热到 A_3 或 A_{cm} 以上某一温度范围，保温一定时间，在空气中冷却的热处理工艺称为正火。

正火与退火的目的相似。与退火比，正火冷却速度较快，得到的组织比较细小，强度和硬度都有所提高。此外，正火操作简便，生产周期短，生产效率高，比较经济，故应用比较广泛。对于力学性能要求不高的零件，可用正火作为最终热处理。

3. 淬火

淬火是将钢加热到 A_3 或 A_1 以上某一温度范围，保温一定时间，以大于临界冷却速度 v_k 的冷速在水、盐水或油中冷却，获得马氏体或贝氏体的热处理工艺。淬火是钢最经济、最有效的强化手段之一。

淬火的目的一般是获得马氏体，以提高钢的力学性能。例如，各种工具、模具、滚动轴承的淬火，是为了提高硬度和耐磨性；有些零件的淬火，是使强度和韧性得到良好的配合，以适应不同工作条件的需要。但要注意，对于含碳量很低的钢，由于淬火后强度、硬度提高不大，进行一般的淬火没有意义。例如，含碳量小于0.1%的钢淬火后硬度小于30HRC。

钢在淬火时获得淬硬层深度的能力称为淬透性。淬透性越好，淬硬层越深。淬透性对钢的力学性能影响很大，所以，机械设计选材时，应考虑材料的淬透性。

4. 回火

回火是把淬火后的钢重新加热到 A_1 以下某一温度，保温一定时间，再以适当的冷却速度冷却到室温的热处理工艺。

由于淬火时冷却速度比较快，工件内部产生很大的内应力，且淬火后的组织不稳定，故淬火后必须回火。回火的目的就是稳定淬火后的组织，消除内应力，调整硬度、强度，提高塑性，使工件获得较好的综合力学性能等。回火通常是热处理的最后工序。

淬火钢回火的性能，与回火时加热温度有关，硬度和强度随回火温度的升高而降低。实际生产中，根据钢件的性能要求，按其温度范围可以分为以下三类。

(1) 低温回火（150～250℃）　回火后的组织是回火马氏体，它基本保持马氏体的高硬度和耐磨性，并使钢的内应力和脆性有所降低。低温回火主要用于要求硬度高、耐磨性的零件，如各种工具、滚动轴承等。回火后的硬度一般为55～64HRC。

(2) 中温回火（350～550℃）　回火后的主要组织是回火托氏体，它具有较高的弹性，具有一定的韧性和硬度。主要应用于各种弹簧和某些模具。回火后的硬度一般为35～50HRC。

(3) 高温回火（500～650℃） 回火后的组织为回火索氏体，它具有强度、硬度、塑性和韧性都较好的综合力学性能。通常将淬火与高温回火相结合的热处理称为调质处理。调质处理广泛用于汽车、拖拉机、机床的重要结构零件，如各种轴、齿轮、连杆等。回火后的硬度一般为 200～350HBS。

5. 表面淬火

表面淬火是将钢的表层快速加热至淬火温度，然后快速冷却的一种局部淬火工艺。它主要是改变零件的表层组织。这种热处理工艺适用于要求表面硬而耐磨、心部具有高韧性的零件，如曲轴、花键轴、凸轮、齿轮等。零件在表面淬火前，一般须进行正火或调质处理，表面淬火后要进行低温回火。

按表面加热的方法，表面淬火分为感应加热表面淬火、火焰加热表面淬火和接触电阻加热表面淬火等。由于感应加热速度快，生产效率高，产品质量好，易于实现机械化和自动化，所以，感应加热表面淬火应用广泛，但设备较贵，多用于大批量生产的形状较简单的零件。

6. 化学热处理

钢的化学热处理是将工件置于一定的活性介质中加热保温，使一种或几种元素渗入工件表层，以改变其化学成分、组织和性能的热处理工艺。

表面渗层的性能，取决于渗入元素与基体金属所形成的合金或化合物的性质及渗层的组织结构。化学热处理的种类很多，一般以渗入的元素来命名。常见的化学热处理有渗碳、渗氮、碳氮共渗、渗铝和渗铬等。其中，渗碳、渗氮应用最多。一般，渗碳后还需进行适当的热处理。钢的常用化学热处理方法及其作用见表1-4。

表 1-4　钢的常用化学热处理方法及其作用

工艺方法	渗入元素	作　用	应用举例
渗碳(900～950℃) 淬火＋回火	C	提高钢件表面硬度、耐磨性和疲劳强度，使钢件能承受重载荷	齿轮、轴、活塞销、万向联轴器、链条等
渗氮(500～600℃)	N	提高钢件的表面硬度、耐磨性、抗胶合性、疲劳强度、抗蚀性以及抗回火软化能力	镗杆、精密轴、齿轮、量具、模具等
碳氮共渗 淬火＋回火	C、N	提高钢件表面硬度、耐磨性和疲劳强度。低温共渗还能提高工具的热硬性	齿轮、轴、链条、工模具、液压件等

无论哪种化学热处理，渗入各种金属元素的基本过程均如下。

(1) 分解　由化学介质分解出能够渗入工作表面的活性原子。

(2) 吸收　活性原子由钢的表面进入铁的晶格中形成固溶体，甚至可能形成化合物。

(3) 扩散　渗入的活性原子由表面向内部扩散，形成一定厚度的扩散层。

第六节　常用金属材料

工业上常用的金属材料分为铁基金属（黑色金属）和非铁基金属（有色金属）两大类。铁基金属是指钢和铸铁，非铁基金属则包括钢铁以外的金属及其合金。

一、铁基金属材料

铁基金属材料有钢和铸铁。钢是指以铁为主要元素，含碳量为 0.02%～2.11%，并含有其他元素的材料。它的品种多、规格全、性能好、价格低,并且可用热处理的方法改善性能,所以,是工业中应用最广的材料。根据 GB/T 13304.1—2008 和 GB/T 13304.2—2008 的规定,钢按化学成分可分为非合金钢(碳钢)、低合金钢和合金钢三类;按用途又可分为结构钢、工具钢和特殊性能钢。

1. 非合金钢

非合金钢又称碳钢,是指含碳量小于 2.11%,并含有少量硅、锰、磷、硫等杂质元素的铁碳合金。碳钢具有一定的力学性能和良好的工艺性能,且价格低廉,在工业中被广泛应用。它按用途分为结构钢和工具钢;按质量分为普通质量、优质和特殊质量(主要以钢中磷、硫含量分)。

(1) 普通碳素结构钢　在生产过程中控制质量无特殊规定的一般用途的(非合金钢)碳钢。本类钢通常不进行热处理而直接使用,因此,只考虑其力学性能和有害杂质含量,不考虑含碳量。按 GB/T 700—2016 的规定,普通碳素结构钢牌号由 Q(屈服点的"屈"字汉语拼音字首)、屈服点数值、质量等级和脱氧方法四部分按顺序组成。质量等级有 A($w_S \leqslant 0.050\%$、$w_P \leqslant 0.045\%$)、B($w_S \leqslant 0.045\%$、$w_P \leqslant 0.045\%$)、C($w_S \leqslant 0.040\%$、$w_P \leqslant 0.040\%$)、D($w_S \leqslant 0.035\%$、$w_P \leqslant 0.035\%$)四种。脱氧方法用汉语拼音字首表示,"F"代表沸腾钢、"Z"代表镇静钢、"TZ"代表特殊镇静钢,通常"Z"和"TZ"可省略。例如,Q235A 表示 $\sigma_s \geqslant 235 \text{MPa}$,质量等级为 A 级的碳素结构钢。

Q195、Q215 钢有一定强度、塑性好,主要用于制作薄板(镀锌薄钢板)、钢筋、冲压件、地脚螺栓和烟筒等。Q235 钢强度较高,用于制作钢筋、钢板、农业机械用型钢和重要的机械零件,如拉杆、连杆、转轴等。Q235C、Q235D 钢质量较好,可制作重要的焊接结构件。Q255 钢、Q275 钢强度高、质量好,用于制作建筑、桥梁等工程质量要求较高的焊接结构件,以及摩擦离合器、主轴、刹车钢带、吊钩等。

(2) 优质碳素结构钢　这类钢有害杂质元素磷、硫受到严格限制,非金属夹杂物含量较少,塑性和韧性较好,主要用于制作较重要的机械零件,一般均须进行热处理,故既要保证力学性能,又要保证化学成分。该类钢按冶金质量分为优质钢、高级优质钢(A)、特级优质钢(E)。

优质碳素结构钢的牌号用两位数字表示,其两位数字表示钢中平均含碳量的万分数。如 40 钢,表示平均含碳量为 0.40% 的优质碳素结构钢。钢中含锰量较高($w_{Mn}=0.7\% \sim 1.2\%$)时,在数字后面附以符号"Mn",如 65Mn 钢,表示平均含碳量 0.65%,并含有较多锰($w_{Mn}=0.9\% \sim 1.2\%$)的优质碳素结构钢。高级优质钢在数字后面加"A";特级优质钢在数字后面加"E"。

优质碳素结构钢按含碳量不同又可分为低碳钢(含碳量在 0.25% 以下)、中碳钢(含碳量为 0.25%~0.55%)和高碳钢(含碳量为 0.55%~0.85%)。

低碳钢强度低,塑性、韧性好,易于冲压加工,主要用于制造受力不大、韧性要求高的冲压件和焊接件。

中碳钢强度较高,塑性和韧性也较好,一般需经正火或调质处理后使用,应用广泛。主要用于制作齿轮、连杆、轴类、套筒、丝杠等零件。

高碳钢经热处理后可获得较高的弹性极限、足够的韧性和一定的强度,常用来制作弹性零件和易磨损的零件,如弹簧、弹簧垫圈和轧辊等。

(3) 碳素工具钢　含碳量为 0.65%~1.35%,一般需热处理后使用。这类钢经热处理后具有较高的硬度和耐磨性,主要用于制作低速切削刃具,以及对热处理变形要求低的一般模具。其按质量分优质和高级优质碳素工具钢两种。

牌号用"T"("碳"字汉语拼音字首)和数字组成,数字表示钢的平均含碳量的千分数。如 T8 钢,表示平均含碳量为 0.8% 的碳素工具钢。若牌号末尾加"A",则表示为高级优质钢,如 T10A。

(4) 铸钢 含碳量为 0.15%~0.6%。主要用来制作形状复杂、难以进行锻造或切削加工成形,且要求较高强度和韧性的零件。

牌号首位冠以"ZG"("铸钢"二字汉语拼音字首)。GB/T 5613—2014 规定,铸钢牌号有两种表示方法,用力学性能表示时(按 GB/T 11352—2009 规定),在"ZG"后面有两组数字,第一组数字表示该牌号钢屈服点的最低值,第二组数字表示其抗拉强度的最低值。如 ZG340-640 钢,表示 $\sigma_s \geqslant 340$MPa、$\sigma_b \geqslant 640$MPa 的工程用铸钢;用化学成分表示时,"ZG"后面的一组数字表示铸钢平均含碳量的万分数(平均含碳量大于 1% 时不标出,平均含碳量小于 0.1% 时第一位数字为"0")。在含碳量后面排列各主要合金元素符号,每个元素符号后面用整数标出其含量的百分数。如 ZG15Cr1Mo1V 钢,表示平均 $w_C = 0.15\%$、$w_{Cr} = 1\%$、$w_{Mo} = 1\%$、$w_V < 0.9\%$ 的铸钢。

2. 合金钢

碳钢虽然具有良好的工艺性能,价格低廉,应用广泛,但淬透性低,强度较低,且不能满足某些特殊性能要求(如耐蚀、耐热等)。

为改善碳钢的组织和性能,在碳钢基础上有目的地加入一种或几种合金元素所形成的铁基合金,称为低合金钢或合金钢。通常加入的合金元素有硅、锰、铬、镍、钼、钨、钒、钛等。通常,低合金钢中加入合金元素的种类和数量较合金钢少。

由于合金元素的加入,合金钢的性能较碳钢好,提高了淬透性和综合力学性能。但应注意,使用合金钢时要进行热处理,以便充分发挥合金元素的作用。

合金钢按合金元素的含量分低合金钢、合金钢;按用途又分为结构钢、工具钢和特殊性能钢。

(1) 低合金结构钢 是在低碳钢的基础上加入少量合金元素(合金元素总量小于 3%)而得到的钢。这类钢比低碳钢的强度要高 10%~30%,冶炼比较简单,生产成本与碳钢相近,广泛用于建筑、石油、化工、桥梁、造船等行业。此类钢一般在热轧或正火状态下使用,一般不再进行热处理。

牌号表示方法与普通碳素结构钢相同。例如,Q390 表示 $\sigma_s \geqslant 390$MPa 的低合金结构钢。

(2) 合金结构钢 是在碳素结构钢的基础上加入合金元素而得到的钢。牌号表示依次为两位数字、元素符号和数字。前两位数字表示钢中平均含碳量的万分数,元素符号表示钢中所含的合金元素,元素符号后的数字表示该合金元素平均含量的百分数(若平均含量小于 1.5%,元素符号后不标出数字;若平均含量为 1.5%~2.4%、2.5%~3.4% 等,则在相应的合金元素符号后标注 2、3 等)。如 20CrMnTi 钢,表示钢中平均 $w_C = 0.2\%$,w_{Cr}、w_{Mn}、w_{Ti} 均小于 1.5%。

合金结构钢根据性能和用途,又可分为合金渗碳钢、合金调质钢、合金弹簧钢和滚动轴承钢等。滚动轴承钢是制造滚动轴承内外圈及滚动体的专用钢,其牌号依次由"滚"字汉语拼音字首"G"、合金元素符号"Cr"和数字组成。其数字表示平均含铬量的千分数,含碳量不标出。例如,GCr15 表示平均含铬量为 1.5% 的轴承钢。

(3) 合金工具钢　是在碳素工具钢的基础上加入合金元素（Si、Mn、Cr、V、Mo 等）制成的。由于合金元素的加入改善了热处理性能，提高了材料的热硬性、耐磨性。合金工具钢常用来制造各种量具、模具和切削刀具，因而对应地也可分为量具钢、模具钢和刃具钢，其化学成分、性能和组织结构也不同。

合金工具钢的牌号表示方法与合金结构钢基本相似，不同的是平均含碳量大于或等于 1% 时，牌号中不标出含碳量，平均含碳量小于 1% 时，则以一位数字表示，表示平均含碳量的千分数。如 CrWMn 钢表示含碳量大于 1%，Cr、Mn、W 的含量小于 1.5% 的合金工具钢；又如，9Mn2V 表示平均含碳量为 0.9%、$w_{Mn}=2.0\%$、$w_V<1.5\%$ 的钢。

刃具钢又分低合金刃具钢和高速钢。低合金刃具钢主要是含铬的钢，而高速钢是一种含钨、铬、钒等合金元素较多的钢。高速钢有很高的热硬性，当切削温度高达 600℃ 左右时，其硬度仍无明显下降。此外，它还具有足够的强度、韧性和刃磨性，所以，它是重要的切削刀具材料。常用的高速钢有 W18Cr4V、W6Mo5Cr4V2 和 9W18Cr4V。

(4) 特殊性能钢　是指具有某些特殊的物理、化学、力学性能，因而能在特殊的环境、工作条件下使用的钢。其牌号表示方法与合金工具钢基本相同，但若钢中含碳量小于 0.03% 或小于 0.08% 时，牌号分别以"00"或"0"为首，如 00Cr17Ni14Mo2、0Cr18Ni11Ti 钢等。常用的特殊性能钢有不锈钢、耐热钢、耐磨钢。

不锈钢的主要合金元素是铬和镍。对不锈钢的性能要求，最重要的是耐蚀性能，还要有合适的力学性能，良好的冷、热加工和焊接工艺性能。铬是不锈钢获得耐蚀性的基本合金元素，当 $w_{Cr}\geq 11.7\%$ 时，使钢的表面形成致密的 Cr_2O_3 保护膜，避免形成电化学原电池。加入 Cr、Ni 等合金元素，可提高被保护金属的电极电位，减少原电池极间的电位差，从而减小电流，使腐蚀速度降低，或使钢在室温下获得单相组织（奥氏体、铁素体或马氏体），以免在不同的相间形成微电池。通过提高对化学腐蚀和电化学腐蚀的抑制能力，提高钢的耐蚀性。

常用的不锈钢有 1Cr13、2Cr13、7Cr13、1Cr17、1Cr18Ni9 和 0Cr19Ni9 等，适用于制造化工设备、医疗和食品器械等。

耐热钢是指在高温下不发生氧化并具有较高强度的钢。为提高耐蚀性和高温强度，常加入较多的 Cr、Si、Al、Ni 等合金元素。耐热钢用于制造在高温条件下工作的零件，如内燃机气阀、加热炉管道、汽轮机叶片等。常用的耐热钢有 1Cr13Si13、4Cr14Ni14W2Mo、0Cr13Al 等。

耐磨钢通常是指高锰钢，适用于制造在强烈冲击下工作要求耐磨的零件，如铁路道岔、坦克履带、挖掘机铲齿等。这类零件要求必须具有表面硬度高、耐磨，心部韧性、强度高的特点。该钢切削加工困难，大多铸造成形，其牌号是 ZGMn13，成分特点是高碳、高锰，含碳量为 0.9%～1.3%，含锰量为 11.5%～14.5%。

3. 铸铁

含碳量高于 2% 的铁碳合金称为铸铁。工业上常用的铸铁为含碳量 2%～4%，且比碳钢含有较多的锰、硫、磷等杂质的铁、碳、硅多元合金。由于铸铁具有良好的铸造性能、切削性能及一定的力学性能，所以在机械制造中应用很广。按重量计算，汽车、拖拉机中铸铁零件占 50%～70%，机床中占 60%～90%。

根据碳在铸铁中存在形态的不同，铸铁可分为以下几种。

(1) 白口铸铁　碳在铁中以渗碳体形式存在，断口呈亮白色，称白口铸铁。由于有大量的硬而脆的渗碳体，故其硬度高、脆性大，极难切削加工。除要求表面有高硬度和耐磨并受冲击不大的铸件，如轧辊、犁等铸件外，一般不用来制造机械零件，而主要用做炼钢原料。

（2）灰口铸铁　碳在铸铁组织中以片状石墨形式存在，断口呈灰色。它的性能是软而脆，但具有良好的铸造性、耐磨性、减振性和切削加工性。灰铸铁常用于受力不大、冲击载荷小、需要减振或耐磨的各种零件，如机床床身、机座、箱体、阀体等。灰口铸铁是生产中使用最多的铸铁。灰口铸铁的牌号是以"HT"和其后的一组数字表示，其中"HT"是"灰铁"二字的汉语拼音字首，其后一组数字表示其最小抗拉强度。如HT250，表示是最小抗拉强度为250MPa的灰口铸铁。

（3）可锻铸铁　碳在铸铁组织中以团絮状石墨形式存在，它是由一定成分的白口铸铁经过较长时间的高温退火而得的铸铁。团絮状石墨对金属基体的割裂作用较片状石墨小得多，所以可锻铸铁有较高的力学性能，强度、塑性和韧性比灰铸铁好，尤其是塑性和韧性有明显提高。可锻铸铁并不可锻造，常用于制造汽车、拖拉机的薄壳零件、低压阀门和各种管接头等。可锻铸铁的牌号为"KT"加两组数字组成，第一组数字表示最低抗拉强度，第二组数字表示最低延长率。如KT300-06，表示最低抗拉强度为300MPa，最低延长率为6%的可锻铸铁。

（4）球墨铸铁　碳在铸铁组织中以球状石墨形式存在。球墨铸铁是将铁液经过球化处理和孕育处理而得到的。球化处理是在浇注前向一定成分的铁水中，加入一定数量的球化剂（镁或稀土镁合金）和孕育剂（硅铁或硅钙合金），使石墨呈球状，减少对基体的割裂作用，并减少应力集中。球墨铸铁具有较好的力学性能，抗拉强度甚至优于碳钢，因此，广泛应用于机械制造、交通、冶金等行业。如制造汽缸套、曲轴、活塞等零件。球墨铸铁牌号用"QT"加两组数字表示，"QT"为"球铁"汉语拼音字首，后两组数字表示与可锻铸铁相同，如QT400-18。

（5）合金铸铁　在铸铁基础上加入合金元素而构成的铸铁称为合金铸铁。例如，在铸铁中加入磷、铬、钼、铜等元素，可得到具有较高耐磨性的耐磨铸铁；在铸铁中加入硅、铝、铬等元素，得到耐热铸铁；加入铬、钼、铜、镍、硅等元素，可得到各种耐蚀铸铁。合金铸铁由于有某些特殊性能，故主要用于要求耐热、耐蚀、耐磨的零件，如内燃机活塞环、水泵叶轮、球磨机磨球等。

二、非铁基金属材料

工业生产中把钢铁材料以外的所有金属材料，统称为非铁金属材料，也称有色金属材料。与钢铁材料相比，非铁金属价格高，产量低，但由于其具有许多优良特性，因而在科技和工程中占有重要的地位，成为不可缺少的工程材料。如铝、钛及其合金密度小；铜、铝及其合金导电性及耐蚀性好。非铁金属的种类很多，一般工程中常用的有铝合金、铜合金及轴承合金。

1. 铝及其合金

纯铝显著的特点是密度小（约2.7g/cm^3），导电、导热性优良，强度、硬度低，塑性好，有良好的耐蚀性。故纯铝主要用于做导电材料或耐蚀零件。

铝中加入硅、铜、镁、锌、锰等制成铝合金，不仅强度提高，还可通过变形、热处理等方法进一步强化，同时还保持了铝耐蚀性好、重量轻的优点。所以，铝合金常用来制造要求重量轻、强度高的零件，如飞机上的零件。

铝合金依其成分和工艺性能，可划分为变形铝合金和铸造铝合金。前者具有较高的强度和良好的塑性，可通过压力加工制成各种半成品，也可以焊接。它主要用做各种类型的型材和结构件，如发动机机架、飞机大梁等。变形铝合金又可分为防锈铝合金（代号LF）、硬铝合金（代号LY）、超硬铝合金（代号LC）、锻铝合金（代号LD），牌号表示方法见GB/T 3190—2020。

铸造铝合金可分为Al-Si系、Al-Cu系、Al-Mg系和Al-Zn系四类。它们有良好的铸造性能，可以铸成各种形状复杂的零件，但塑性低，不宜进行压力加工。应用最广的是铝硅系合金，该系俗称铝硅明。各类铸造铝合金的牌号为ZAl＋合金元素符号＋合金元素的平均含量的百分数，如ZAlSi12。代号用ZL（"铸铝"汉语拼音字首）及三位数字表示。第一位数字表示主要合金类别，"1"表示Al-Si系，"2"表示Al-Cu系、"3"表示Al-Mg系、"4"表示Al-Zn系；第二、三位数字表示顺序号，如ZL102、ZL401等。

2. 铜及其合金

纯铜又称紫铜，又因它是用电解法获得的，故又名电解铜。纯铜的导电性、导热性优良，耐蚀性和塑性很好，但强度低。纯铜广泛应用于制造电线、电缆等各种导电材料。机械制造业主要使用铜合金。

铜合金比纯铜强度高，且具有许多优良的物理化学性能。铜合金按化学成分不同分为黄铜、青铜和白铜；按生产方法不同分为压力加工铜合金和铸造铜合金。常用的铜合金是黄铜和青铜。

（1）黄铜　以铜和锌为主的合金称为黄铜。黄铜的强度、硬度和塑性随含锌量增加而升高，含锌量为30％～32％时，塑性达到最大值，含锌量为45％时强度最高。在黄铜的基础上再加入少量的其他元素而成的铜合金称为特殊黄铜，如锡黄铜、铅黄铜、硅黄铜等。黄铜一般用于制造耐蚀和耐磨零件，如弹簧、阀门、管件等。

黄铜的牌号用H（"黄"的汉语拼音字首）及数字表示，其数字表示铜平均含量的百分数。例如，H68表示平均含铜量为68％，其余为锌的黄铜。特殊黄铜在牌号中标出合金元素符号及含量。如HSn62-1表示含铜量62％，含锡1％，其余为锌。

（2）青铜　除黄铜和白铜（铜-镍合金）以外的其他铜合金称为青铜。其中含锡元素的称为锡青铜，不含锡元素的称为无锡青铜；按加工方法，分为压力加工青铜和铸造青铜。

锡青铜有良好的塑性、耐磨性及耐蚀性，有优良的铸造性能，主要用于耐摩擦零件和耐蚀零件的制造，如蜗轮、轴瓦等。

常用的无锡青铜有铝青铜、铍青铜、铅青铜、硅青铜等。它们通常作为锡青铜的代用材料。

压力加工青铜牌号依次由Q（"青"的汉语拼音字首）、主加元素符号及其平均含量的百分数、其他元素平均含量百分数组成。如QSn4-3表示平均含锡量4％、含锌量为3％，其余为铜的锡青铜。铸造青铜的牌号依次由Z（"铸"的汉语拼音字首）、铜及合金元素符号和合金元素平均含量百分数组成，如ZCuSn10Zn2。

3. 轴承合金

在滑动轴承中用于制造轴瓦或内衬的合金称为轴承合金。滑动轴承具有承压面积大，工作平稳，无噪声以及修理、更换方便等优点，应用广泛。常用的轴承合金主要是非铁基金属合金，其分类方法依据合金中含量多的元素分类，主要有锡基、铅基和铝基轴承合金等。锡基和铅基轴承合金又称为巴氏合金,是应用广泛的轴承合金。

第七节　工程材料的选用

在机械制造中,为生产出质量高、成本低的机械或零件,必须从结构设计、材料选择、毛坯制造及切削加工等方面全面考虑,才能达到预期的效果。合理选材是其中的一个重要因素。

要做到合理选材,就必须全面分析零件的工作条件、受力性质和大小,以及失效形式,然后综合各种因素,提出能满足零件工作条件的性能要求,再选择能满足性能要求的材料。因此,零件材料的选用是一个复杂而重要的工作,须全面综合考虑。

一、零件的失效

零件的失效是指零件严重损伤,完全破坏,丧失使用价值,或继续工作不安全,或虽能安全工作,但不能保证工作精度或达不到预期工效。例如,齿轮在工作过程中过度磨损而不能正常啮合及传递动力;弹簧因疲劳或受力过大而失去弹性等,均属失效。

零件的失效,尤其是无明显预兆的失效,往往会带来巨大的危害,甚至造成严重的事故。因此,对零件失效进行分析,查出失效原因,提出防止措施是十分重要的。

二、失效的原因

零件失效的原因很多,主要应从方案设计、材料选择、加工工艺、安装使用等方面来考虑。零件失效的原因主要有以下几方面。

(1) 设计不合理　零件结构形状、尺寸等设计不合理,对零件工作条件(如受力性质和大小、温度及环境等)估计不足或判断有误,安全系数过小等,均使零件满足不了工作性能要求而失效。

(2) 选材不合理　选用的材料性能不能满足零件的工作条件要求。

(3) 加工工艺不当　零件或毛坯在加工和成形过程中,由于方法、参数不正确等,造成某些缺陷。如加工时产生划痕、热处理后硬度过高或过低等。

(4) 安装使用不正确　在安装和装配过程中,不符合技术要求;使用中,不按要求操作和维修,保养不善或过载使用等。

三、选材的原则

选材的原则首先是满足使用性能要求,然后再考虑工艺性和经济性原则。

(1) 使用性原则　是指所选用的材料制成零件后,零件的使用性能指标能否满足零件的功能和寿命的要求。按使用性原则选材的主要依据是材料的力学性能指标和零件工作状况。首先,应分析零件所受载荷的大小和性质,应力的大小、性质及分布情况,它们是选材的基本依据。在满足零件强度或刚度要求的前提下,尽量考虑其他因素,如工作的繁重程度,摩擦磨损程度,工作温度和工作环境状况,零件的重要程度,安装部位对零件尺寸和质量的限制等。

(2) 工艺性原则　是指所选用的材料能否保证顺利地加工成零件。例如,某些材料仅从零件的使用要求来考虑是合适的,但无法加工制造,或加工困难,制造成本高,这些均属于工艺性不好。因此,工艺性的好坏,对零件加工难易程度、生产率、生产成本等影响很大。

材料的工艺性能按加工方法不同,主要从铸造性能、锻压性能、焊接性能、切削加工性能、热处理性能等几方面,以及零件形状复杂程度、生产的批量方面考虑。

(3) 经济性原则 是指所选用的材料加工成零件后能否做到价格便宜、成本低廉。在满足前面两条原则的前提下,应尽量降低零件的总成本,以提高经济效益。零件总成本包括材料本身价格、加工费、管理费等,有时还包括运输费和安装费。

碳钢和铸铁价格较低,加工方便,在满足使用性能前提下,应尽量选用;低合金钢价格低于合金钢;有色金属和不锈钢价格高,应尽量少用。

对于某些重要的、精密的、加工过程复杂的零件和使用周期长的工模具,选材时不能单纯考虑材料本身价格,而应注意制件质量和使用寿命。此外,所选材料应立足于国内和货源较近的地区,并应尽量减少所用材料的品种规格,以便简化采购、运输、保管等工作。所选材料还应满足环境保护的要求。

上述选材的三条原则是彼此相关的有机整体,在选材时应综合考虑。

四、选材的步骤

① 分析零件的工作条件及失效形式,确定零件的性能要求(使用性能和工艺性能)。一般主要考虑力学性能,特殊情况还应考虑物理化学性能。

② 从确定的零件的性能要求中,找出最关键的性能要求。然后通过力学计算或试验等方法,确定零件应具有的力学性能判据或理化性能指标。

③ 合理选择材料,所选材料除满足零件的使用性能和工艺性能要求外,还要能适应高效加工和组织现代化生产。

④ 确定热处理方法或其他强化方法。

⑤ 审核所选材料的经济性(包括材料费、加工费、使用寿命等)。

⑥ 关键零件投产前应对所选材料进行试验,以验证所选材料与热处理方法能否达到各项性能判据要求,加工有无困难。

对于不重要的零件或某些单件、小批生产的非标准设备,以及维修中所用的材料,若对材料选用和热处理都有成熟资料和经验时,可不进行试验和试制。

五、典型零件的选用

下面以轴类零件为例,加以说明。

1. 工作条件与失效形式

轴是机械中重要的零件之一,主要用于支撑转动零件(如齿轮、凸轮等)、传递动力和运动。轴类零件工作时主要承受弯曲应力、扭转应力或拉压应力,有相对运动的表面其摩擦和磨损较大,多数轴类零件还承受一定的冲击力,由此可见,轴类零件受力情况相当复杂。轴类零件的失效形式有疲劳断裂、过量变形和过度磨损等。

2. 性能要求

根据工作条件和失效形式,轴类零件材料应具备以下性能。

① 足够的强度、刚度、塑性和一定的韧性。

② 高的硬度和耐磨性。

③ 高的疲劳强度,对应力集中敏感性小。

④ 足够的淬透性。
⑤ 淬火变形小。
⑥ 良好的切削加工性。
⑦ 价格低。
⑧ 对特殊环境下工作的轴，还应具有特殊性，如在腐蚀介质中工作的轴，要求耐蚀性等。

3. 常用材料与热处理

常用轴类材料主要是经过锻造或轧制的低碳钢、中碳钢或中碳合金钢。

常用牌号是 35 钢、40 钢、45 钢、50 钢等，其中 45 钢应用最广。为改善力学性能，此类钢一般应进行正火、调质或表面淬火。对于受力不大或不重要的轴，可采用 Q235 钢、Q275 钢等。

当受力较大并要求限制轴的外形、尺寸和重量，或要求提高轴颈的耐磨性时，可采用 20Cr 钢、40Cr 钢、20CrMnTi 钢、40MnB 钢等，并辅以相应的热处理才能发挥其作用。

近年来，越来越多地采用球墨铸铁和高强度灰铸铁作为轴的材料，尤其是作为曲轴材料。

轴类零件选材原则主要是根据其承载性质及大小、转速的高低、精度和粗糙度要求，有无冲击和轴承种类等综合考虑。例如，主要承受弯曲、扭转的轴（如机床主轴、曲轴等），因整个截面受力不均，表面应力大，心部应力小，故不需要选用淬透性很高的材料，常选用 45 钢、40Cr 钢等；同时承受弯曲、扭转及拉、压应力的轴（如锤杆、船用推进器轴），因轴整个截面应力分布均匀，心部受力也大，应选用淬透性高的材料；主要要求刚性的轴，可选用碳钢或球墨铸铁等材料；要求轴颈处耐磨的轴，常选用中碳钢经表面淬火，将硬度提高到 52HRC 以上。

4. 选材示例

图 1-26 所示为 C6132 卧式车床主轴，该轴工作时受弯曲和扭转应力作用，但承受的应力和冲击力不大，运行较平稳，工作条件较好。锥孔、外圆锥面工作时与顶尖、卡盘有相对摩擦，花键部位与齿轮有相对滑动，故要求这些部位有较高的硬度和耐磨性。该主轴在滚动轴承中运行，轴颈处硬度要求为 220～250HBS。

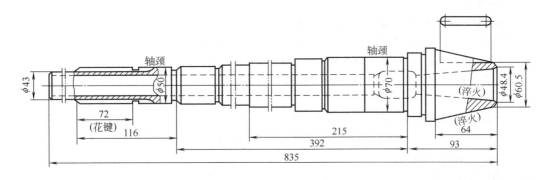

图 1-26 C6132 卧式车床主轴

根据上述工作条件分析，本主轴选用 45 钢制造，整体调质，硬度为 220～250HBS；锥孔和外圆锥面局部淬火，硬度为 45～50HRC；花键部位高频感应淬火，硬度为 48～

53HRC。该主轴的加工工艺过程如下：

下料→锻造→正火→粗加工→调质→半精加工（花键除外）→局部淬火、回火（锥孔、外锥面）→粗磨（外圆、外锥面、锥孔）→铣花键→花键处高频感应淬火、回火→精磨（外圆、外锥面、锥孔）

习　　题

一、判断题

1. 硅、锰在碳素钢中是有益元素，适当增加其含量，均能提高钢的强度。（　）
2. 硫、磷在碳素钢中是有害元素，随着含量的增加，硫会使钢韧性降低，产生冷脆性，磷会使钢的韧性降低，产生热脆性。（　）
3. 碳素结构钢都是优质碳素钢。（　）
4. 优质碳素结构钢根据含锰量可分为普通含锰量与较高含锰量两种。（　）
5. 铸造一般用于形状复杂、难以进行锻造、要求有较高的强度和韧性、能承受冲击载荷的零件。（　）
6. 钢在常温时的晶粒越细小，强度和硬度越高，塑性和韧性就越低。（　）
7. 35钢制的汽车曲轴正时齿轮经淬火、低温回火以后硬度为56HRC，如果再进行高温回火可使材料硬度降低。（　）
8. 钢在淬火前先进行正火可使组织细化，能减少淬火变形和开裂的倾向。（　）
9. 低碳钢与中碳钢常用正火代替退火，改善其组织结构和切削加工性。（　）
10. 淬透性很好的钢，淬火后硬度一定很高。（　）
11. 除含铁、碳外，还含有其他元素的钢就是合金钢。（　）
12. 合金钢不经过热处理，其力学性能比碳钢提高不多。（　）
13. 制作汽车大梁的16Mn钢是一种平均含碳量为0.6%的较高含锰量的优质碳素结构钢。（　）
14. ZG40是滚动轴承钢。（　）
15. 由于铬可增加钢的耐腐蚀能力，提高钢的抗氧化性，因而含铬的钢都是不锈钢。（　）
16. GCr15是高合金钢。（　）
17. 铸造铝合金的铸造性能好，但塑性较差，故一般不进行压力加工，只用于铸造成形。（　）
18. 黄铜是铜锌合金，青铜是铜锡合金。（　）
19. 轴承合金就是巴氏合金。（　）
20. 纯铜具有很高的导电性和导热性，也有优良的塑性，强度不高，不宜做承受载荷的汽车零件。（　）

二、选择题

1. 金属材料抵抗塑性变形的能力主要取决于材料的_____。
   A. 冲击韧性　　　B. 弹性　　　C. 塑性　　　D. 强度
2. 现有一碳钢支架刚性不足，可有效解决此问题的方法是_____。
   A. 改用合金钢　　　　　　　B. 改用另一种碳钢
   C. 进行热处理改性　　　　　D. 改变该支架的截面与结构形状尺寸
3. 在金属材料的力学性能指标中，"200HBW"是指_____。
   A. 硬度　　　B. 弹性　　　C. 强度　　　D. 塑性
4. 固溶强化的基本原因是_____。
   A. 晶格类型发生变化　　　　B. 晶粒变细
   C. 晶格发生滑移　　　　　　D. 晶格发生畸变
5. 过冷度是金属结晶的驱动力，它的大小主要取决于_____。
   A. 化学成分　　　B. 冷却速度　　　C. 晶体结构　　　D. 加热温度
6. 下列组织中，硬度最高的是_____。

A. 铁素体　　　　B. 渗碳体　　　　C. 珠光体　　　　D. 奥氏体

7. 下列材料中，平衡状态下强度最高的材料是＿＿＿＿，塑性最差的材料是＿＿＿＿，冲击韧性最好的材料是＿＿＿＿。

A. T9　　　　　　B. Q195　　　　　C. 45　　　　　　D. T7

8. 为使高碳钢便于机械加工，常预先进行＿＿＿＿。

A. 淬火　　　　　B. 正火　　　　　C. 球化退火　　　D. 回火

9. 精密零件为了提高尺寸稳定性，在冷加工后应进行＿＿＿＿。

A. 再结晶退火　　B. 完全退火　　　C. 均匀化退火　　D. 去应力退火

10. 将碳钢缓慢加热到500～600℃，保温一段时间，然后缓冷的工艺叫＿＿＿＿。

A. 去应力退火　　B. 完全退火　　　C. 球化退火　　　D. 等温退火

11. 对硬度在160HBS以下的低碳钢、低合金钢，为改善其切削加工性能，应采用的热处理工艺是＿＿＿＿。

A. 调质　　　　　B. 渗碳　　　　　C. 球化退火　　　D. 正火

12. 钢的回火处理是在＿＿＿＿。

A. 退火后进行　　B. 正火后进行　　C. 淬火后进行　　D. 淬火前进行

13. 制造4Cr13钢制医疗手术刀，要求较高的硬度，最终热处理应为＿＿＿＿。

A. 淬火＋低温回火　B. 调质　　　　　C. 氮化　　　　　D. 渗碳

14. 与钢相比，铸铁工艺性能的突出优点是＿＿＿＿。

A. 可焊性好　　　B. 淬透性好　　　C. 铸造性好

15. 铸铁是含碳量大于＿＿＿＿的铁碳合金。

A. 2.11%　　　　B. 70.77%　　　　C. 74.3%

16. 将下列各牌号分别填在它们所制备的汽车零件中：汽缸盖＿＿＿＿；前后制动鼓＿＿＿＿；后桥壳＿＿＿＿；发动机摇臂＿＿＿＿；曲轴＿＿＿＿。

A. HT150　　　　B. HT200　　　　C. KTH350-10　　D. QT600-3

17. 制造承受低载荷的支架（铸坯），应选用的材料是＿＿＿＿。

A. 35　　　　　　B. 40Cr　　　　　C. QT600-3　　　D. HT100

18. 关于球墨铸铁，下列叙述中错误的是＿＿＿＿。

A. 可以进行调质，以提高力学性能　　B. 抗拉强度可优于灰口铸铁
C. 塑性较灰口铸铁差　　　　　　　　D. 铸造性能不及灰口铸铁

19. 在下列铸造合金中，适宜制造大型曲轴的是＿＿＿＿。

A. 灰口铸铁　　　B. 白口铸铁　　　C. 球墨铸铁　　　D. 可锻铸铁

20. 汽车变速箱齿轮常选用的材料是＿＿＿＿。

A. GCr15　　　　B. 20CrMnTi　　　C. 45　　　　　　D. 9SiCr

三、论述题

1. Q235-B、55、T8各是什么钢？代号中的符号和数字含义是什么？各举一例说明其应用。（实例：CA1091汽车的连杆、车轮轮辐、冲头）

2. 试分析含碳量分别为0.45%、0.77%、1.2%的铁碳合金在平衡条件下的结晶过程，并说明其在室温下各得到什么组织。

3. 45Mn2属于合金结构钢的哪类钢？含碳量是多少？含锰量是多少？可制作汽车上的什么零件？（供选实例：齿轮、汽缸体、CA1090的半轴套管）

4. 20MnVB、50Mn2、GCr15、W18Cr4V各属哪类钢？说明它们的含碳量和合金元素的含量。

第二章 平面构件的静力分析

学习目标

深刻领会静力学的基本概念、基本原理及适用范围。熟练掌握常见约束的类型、性质及相应的约束力的特征，能正确分析物体的受力情况，画出相应的受力图。理解平面汇交力系、平面力偶系和平面任意力系的合成与平衡条件，并能熟练应用平衡方程求解物体的平衡问题。

第一节 静力分析基础

一、基本概念

1. 力和力系

力是物体间的相互机械作用，这种作用使物体的运动状态和形状发生改变。前者称为力的运动效应或称外效应，后者称为力的变形效应或内效应。

力对物体的效应取决于力的大小、方向和作用点，这三者称为力的三要素。显然，力是矢量。如图 2-1 所示，线段 AB 的长度按一定的比例尺表示力的大小；线段的方位以及箭头的指向表示力的方向；线段的起点（或终点）表示力的作用点。当两物体间为拉力时，以线段的起点作为作用点；当两物体间为压力时，以线段的终点为作用点。矢量用黑体字母表示，如 F 表示力矢量。

力的法定计量单位是 N 或 kN，$1kN=10^3N$。

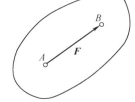

图 2-1 力的表示

作用在同一物体上的一群力称为一个力系。如果物体在一个力系作用下保持平衡，则称这一力系为平衡力系。如果两个力系分别对同一个物体的运动效应相同，则这两个力系彼此称为等效力系。若一个力与一个力系等效，则称这个力是该力系的合力，而该力系中的每个力是合力的分力。

2. 刚体

刚体是指在力的作用下不变形的物体。实际上，任何物体在力的作用下或多或少都会产生变形。如果物体变形很小，且变形对所研究问题的影响可以忽略不计，则可将物体抽象为刚体。但是，如果在所研究的问题中，物体的变形成为主要因素时，就不能再把物体看成是刚体，而要看成为变形体。本章所研究的物体只限于刚体。

3. 力矩

若某物体具有一固定支点 O，受 F 力作用，当 F 力的作用线不通过固定支点 O 时，则物体将产生转动效应。其转动效应与力 F 的大小和点 O 到力 F 作用线的垂直距离 h 有关，用它们的乘积来度量，称之为平面力对点的矩，简称力矩，记作

$$M_O(F) = \pm Fh$$

h 称为力臂，O 点称为矩心，它可以是固定支点，也可以是某指定点。产生逆时针转动效应的力矩取正值，反之取负值，如图 2-2 所示。

在平面问题中，力对点的矩只需考虑力矩的大小和转向，因此力矩是代数量。力矩的单位为 N·m 或 kN·m。

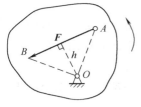

图 2-2 力对点的矩

4. 力偶

作用于刚体上大小相等、方向相反但不共线的两个力所组成的最简单的力系称为力偶，如图 2-3（a）所示。力偶能使刚体产生纯转动效应，而不能产生移动效应。力偶对刚体产生的转动效应，以力偶矩 M 来度量，记作

$$M = \pm Fd$$

d 为两个力作用线之间的垂直距离，称为力偶臂。两力作用线所组成的平面称为力偶的作用面。按右手规则，力偶使刚体作逆时针方向转动，则力偶矩取正值，反之取负值。

对于平面力偶而言，力偶矩 M 可认为是代数量，其绝对值等于力的大小与力偶臂的乘积。力偶矩的单位为 N·m 或 kN·m。衡量力偶转动效应的三个要素是力偶矩的大小、力偶的转向和力偶的作用面。

（1）性质

① 力偶不能合成为一个力。因为力偶在任一轴上投影的代数和恒等于零，因此，力偶没有合力，它不能用一个力来代替，也不能用一个力来平衡，只能用反向的力偶来平衡。力偶和力是静力学的两个基本要素。

② 力偶对其所在平面内任一点的力矩都等于一个常量，其值等于力偶矩本身的大小，而与矩心的位置无关。

图 2-3（a）所示的力偶平面内任取一点 O 为矩心。设 O 点与力 F 的垂直距离为 x，则力偶的两个力对于 O 点的力矩之和为

$$-Fx + F(x+d) = Fd$$

由此可知，力偶对于刚体的转动效应完全决定于力偶矩，而与矩心位置无关。

（2）等效条件 作用在刚体内同一平面上的两个力偶相互等效的条件是两个力偶矩的大小相等，转向相同。

力偶的等效变换性质如下。

① 作用在刚体上的力偶，只要保持

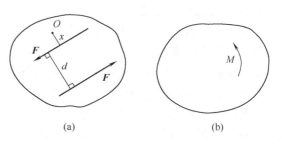

图 2-3 力偶

三要素不变，则可以在其作用面内任意地转移，而不改变它对刚体的效应。

② 作用在刚体上的力偶，只要保持三要素不变，则可以同时改变力偶中力的大小和力偶臂的长短，而不改变它对刚体的效应。

由于力偶具有这样的性质，因此平面力偶除了用力和力偶臂表示外，也可以用一带箭头的弧线表示，M 表示力偶矩的大小，箭头表示力偶矩的转向，如图 2-3（b）所示。

二、基本公理

静力学基本公理是人类在长期生活和生产实践中积累经验的总结，又经过实践的反复检验，证明是符合客观实际的普遍规律而建立的基本理论，是静力学全部理论的基础。

1. 二力平衡公理

作用在同一刚体上的两个力，使刚体处于平衡状态的必要与充分条件是这两个力大小相等，方向相反，作用在同一条直线上（简称等值、反向、共线）。

工程中经常遇到不计自重、只受两个力作用而平衡的构件，称为二力构件。当构件为杆状时，又习惯称为二力杆。根据二力平衡公理，作用于二力构件（二力杆）上的两个力的作用线必定沿着两个力作用点的连线，且大小相等，方向相反。

2. 加减平衡力系公理

在刚体上作用有某一力系时，再加上或减去一个平衡力系，并不改变原有力系对刚体的作用效应。

根据这一公理，可以得到作用于刚体上的力的一个重要性质——力的可传性原理，即作用于刚体上的力，可以沿着其作用线任意移动，而不改变力对刚体作用的外效应。

图 2-4 所示的小车，在力 F 作用线上 B 点加一对与 F 等值且反向、共线的力 F_1 和 F_2，这样并不改变原来的力 F 对小车的作用效应。而 F 和 F_2 两力也符合等值、反向、共线的条件，也是平衡力系。若将这两个力从图 2-4（b）中减去，得到图 2-4（c）所示状态，同样不改变原来的力对小车的作用效应。就相当于将原来的力 F 从 A 点沿其作用线移到 B 点，并不改变对小车的作用效应。

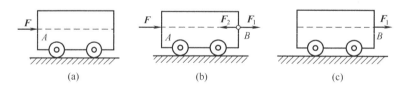

图 2-4　力的可传性原理

3. 作用与反作用公理

两物体之间相互作用的力，总是同时存在，两者大小相等、方向相反、沿同一条直线，分别作用在两个物体上。

该公理表明两个物体之间所发生的机械作用一定是相互的，即作用力与反作用力必须同时成对出现。这种物体之间的相互作用关系是分析物体受力时必须遵循的原则。

应当注意，作用与反作用公理中的一对力和二力平衡公理中的一对力是有区别的。作用力和反作用力分别作用在不同的物体上，而二力平衡公理中的两个力作用在同一个刚体上。

4. 力的平行四边形公理

作用于刚体上某点 A（或作用线交于 A 点）的两个力 F_1 和 F_2，可以合成为一个力，这个力称为 F_1 和 F_2 的合力。合力的大小和方向由以这两个力为邻边所组成的平行四边形的对角线来确定。如图 2-5（a）所示，F_R 是 F_1、F_2 的合力。力的平行四边形法则符合矢量加法法则，即

$$F_R = F_1 + F_2$$

为了作图方便，可用更简单的作图法代替平行四边形，如图 2-5（b）所示，只需画出三角形即可。其方法是自 A 先画一力 F_1，然后再由 F_1 的终端 B 画力 F_2，连接 F_1 的起端 A 与 F_2 的终端 D，即代表合力 F_R，这种作图法称为力的三角形法则。显然，其结果与画力的顺序无关。

5. 三力平衡汇交定理

作用于刚体上同一平面内的三个不平行的力，如果使刚体处于平衡，则这三个力的作用线必汇交于一点。

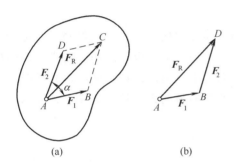

图 2-5 两力合成

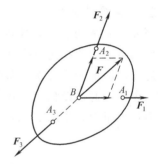

图 2-6 三力平衡

此定理很容易证明。如图 2-6 所示，设作用在刚体上同一平面内有三个力 F_1、F_2、F_3，力 F_1 和 F_2 的作用线相交于 B 点。根据力的可传性原理，将 F_1 和 F_2 分别沿其作用线移到 B 点，将两个力合成，其合力 F 必通过此交点。F 与 F_3 这两个力又使刚体平衡，所以，F 与 F_3 必等值、反向、共线，故 F_1、F_2、F_3 三个力的作用线必汇交于 B 点。

三、约束与约束反力

对物体的运动起限制作用的其他物体，称为该物体的约束。例如，吊车钢索上悬挂的重物，钢索是重物的约束，搁置在墙上的屋架，墙是屋架的约束等，这些约束分别阻碍了被约束物体沿着某些方向的运动。约束作用于被约束物体上的力称为约束反力。约束反力属于被动力，是未知的力，它的方向总是与物体的运动趋势方向相反，作用在约束与被约束物体的接触点上。

在静力分析中，主动力往往都是已知的力，因此，对约束反力的分析就成为物体受力分析的重点。工程实践中，物体间的连接方式是很复杂的，为了分析和解决实际计算问题，必须将物体间各种复杂的连接方式抽象为几种典型的约束类型。

下面介绍几种常见的约束类型，说明如何判断约束反力的某些特征。

1. 柔索约束

绳索、链条、胶带等柔性体都属于这类约束。由于柔索约束只限制物体沿着柔性体伸长方向的运动，承受拉力，不能承受压力或弯曲，所以柔索的约束反力必定是沿着柔索的中心线且背离被约束物体的拉力。如图 2-7 所示，起重机用钢绳起吊大型机械主轴，主吊索、AC 和 BC 对吊钩的约束反力分别为 F、F_1' 和 F_2'，都通过它们与吊钩的连接点，方位沿着各吊索的轴线，指向背离吊钩。

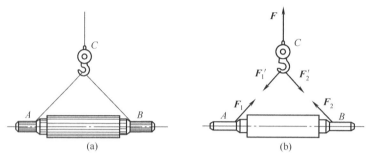

图 2-7 柔索约束

2. 光滑接触面约束

当表面非常光滑（摩擦可以忽略不计）的平面或曲面构成对物体运动限制时，称为光滑接触面约束。物体在光滑接触面上可以沿着支承面自由地滑动，也可以朝脱离支承面的任何方向运动，但不能沿着支承面在接触点处的公法线向着支承面内运动。所以，光滑接触面约束的约束反力通过接触点，方向沿接触面的公法线并指向被约束物体。如图 2-8 所示，其约束反力均为压力，常用 F_N 表示。

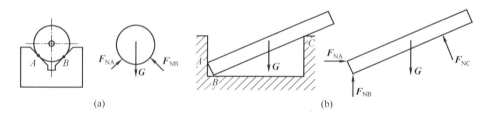

图 2-8 光滑接触面约束

3. 圆柱铰链约束

图 2-9（a）中 A、B 两构件的连接是通过圆柱销钉 C 来实现的，这种使构件只能绕销轴转动的约束称为圆柱铰链约束。这类约束能够限制构件沿垂直于销钉轴线方向的相对位移。若将销钉和销孔间的摩擦略去不计，则这类铰链约束称为光滑铰链约束。若构成铰链约束的两构件都是可以运动的，这种约束称为中间铰链，图 2-9（b）所示为其简图形式。

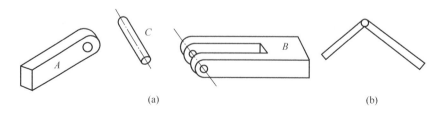

图 2-9 中间铰链

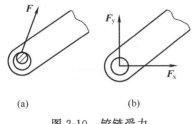

图 2-10 铰链受力

由于销钉与销孔之间看成光滑接触，根据光滑接触面约束反力的特点，销钉对构件的约束反力应沿着接触点处的公法线方向，且通过销孔中心。但接触点的位置不能预先确定，它随着构件的受力情况而变化。为计算方便，约束反力通常用经过构件销孔中心的两个正交分力 F_x 和 F_y 来表示（见图 2-10）。

在圆柱铰链连接的两个构件中，如果其中一个固结于基础或机器上，这种约束称为固定铰链支座，简称固定铰链或固定支座，如图 2-11（a）所示，简图如图 2-11（b）所示。其约束反力的方向也不能确定，仍表示为正交的两个分力 F_{Ax} 和 F_{Ay}，如图 2-11（c）所示。

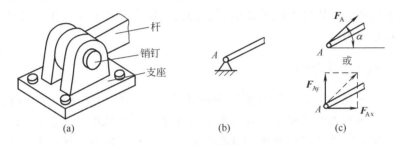

图 2-11 固定铰链支座

必须指出的是，当中间铰链或固定铰链约束的是二力构件时，其约束反力满足二力平衡条件，方向是确定的，即沿两约束反力作用点的连线。

图 2-12（a）所示的结构，AB 杆中点作用力 F，杆 AB、BC 不计自重。杆 BC 在 B 端受到中间铰链约束，约束反力的方向不确定。在 C 端受到固定铰链支座约束，约束反力的方向也不确定。但杆 BC 受此两力作用处于平衡，是二力构件，该二力必过 B、C 两点的连线，如图 2-12（b）所示。

杆 AB 在 A、B 两点受力并受主动力 F 作用，是三力构件，符合三力平衡汇交定理，如图 2-12（c）所示。在画杆 BC 和杆 AB 受力图时应注意，中间铰链 B 必须按作用与反作用公理画其受力图。固定铰链支座 A 可用图 2-12（c）所示的三力平衡汇交定理确定约束反力的方位，力的指向可任意假设，也可用互相垂直的两个分力表示。

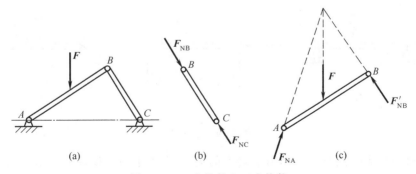

图 2-12 二力构件和三力构件

4. 活动铰链支座约束

如果将固定铰链支座用几个辊轴支承在光滑面上，这种约束称为活动铰链支座，又称辊

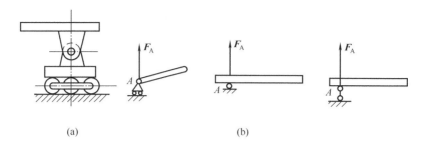

图 2-13 活动铰链支座

轴约束，如图 2-13（a）所示，常用于桥梁、屋架等结构中。图 2-13（b）所示为活动铰链支座的简图。这种支座只能限制构件沿支承面垂直方向的移动，不能限制构件沿着支承面的移动和绕销钉轴的转动，因此，活动铰链支座的约束反力垂直于支承面且通过销孔中心，指向不能确定，可任意假设。

四、受力分析与受力图

在解决工程实际问题时，一般都需要分析物体受到哪些力作用，即对物体进行受力分析，受力分析时所研究的物体称为研究对象。为了把研究对象的受力情况清晰地表示出来，必须将所确定的研究对象从周围物体中分离出来，单独画出简图，然后将其他物体对它作用的所有主动力和约束反力全部表示出来，这样的图称为受力图或分离体图。具体步骤如下。

① 根据题意选择研究对象。

② 根据外加载荷以及研究对象与周围物体的接触联系，在分离体上画出主动力和约束反力。画约束反力时，要根据约束类型和性质画出相应的约束反力的作用位置和作用方向。

③ 在物体受力分析时，应根据基本公理和力的性质正确判断约束反力的作用位置和作用方向，如二力平衡公理、三力平衡汇交定理、作用与反作用公理以及力偶平衡的性质等。

画受力图是对物体进行力学计算的重要基础，也是取得正确解答的第一关键问题。如果受力图画错了，必将导致分析和计算的错误。

例 2-1　水平梁 AB 两端用固定支座 A 和活动支座 B 支承，如图 2-14（a）所示，梁在中点 C 处承受一斜向集中力 F，与梁成 α 角，若不考虑梁的自重，试画出梁 AB 的受力图。

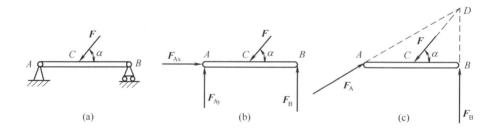

图 2-14 水平梁

解　取梁 AB 为研究对象。作用于梁上的力 F 为集中力。B 端是活动支座，它的约束反力 F_B 垂直于支承面铅垂向上。A 端是固定支座，约束反力用通过 A 点的互相垂直的两个正交分力 F_{Ax} 和 F_{Ay} 表示。受力图如图 2-14（b）所示。

梁 AB 的受力图还可以画成如图 2-14（c）所示的形式。根据三力平衡汇交定理，已知

力 F 与 F_B 相交于 D 点，则其余一力 F_A 也必交于 D 点，从而确定约束反力 F_A 沿 A、D 两点连线。

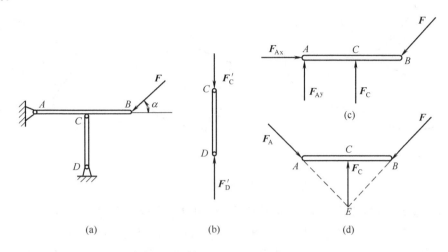

图 2-15 简易支架

例 2-2 如图 2-15（a）所示的简易支架结构，由 AB 和 CD 两杆铰接而成，在 AB 杆上作用有载荷 F。设各杆自重不计，α 角已知，试分别画出 AB 和 CD 两杆的受力图。

解 首先，分析 CD 杆的受力情况。由于 CD 杆不计自重，只有 C、D 两铰链处受力，因此，CD 杆为二力杆，且二力相等，如图 2-15（b）所示。

然后，取 AB 杆为研究对象。AB 杆自重不计，AB 杆在主动力 F 作用下，有绕铰链 A 转动的趋势，但 C 点有 CD 杆支承，根据作用与反作用公理，CD 杆给 AB 杆的反作用力为 F_C。A 处为固定铰链支座，约束反力有两种画法，如图 2-15（c）、（d）所示。

第二节 平面基本力系

作用在物体上的各个力的作用线若都处于同一个平面内，则这些力所组成的力系称为"平面力系"。本节只讨论平面力系中的两种最基本的力系，即平面汇交力系和平面力偶系。

平面力系中所有力的作用线均汇交于一点时，称为"平面汇交力系"。如图 2-7 所示的起重机吊钩，在吊起主轴时，吊钩上所受的力都在同一平面内，且汇交于 C 点，即组成一个平面汇交力系，如图 2-7（b）所示。

作用于刚体上同一平面内的若干个力偶，称为平面力偶系。如图 2-16 所示，用多轴钻床在工件上钻孔时，作用在工件上的力系为平面力偶系。

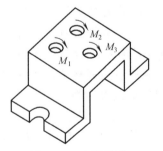

图 2-16 多轴钻孔

一、平面汇交力系合成与平衡的几何法

1. 平面汇交力系合成的几何法

例 2-3 设在物体上的 O 点作用有 F_1、F_2、F_3 和 F_4 组成的一个平面汇交力系，若 $F_1 = F_2 = 100\text{N}$，$F_3 = 150\text{N}$，$F_4 = 200\text{N}$，各力的方向如图 2-17（a）所示，求合力 F_R 的大小和方向。

解 如图 2-17（b）所示，选一比例尺，应用力三角形法则，先将 F_1、F_2 合成得合力

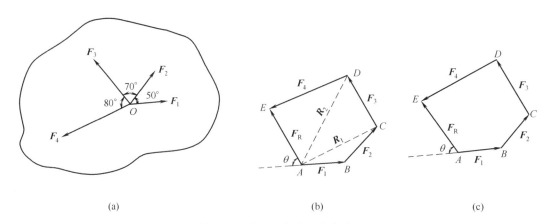

图 2-17 平面汇交力系的合成

R_1，再把 R_1 与 F_3 合成得合力 R_2，最后将力 R_2 和 F_4 合成得合力 F_R，即为 F_1、F_2、F_3 和 F_4 所组成汇交力系的合力。用比例尺量得 $F_R=170\text{N}$，用量角器量得 $\theta=54°$。

实际作图时，不必画出虚线所示的 R_1 和 R_2，而可直接依次作矢量 AB、BC、CD、DE 分别代表 F_1、F_2、F_3、F_4，最后从力 F_1 的始端 A 点连接力 F_4 的末端 E 得矢量 AE，作出一个力多边形，这个力多边形的封闭边 AE 就是合力 F_R，如图 2-17（c）所示。这种求合力的方法称为力多边形法则。

应该指出，由于力系中各力的大小和方向已经给定，画力多边形时，可以改变力的次序，改变次序后，只改变力多边形的形状，而不影响所得合力的大小和方向。但应注意，各分力矢量必须首尾相接，各分力箭头沿多边形一致方向绕行。而合力的指向应从第一个力矢量的起点指向最后一个力矢量的终点，最终形成力多边形的封闭边。

上述方法可以推广到若干个汇交力的合成。由此可知，平面汇交力系合成的结果是一个合力，它等于原力系中各力的矢量和，合力的作用线通过各力的汇交点。这种关系可用矢量式表达为

$$F_R=F_1+F_2+F_3+\cdots+F_n=\sum F_i \tag{2-1}$$

2. 平面汇交力系平衡的几何条件

如图 2-17 所示，平面汇交力系 F_1、F_2、F_3、F_4 已合成为一个合力 F_R。若在该力系中另加一个力 F_5，使其与力 F_R 等值、反向、共线，则根据二力平衡公理可知，物体处于平衡状态，即 F_1、F_2、F_3、F_4、F_5 成为平衡力系。如作出该力系的力多边形，将成为一个封闭的力多边形，即最后一个力的终点与第一个力的起点相重合，亦即该力系的合力为零，如图 2-18 所示。因此，平面汇交力系平衡的必要与充分条件是力系的合力等于零；其几何条件是力系中各力所构成的力多边形自行封闭。用矢量式表达为

$$F_R=0 \quad \text{或} \quad \sum F_i=0$$

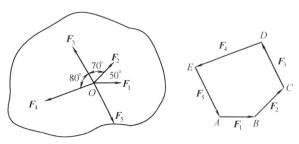

图 2-18 平面汇交力系平衡的几何条件

例 2-4 支架 ABC 由横杆 AB 与支撑杆 BC 组成，如图 2-19（a）所示。A、B、C 处均为铰链连接，销钉轴 B 上悬挂重物，其重力 $G=5\text{kN}$，杆重不计，试求两杆所受的力。

解 由于 AB、BC 杆自重不计，杆端为铰链，故均为二力构件，两端所受力的作用线必通过直杆的轴线。

取销钉轴 B 为研究对象，其上除作用有重力 G 外，还有 AB、BC 杆的约束反力 F_1、F_2，这三个力组成平面汇交力系，受力分析如图 2-19 (b) 所示。因销钉轴平衡，三力应组成一封闭的力三角形，如图 2-19 (c) 所示。由平衡几何关系求得（$\sqrt{3}$ 取值 1.732，下同）

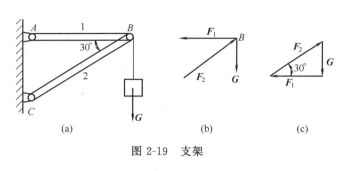

图 2-19 支架

$$F_1 = G\cot 30° = \sqrt{3}G = 8.66\text{kN}$$

$$F_2 = \frac{G}{\sin 30°} = 2G = 10\text{kN}$$

应用平面汇交力系平衡的几何条件求解的步骤如下。

① 根据题意，确定一物体为研究对象。通常是选既作用有已知力，又作用有未知力的物体。

② 分析该物体的受力情况，画出受力图。

③ 应用平衡几何条件求出未知力。先作出封闭力多边形，然后根据几何关系求解。

二、平面汇交力系合成与平衡的解析法

1. 力在坐标轴上的投影

为了应用解析法研究力系的合成与平衡问题，先引入力在坐标轴上的投影的概念。

设力 **F** 作用于物体的 A 点，如图 2-20 (a) 所示。在力 **F** 作用线所在的平面内取直角坐标系 xOy，从力 **F** 的两端 A 和 B 分别向 x 轴作垂线，得到垂足 a 和 b。线段 ab 就是力 **F** 在 x 轴上的投影，用 F_x 表示。力在坐标轴上的投影是代数量，其正负号规定为若由 a 到 b 的方向与 x 轴的正方向一致，力的投影取正值；反之，取负值。同样，从 A 点和 B 点分别向 y 轴作垂线，得到力 **F** 在 y 轴上的投影 F_y，即线段 $a'b'$。显然

$$F_x = F\cos\alpha$$
$$F_y = F\cos\beta = F\sin\alpha$$

α、β 分别是力 **F** 与 x、y 轴的夹角。如果把力 **F** 沿 x、y 轴分解，得到两个正交分力 F_1、F_2，如图 2-20 (b) 所示。

应当注意，力的投影与力的分力是不同的，投影是代数量，而分力是矢量；投影无作用点，而分力的作用点必须与原有力的作用点相同；在确定投影时，都是按照从力的两个端点向投影轴作垂线，所得垂足之间的线段表示其大小，而确定分力时，都是按照力的平行四边形公理来确定分力的大小。只有在直角坐标系中，分力的大小与对应坐标轴上投影的绝对值相等。

2. 合力投影定理

设有一平面汇交力系，在求此力系的合力时，所作出的力多边形为 $abcde$，如图 2-21

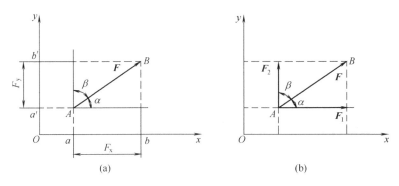

图 2-20 力的投影和分解

(a) 所示，在其平面内取直角坐标系 xOy，从力多边形各顶点分别向 x 轴和 y 轴作垂线，所有力在 x 轴上的投影为 F_{1x}、F_{2x}、F_{3x}、F_{4x} 和 F_{Rx}，在 y 轴上的投影为 F_{1y}、F_{2y}、F_{3y}、F_{4y} 和 F_{Ry}。从图上可见

$$F_{Rx}=F_{1x}+F_{2x}+F_{3x}-F_{4x}=\Sigma F_x$$
$$F_{Ry}=-F_{1y}+F_{2y}+F_{3y}+F_{4y}=\Sigma F_y$$

上式说明，合力在任一轴上的投影，等于各分力在同一轴上投影的代数和。这就是合力投影定理。

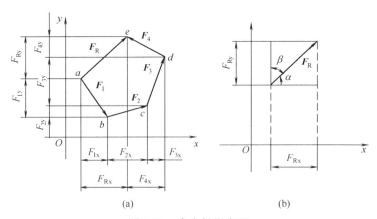

图 2-21 合力投影定理

3. 平面汇交力系合成的解析法

知道了合力 F_R 的两个投影 F_{Rx} 和 F_{Ry}，就不难求出合力的大小和方向。如图 2-21（b）所示，合力 F_R 的大小为

$$F_R=\sqrt{F_{Rx}^2+F_{Ry}^2}=\sqrt{(\Sigma F_x)^2+(\Sigma F_y)^2} \tag{2-2}$$

合力的方向可由方向余弦确定。设 F_R 与 x、y 轴的夹角分别为 α、β，则

$$\cos\alpha=\frac{F_{Rx}}{F_R}=\frac{\Sigma F_x}{F_R} \qquad \cos\beta=\frac{F_{Ry}}{F_R}=\frac{\Sigma F_y}{F_R}$$

4. 平面汇交力系的平衡方程

平面汇交力系平衡的充分和必要条件是力系的合力等于零。由式（2-2）可知，要使合力 $F_R=0$，必须是

$$\left.\begin{array}{l}\sum F_x=0\\ \sum F_y=0\end{array}\right\} \quad (2\text{-}3)$$

式（2-3）说明，力系中所有各力在每个坐标轴上投影的代数和都等于零。这就是平面汇交力系平衡的解析条件。式（2-3）称为平面汇交力系的平衡方程。这两个独立的方程，可以求解两个未知量。

例 2-5 简易起重机装置如图 2-22（a）所示。重物 $G=20\text{kN}$，用绳子挂在支架的滑轮 B 上，绳子的另一端接在绞车 D 上。若各杆的重量及滑轮的摩擦和半径均略去不计，当重物处于平衡状态时，求拉杆 AB 及支杆 CB 所受的力。

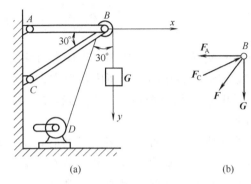

解 选取滑轮 B 作为研究对象，分析 B 点受力情况，如图 2-22（b）所示。因 AB 和 CB 是不计重量的直杆，仅在杆的两端受力，均为二力杆，故它们的约束反力 F_A、F_C 作用线必沿直杆的轴线方向。绳子的拉力 F 与重力 G 数值相等。

图 2-22 简易起重机

选取坐标轴 xBy，如图 2-22（a）所示，列平衡方程为

$$\sum F_x=0 \Rightarrow F_C\cos 30°-F_A-F\cos 60°=0$$
$$\sum F_y=0 \Rightarrow -F_C\cos 60°+F\cos 30°+G=0$$

解得 $\qquad F_C=74.64\text{kN} \qquad F_A=54.64\text{kN}$

若解出的结果为负值，则说明力的实际方向与原假设方向相反。

三、平面力偶系的合成与平衡

力偶既然没有合力，其作用效应完全取决于力偶矩，所以平面力偶系合成的结果是一个合力偶（证明从略）。设物体仅受平面力偶系 M_1、M_2、$\cdots$、M_n 的作用，其合力偶矩 M 等于力偶系中各力偶矩的代数和。即

$$M=M_1+M_2+\cdots+M_n=\sum M_i$$

显然，平面力偶系平衡的条件是合力偶矩等于零，即

$$M=\sum M_i=0 \qquad (2\text{-}4)$$

式（2-4）称为平面力偶系的平衡方程。

例 2-6 如图 2-23（a）所示的梁 AB 上作用一力偶，其力偶矩 $M=100\text{N}\cdot\text{m}$，梁长 $l=5\text{m}$，不计梁的自重，求 A、B 两支座的约束反力。

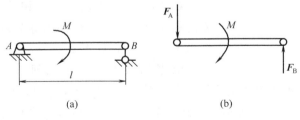

图 2-23 平面力偶系的合成与分解

解 取梁 AB 为研究对象。梁 AB 的 B 端为活动铰支座，约束反力沿支承面公法线指向受力物体。由力偶性质可知，力偶只能与力偶平衡，因此 F_B 必和 A 端反力 F_A 组成一力偶与 M

平衡，所以 A 端反力 F_A 必与 F_B 平行、反向，并组成力偶。

列平衡方程得

$$\sum M_i = 0 \Rightarrow -F_B l + M = 0$$

$$F_A = F_B = \frac{M}{l} = \frac{100}{5} = 20\text{N}$$

第三节　平面任意力系

在工程实际中，经常遇到平面任意力系的问题，即作用在物体上的力都分布在同一平面内，或近似地分布在同一平面内，但它们的作用线是任意分布的。图 2-24 所示为屋架的受力图，其中 Q 为屋顶载荷，P 为风载，R_A 和 R_B 为约束反力，这些力组成的力系即为平面任意力系。

当物体所受的力对称于某一平面时，也可以简化为平面力系的问题来研究。例如，图 2-25 所示的均匀装载沿直线行驶的货车，如果不考虑路面不平引起的摇摆和侧滑，则其自重与货重之和 W、所受风阻力 F、地面对车轮的约束力（考虑摩擦之后）R_A、R_B 等便可作为平面任意力系来处理。

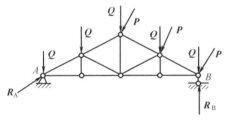

图 2-24　屋架

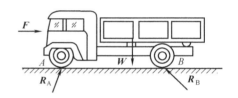

图 2-25　货车

一、力线平移定理

作用于刚体上的力，可以沿其作用线任意移动，而不改变力对刚体作用的外效应。但是，当力平行于原来的作用线移动时，便会改变对刚体的外效应。如图 2-26（a）所示，作用在刚体上 A 点的力为 F_A，在刚体上任取一点 B，现在讨论怎样把 F_A 平行移到 B 点而又不改变其原来的作用效应。

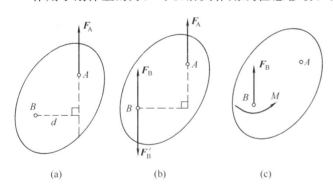

图 2-26　力向一点平移

在新作用点 B 加上大小相等、方向相反且与 F_A 平行并相等的两个力 F_B 和 F'_B，如图 2-26（b）所示。根据加减平衡力系公理，力 F_A、F_B 和 F'_B 对刚体的作用与原力 F_A 对刚体的作用等效。在力系 F_A、F_B 和 F'_B 中，F_A 和 F'_B 组成一个力偶，用 M 表示，如图 2-26（c）所示。因此，作用于 A 点的力 F_A 平行移至 B 点后，变成一个力和一个力偶 M，其力偶矩等于 F_A 对 B 点之矩

$$M = M_B(\boldsymbol{F}_A) = F_A d$$

d 为力 $\boldsymbol{F}_A$ 对 B 点的力臂。

上述结果可以推广为一般结论，即作用在刚体上的力，可以平行移动到刚体内任意一点，但必须同时附加一个力偶，其力偶矩等于原来的力对新作用点之矩。

力向一点平移的结果，很好地揭示了力对刚体作用的两种外效应。如将作用在静止的自由刚体某点上的力，向刚体质心平移，所得到的力将使刚体平动；所得到的附加力偶则使刚体绕质量中心转动。对于非自由刚体，也有类似的情形。如图 2-27 所示，攻螺纹时，如果用一只手扳动扳手，则作用在扳手 AB 一端的力 $\boldsymbol{F}$，与作用在点 C 的一个力 $\boldsymbol{F}'$ 和一个力偶 M 等效。这个力偶使丝锥转动，而这个力 $\boldsymbol{F}'$ 却往往是丝锥弯曲或折断的主要原因。因此，钳工在攻螺纹时，切忌用单手操作，必须用两手握扳手，而且用力要相等。

此外，在平面内的一个力和一个力偶，可以用一个力来等效替换。

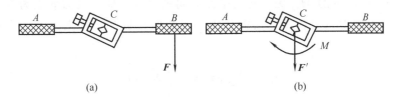

图 2-27 攻螺纹受力分析

二、平面任意力系向一点简化

设刚体上作用一平面任意力系 $\boldsymbol{F}_1$、$\boldsymbol{F}_2$、$\cdots$、$\boldsymbol{F}_n$，在力系的作用面内任取一点 O，O 点称为简化中心，如图 2-28（a）所示。

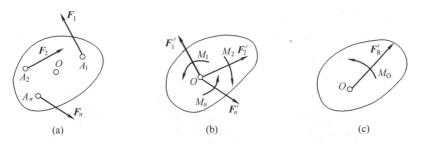

图 2-28 平面任意力系的简化

应用力向一点平移的方法，将力系中的每一个力向 O 点平移，得到一平面汇交力系和一平面力偶系，如图 2-28（b）所示。其中平面汇交力系中各个力的大小和方向，分别与原力系中对应的各个力相同，但作用线互相平行；而平面力偶系中各个力偶的力偶矩，分别等于原力系中各个力对简化中心的力矩。

$$\boldsymbol{F}_1' = \boldsymbol{F}_1,\ \boldsymbol{F}_2' = \boldsymbol{F}_2,\ \cdots,\ \boldsymbol{F}_n' = \boldsymbol{F}_n$$
$$M_1 = M_O(\boldsymbol{F}_1), M_2 = M_O(\boldsymbol{F}_2), \cdots, M_n = M_O(\boldsymbol{F}_n)$$

简化后的平面汇交力系和平面力偶系又可以分别合成一合力和一合力偶，如图 2-28（c）所示。其中，$\boldsymbol{F}_R'$ 为简化后平面汇交力系各力的矢量和。即

$$\boldsymbol{F}_R' = \sum_{i=1}^n \boldsymbol{F}_i' = \sum_{i=1}^n \boldsymbol{F}_i$$

$\boldsymbol{F}'_R$ 称为原力系的主矢。设 F'_{Rx} 和 F'_{Ry} 分别为主矢 $\boldsymbol{F}'_R$ 在 x、y 坐标轴上的投影,根据汇交力系简化的结果,得到

$$F'_{Rx} = \sum_{i=1}^{n} F_{xi} \qquad F'_{Ry} = \sum_{i=1}^{n} F_{yi} \qquad (2-5)$$

F_{xi} 和 F_{yi} 分别为力 $\boldsymbol{F}_i$ 在 x、y 轴上的投影。

式(2-5)表示平面一般力系的主矢在 x、y 轴上的投影,等于力系中各个分力在 x、y 轴上投影的代数和。

根据式(2-5),很容易求得主矢 $\boldsymbol{F}'_R$ 的大小和方向。

$$\left. \begin{array}{l} F'_R = \sqrt{F'^2_{Rx} + F'^2_{Ry}} \\ \arctan\alpha = \dfrac{F'_{Ry}}{F'_{Rx}} \end{array} \right\} \qquad (2-6)$$

图 2-28(c)中所示的 M_O 为简化后平面力偶系的合力偶,其力偶矩为各个分力偶的力偶矩之和,它等于原力系中各个力对简化中心之矩的代数和,称之为原力系对简化中心的主矩。

$$M_O = \sum_{i=1}^{n} M_i = \sum_{i=1}^{n} M_O(\boldsymbol{F}_i) \qquad (2-7)$$

综上所述,平面任意力系向作用面内任意一点 O 简化,一般可以得到一个力和一个力偶。该力作用于简化中心,其大小及方向等于原力系的主矢;该力偶之矩等于原力系对简化中心的主矩。

由于主矢 $\boldsymbol{F}'_R$ 只是原力系的矢量和,它完全取决于原力系中各力的大小和方向,因此,主矢与简化中心的位置无关;主矩 M_O 等于原力系中各力对简化中心之矩的代数和,选择不同位置的简化中心,各力对它的力矩也将改变,因此,主矩与简化中心的位置有关,故主矩 M_O 右下方标注简化中心的符号。

必须指出,力系向一点简化的方法是适用于任何复杂力系的普遍方法。下面用力系向一点简化的结论来分析一种典型的约束——固定端约束。

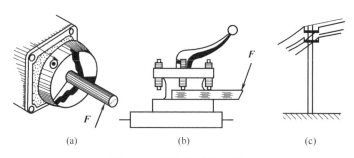

图 2-29 固定端约束实例

固定端约束是工程中常见的一种约束。例如,夹紧在卡盘上的工件,固定在刀架上的车刀,插入地下的电线杆等(图 2-29),这些物体所受的约束都是固定端约束。图 2-30(a)所示为固定端约束的简化表示法,这种约束的特点是限制物体受约束的一端既不能向任何方向移动,也不能转动。物体插入部分受的力分布比较复杂,但不管它们如何分布,当主动力为一平面力系时,这些约束反力也为平面力系,如图 2-30(b)所示。若将此力系向 A 点简化,则得到一约束反力 $\boldsymbol{F}_A$ 和一约束反力偶 M_A。约束反力 $\boldsymbol{F}_A$ 的方向预先无法判定,通常

用互相垂直的两个分力表示；约束反力偶矩 M_A 的转向，通常假设逆时针转向，如图 2-30 (c) 所示。

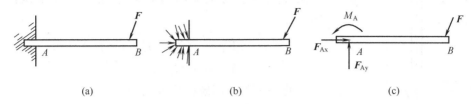

图 2-30 固定端约束的简化表示法及受力分析

三、合力矩定理

如图 2-31 所示，平面任意力系向一点简化为一个力和一个力偶，这个力和力偶还可以继续合成为一个合力 F_R（图 2-31），其作用线离 O 点的距离为

$$h = \frac{M_O}{F'_R} = \frac{M_O}{F_R} \tag{2-8}$$

用主矩 M_O 的转向来确定合力 F_R 的作用线在简化中心 O 点的哪一侧。

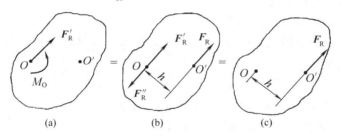

图 2-31 合力矩定理

如图 2-31 (c) 所示，平面任意力系的合力 F_R 对简化中心 O 的矩为

$$M_O(F_R) = F_R h = M_O \tag{2-9}$$

根据式 (2-7) 和式 (2-9) 得

$$M_O(F_R) = \sum_{i=1}^{n} M_O(F_i) \tag{2-10}$$

式 (2-10) 表明，平面任意力系的合力对平面内任意一点之矩，等于该力系中各个力对同一点之矩的代数和。这一结论称为平面任意力系的合力矩定理。

应用合力矩定理，有时可以使力对点之矩的计算更为简便。

例如，为求图 2-32 中作用在支架上 C 点的力 F 对 A 点之矩，若已知 a、b、α，可以将力 F 沿水平和铅垂方向分解为两个分力 F_x 和 F_y，然后由合力矩定理得

$$M_A(F) = M_A(F_x) + M_A(F_y) = -(F\cos\alpha)b + (F\sin\alpha)a$$

此外，应用合力矩定理还可以确定合力作用线的位置。

四、平面任意力系的平衡方程与应用

根据平面任意力系向任一点简化的结果，如果作用在刚体上的平面力系的主矢和对于任一点的主矩不同时为零，则力系可能合成一个力或一个力偶，这时的刚体不能保持平衡。

因此，要使刚体在平面任意力系作用下保持平衡，力系的主矢和对于任一点的主矩必须

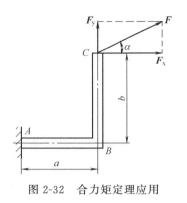

图 2-32 合力矩定理应用

同时等于零。反之，当平面任意力系的主矢和主矩同时等于零时，力系一定平衡。所以，平面任意力系平衡的必要和充分条件是力系的主矢和力系对于任一点的主矩同时等于零。即

$$\left.\begin{array}{l} F'_R = \sqrt{(\sum F_x)^2 + (\sum F_y)^2} = 0 \\ M_O = \sum M_O(\boldsymbol{F}) = 0 \end{array}\right\}$$

此平衡条件用解析式表示为

$$\left.\begin{array}{l} \sum F_x = 0 \\ \sum F_y = 0 \\ \sum M_O(\boldsymbol{F}) = 0 \end{array}\right\} \quad (2\text{-}11)$$

式（2-11）称为平面任意力系的平衡方程，是平衡方程的基本形式。于是，平面任意力系平衡的必要和充分条件是力系的各个力在直角坐标系的两个坐标轴上投影的代数和都等于零，以及力系的各个力对任一点力矩的代数和也等于零。

应该指出，坐标轴和简化中心（或矩心）是可以任意选取的。在应用平衡方程解题时，为使计算简化，通常将矩心选在两未知力的交点上；坐标轴则尽可能选取与力系中多数未知力的作用线平行或垂直，避免解联立方程。

例 2-7 承受均布载荷的三角架结构，其下部牢固地固定在基础内，因此可视为固定端，如图 2-33（a）所示。若已知 $P = 200\text{N}$，$q = 200\text{N/m}$，$a = 2\text{m}$。求固定端的约束反力。

解

（1）选择研究对象、分析受力 以解除固定端约束后的三角架结构为研究对象，其上有主动力 $\boldsymbol{P}$、q，q 为分布力系的集度，当考查平衡时，

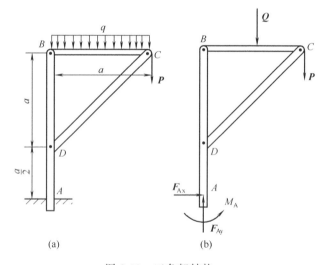

图 2-33 三角架结构

分布力系可以用一集中力 $Q = qa$ 等效。除主动力外，固定端处还受约束反力和约束反力偶作用。由于方向未知，故将约束反力分解为 $\boldsymbol{F}_{Ax}$ 和 $\boldsymbol{F}_{Ay}$，约束反力偶 M_A 假设为正，即逆时针方向。于是，其分离体受力图如图 2-33（b）所示。

（2）建立平衡方程

$$\sum F_x = 0 \Rightarrow F_{Ax} = 0$$
$$\sum F_y = 0 \Rightarrow F_{Ay} - P - qa = 0$$
$$\sum M_A(\boldsymbol{F}) = 0 \Rightarrow M_A - Pa - qa\left(\frac{a}{2}\right) = 0$$

由此解得

$$F_{Ax} = 0$$

$$F_{Ay} = P + qa = 200 + 200 \times 2 = 600\text{N}$$

$$M_A = Pa + \frac{qa^2}{2} = 200 \times 2 + \frac{200 \times 2^2}{2} = 800\text{N} \cdot \text{m}$$

(3) 结果验算 为验算上述结果的正确性，可验算作用在结构上的所有力对其平面内任一点之矩的代数和是否等于零。例如，对于 B 点

$$\sum M_B(\boldsymbol{F}) = M_A + F_{Ax}\left(\frac{3a}{2}\right) - \frac{qa^2}{2} - Pa = Pa + \frac{qa^2}{2} + 0 - \frac{qa^2}{2} - Pa = 0$$

可见所得结果是正确的。

注意，求固定端的约束反力时，不能只求 $\boldsymbol{F}_{Ax}$ 和 $\boldsymbol{F}_{Ay}$，还有约束反力偶 M_A。

例 2-8 一梁的支承及载荷如图 2-34（a）所示。已知 $P = 1.5\text{kN}$，$q = 0.5\text{kN/m}$，$M = $

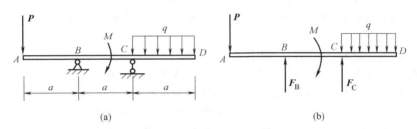

图 2-34 梁的支承及载荷

$2\text{kN} \cdot \text{m}$，$a = 2\text{m}$。求支座 B、C 的约束反力。

解 （1）取梁 AD 为研究对象，受力如图 2-34（b）所示。

（2）列平衡方程

$$\sum M_C(\boldsymbol{F}) = 0 \quad P \times 2a - F_B a - M - \frac{1}{2}qa^2 = 0$$

$$F_B = \frac{P \times 2a - M - \frac{1}{2}qa^2}{a} = 1.5\text{kN}$$

$$\sum F_y = 0 \quad F_B + F_C - P - qa = 0$$

$$F_C = P + qa - F_B = 1\text{kN}$$

平面任意力系的平衡方程，除了基本形式外，还有下列两种形式。

(1) 二力矩式

$$\left. \begin{array}{l} \sum F_x = 0 \text{（或} \sum F_y = 0\text{）} \\ \sum M_A(\boldsymbol{F}) = 0 \\ \sum M_B(\boldsymbol{F}) = 0 \end{array} \right\} \quad (2\text{-}12)$$

使用条件为 A、B 两点的连线不能与 x 轴（或 y 轴）垂直。

(2) 三力矩式

$$\left. \begin{array}{l} \sum M_A(\boldsymbol{F}) = 0 \\ \sum M_B(\boldsymbol{F}) = 0 \\ \sum M_C(\boldsymbol{F}) = 0 \end{array} \right\} \quad (2\text{-}13)$$

使用条件为 A、B、C 三点不能在同一直线上。

应该注意，无论选用哪种形式的平衡方程，对于同一平面力系来说，最多只能列出三个

独立的平衡方程，因此只能求出三个未知量。选用力矩式方程，必须满足使用条件，否则所列平衡方程不一定是独立方程。

习　题

一、判断题

1. 刚体是指非常硬的物体。（　　）
2. 物体在两个等值、反向、共线力的作用下一定处于平衡状态。（　　）
3. 如果刚体在某个平衡力系作用下处于平衡，那么再加上一个平衡力系，该刚体仍处于平衡状态。（　　）
4. 二力平衡公理、加减平衡力系公理和力的可传性原理仅适用于一个刚体。（　　）
5. 只受两个力作用而平衡的构件称为二力构件，所以二力杆一定是直杆。（　　）
6. 分力一定小于合力。（　　）
7. 作用与反作用公理无论对刚体或变形体都是适用的。（　　）
8. 力偶对其作用面内任一点的力矩恒等于该力偶的力偶矩，而与矩心位置无关。（　　）
9. 作用于刚体上的各力作用线都汇交于一点的力系称为平面汇交力系。（　　）
10. 用几何法求平面汇交力系的合力的理论依据是力的平行四边形公理。（　　）
11. 力 F 在两个相互垂直的 x、y 轴方向上的分力和投影是没有区别的。（　　）
12. 平面汇交力系的合力等于各力的矢量和，合力的作用线通过汇交点。（　　）
13. 各力作用线任意分布的力系称为平面任意力系。（　　）
14. 平面任意力系简化的结果是得到一个主矢和一主矩。（　　）
15. 某平面任意力系向点 A 简化的主矢为零，向另一点 B 简化的主矩为零，则此力系必然是平衡力系。（　　）
16. 固定端约束的约束反力只有两个正交的分力。（　　）
17. 作用在一个刚体上的平面力系平衡时，最多可列出三个独立的平衡方程，故可解三个未知量。（　　）

二、选择题

1. 下述公理中，只适用于刚体的是_____。
   A. 二力平衡公理　　　　B. 力的平行四边形公理　　　　C. 作用与反作用公理
2. 一力对某点的力矩不为零的条件是_____。
   A. 作用力不等于零　　　　B. 力臂不为零　　　　C. 作用力和力臂均不为零
3. 一个力矩的矩心位置发生变化，一定会使_____。
   A. 力矩的大小改变，正负不变　　　　B. 力矩的大小和正负都可能改变
   C. 力矩的大小不变，正负改变
4. 力对刚体的作用效果取决于_____。
   A. 力的大小　　　　B. 力的大小和方向　　　　C. 力的大小、方向和作用线
5. 在一条绳索中间挂一很小的重物，两手拉紧绳索两端，若不计绳索自重并不考虑绳索被拉断，在水平方向上_____。
   A. 绳索能拉成水平直线　　　　B. 绳索不可能拉成水平直线
   C. 可能拉成水平直线，也可能拉不直，主要看拉力大小
6. 同一平面内的三个力作用于刚体上，使刚体平衡的条件是平面内的三个力_____。
   A. 作用线汇交于一点　　　　B. 所构成的力三角形自行封闭
   C. 作用线共线

7. 力与力偶对刚体的作用效果是_____。
A. 都能使刚体转动　　　B. 相同的　　　　　　　C. 不同的
8. 力 F 对 O 点之矩和力偶对于作用面内任一点之矩，它们与矩心位置的关系是_____。
A. 力 F 对 O 点之矩与矩心位置有关；力偶对于作用面内任一点之矩与矩心位置无关
B. 都与矩心位置有关　　　C. 都与矩心位置无关

三、计算作图题

1. 画出图 2-35（a）~（i）中 AB 杆的受力图。物体的重力除标出者外，均忽略不计。

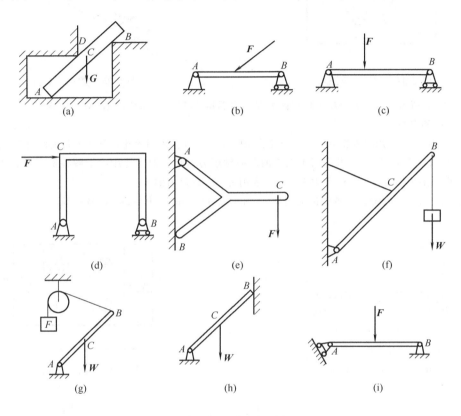

图 2-35　题三、1 图

2. 画出图 2-36（a）~（c）中标注字符的物体的受力图，不计各杆自重。

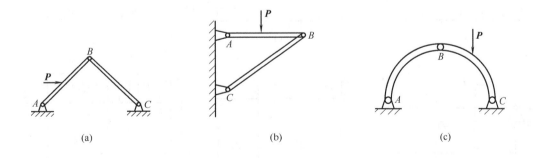

图 2-36　题三、2 图

3. 工件放在 V 形槽内，如图 2-37 所示。若已知压板夹紧力 $F=400\text{N}$，不计工件自重，求工件对 V 形槽的压力。

4. 如图 2-38 所示，电动机重 $P=5$kN，放在水平梁 AC 的中间，A 和 B 为固定铰链支座，C 为中间铰链，试求 A 点的反力及 BC 所受的力。

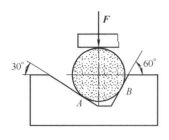

图 2-37 题三、3 图

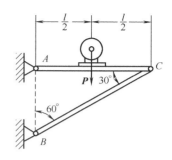

图 2-38 题三、4 图

5. 如图 2-39 所示，已知梁 AB 上作用两力偶，力偶矩为 $M_1=20$kN·m，$M_2=30$kN·m，梁长 $L=5$m。求支座 A 和 B 的反力。

6. 如图 2-40 所示，用多轴钻床在一工件上同时钻出 4 个直径相同的孔，每一个钻头作用于工件的钻削力偶矩的估计值约为 15N·m。求作用于工件的总的钻削力偶矩。如工件用两个圆柱销钉 A、B 来固定，$b=0.2$m，设钻削力偶矩由销钉的反力来平衡，求销钉 A、B 反力的大小。

7. 试求图 2-41 (a)~(f) 中各梁的支座反力。已知：$Q=3$kN，$P=5$kN，$M=2$kN·m，$q=4$kN/m，$a=1$m，$l=4$m。

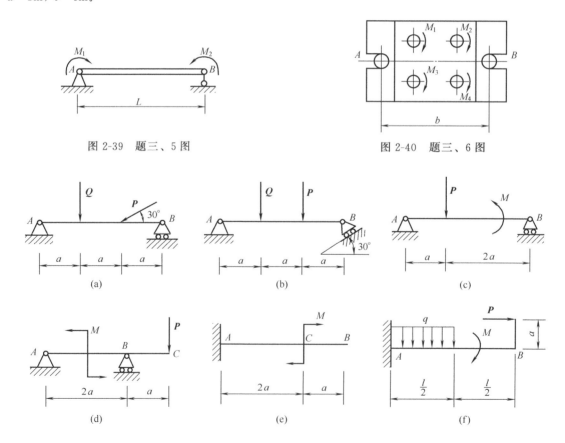

图 2-41 题三、7 图

第三章
拉压杆件的承载能力

学习目标

建立构件内力、应力、许用应力、应变的概念；学会求轴力的方法。掌握轴向拉、压时正应力强度条件及其应用。掌握轴向拉、压时的胡克定律及其应用。了解低碳钢试样在拉伸过程中反映出的力学性质与现象。

第一节　构件承载能力概述

工程实际中，广泛地使用各种机械和工程结构，组成这些机械的零件和工程结构的元件，统称为构件。在工作状态下，各构件要受到载荷的作用，在静力分析中，根据力的平衡关系，能够得出载荷的大小。然而，在外载荷作用下，怎样保证构件能正常地工作，还是个有待进一步解决的问题。

构件承担的载荷是有一定的限制的，如果载荷过大，构件就可能发生破坏或产生过大的变形。例如，起重机在起吊重物时，如果物体太重或者绳子太细，绳子就会断裂而造成事故；又如机械中的传动轴，若产生过大的变形，将会影响轴的正常工作。构件发生破坏和产生过大的变形，都是工程中所不能允许的。构件安全工作时，承担载荷的能力称为构件的承载能力。

为了保证构件能安全正常地工作，就要求构件具有足够的抵抗破坏的能力，构件抵抗破坏的能力称为强度。同时，也要求构件具有足够的抵抗变形的能力，构件抵抗变形的能力称为刚度。此外，有些构件在载荷作用下，还会出现不能保持其原有平衡状态的现象，如细长杆在较大的压力作用下，可能由原来的直线平衡状态突然变弯，从而丧失工作能力，将会造成严重的事故。因此，对这类构件还要求它在工作时具有保持原有平衡状态的能力，构件保持原有平衡状态的能力称为稳定性。

为了保证构件在载荷作用下安全可靠地工作，构件就必须具有足够的强度、刚度和稳定性。一般来讲，为构件选用优质材料或较大的截面尺寸，上述要求是可以满足的；但是，这样又造成材料的浪费和构件结构笨重。显然，安全与经济以及安全与重量之间有时是矛盾的。研究构件承载能力的目的就是在保证构件既安全又经济的前提下，为构件选择合理的材料、确定合理的截面形状和几何尺寸，提供必要的理论基础和计算方法。

在机械和工程结构中，构件的几何形状是多种多样的，但杆件是最常见、最基本的一种构件。杆件，就是指其长度尺寸远大于其他两个方向的尺寸的构件。大量的工程构件都可以简化为杆件。如机器中的传动轴，工程结构中的梁、柱。杆件的各个截面形心的连线称为轴线，垂直于轴线的截面称为横截面。

构件在工作时的受载荷情况是各不相同的，受载后产生的变形也随之而异。对于杆件来说，其受载后产生的基本变形形式有轴向拉伸和压缩、剪切和挤压、扭转、弯曲。本章主要讨论轴向拉、压变形，其他基本变形将在相关章节讨论。

第二节 轴向拉伸与压缩的概念

在工程实际中，发生轴向拉伸或压缩变形的杆件很多。如图 3-1（a）所示的螺栓连接结构，当对其中的螺栓进行受力分析时，其受力如图 3-1（b）、（c）所示。可见螺栓承受沿轴线方向作用的拉力，杆件沿轴线方向产生伸长变形。如图 3-2 所示，支架在载荷 G 作用下，AB 杆受拉、BC 杆受压。可见，AB 杆沿轴线方向产生伸长变形，BC 杆沿轴线方向产生缩短变形。此外，如万能材料试验机的立柱、千斤顶的螺杆、连杆机构中的连杆等均为拉伸或压缩杆件的实例。

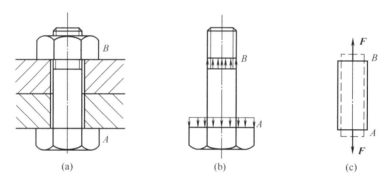

图 3-1 螺栓连接

通过试验发现，尽管这些杆件的形状不同，加载和连接方式多种多样，但对杆件受力和变形的影响，仅限于加载处的局部范围，计算中一般均不考虑，因此，都可以简化成如图 3-3 所示的计算简图。

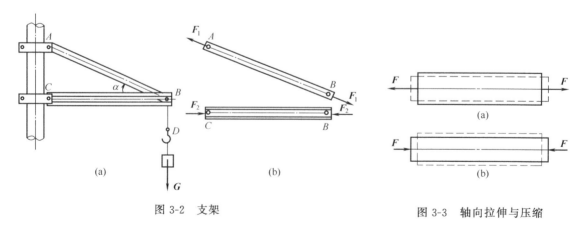

图 3-2 支架　　　　　　图 3-3 轴向拉伸与压缩

轴向拉伸或压缩杆件的受力特点是作用在杆件上的两个力大小相等、方向相反，且作用线与杆的轴线重合；杆件的变形特点是杆件产生沿轴线方向的伸长或缩短。这种变形形式称为轴向拉伸[图3-3（a）]或轴向压缩[图3-3（b）]。这类杆件称为拉杆或压杆。

第三节　轴向拉伸与压缩时横截面上的内力

一、内力的概念

研究构件承载能力时，把作用在整个构件上的载荷和约束反力统称为外力。物体的一部分与另一部分或质点与质点之间存在相互作用力，它维持构件各部分之间的联系及杆件的形状。构件因外力作用而变形时，其内各部分之间的相互作用力也随之变化，这种因外力作用而引起的构件内部的相互作用力称为内力。内力在截面上是连续分布的，通常所称的内力是指该分布力系的合力或合力偶。

内力随着外力的增大而增加，但内力的增加是有一定限度的（与物体材料性质等因素有关），如果超过这个限度，构件就要发生破坏。因此，内力与构件的强度、刚度、稳定性等密切相关，内力分析是解决构件强度、刚度和稳定性的基础。

二、截面法求轴力

由于内力是物体内相邻部分之间的相互作用力，为了显示内力，可采用截面法。如图3-4（a）所示，杆件的两端受拉力 F 作用而处于平衡，欲求杆件某一横截面 m—m 上的内力，可假想用一平面沿该横截面 m—m 将杆件截开，分为左右两部分。任取其中一部分（如左半部分）作为研究对象，弃去另一部分（如右半部分），如图3-4（b）所示，并将移去部分对保留部分的作用以内力代替，设其合力为 N。由于整个杆件原来处于平衡状态，故截开后的任一部分仍保持平衡。由平衡方程

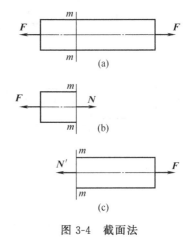

图3-4　截面法

$$\sum F_x = 0 \Rightarrow N - F = 0$$

得　　　　　　$N = F$

如果取杆件的右半部分作为研究对象，如图3-4（c）所示，求同一截面上的内力时，可得相同的结果，即

$$N' = F$$

实际上，N 与 N' 是作用力与反作用力的关系。因此，对同一截面来说，若选取不同部分为研究对象，所求得的内力，必然是数值相等，而方向相反。

这种假想地用一截面将杆件截开，从而显示内力和确定内力的方法，称为截面法。它是求内力的一般方法。截面法包括以下三个步骤。

（1）截开（简称截）　在需求内力的截面处，假想地将杆件截分为两部分。

（2）代替（简称代）　将两部分中的任一部分留下作为研究对象，并把弃去部分对留下部分的作用以内力（力或力偶）代替。

（3）平衡（简称平）　对留下部分建立平衡方程，求出截面上的内力大小和方向。

由共线力系的平衡条件可知，因外力 F 作用线与杆件的轴线重合，所以内力 N 的作用线必然沿杆件的轴线方向，这种内力称为轴力，常用 N 表示。

如图 3-4 所示，取左半部分和右半部分所得同一截面 m—m 上的轴力大小相等、方向相反。为了使同一截面的轴力具有相同的正负号，根据杆的变形规定当杆件受拉而伸长时，轴力的方向离开截面，其轴力为正；反之，当杆件受压而缩短时，轴力的方向指向截面，其轴力为负。通常未知轴力均按正向假设。

三、轴力图

上面讨论了外力作用在杆件两端的情况，对这种情况，沿杆件的轴线改变截面的位置，并不影响轴力的大小和正负，即相邻两外力之间各截面的轴力相同。

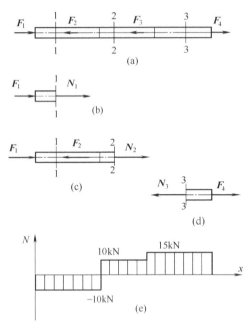

图 3-5 多力杆的轴力和轴力图

当杆受到多于两个的轴向外力作用时，这时杆件不同段上的轴力将有所不同。为了形象地表示轴力沿杆件轴线的变化情况，用平行于杆件轴线的坐标表示各横截面的位置，以垂直于杆轴线的坐标表示轴力的数值，这样绘出的轴力沿杆件轴线变化的图线，称为轴力图。习惯上将正值的轴力画在横坐标上侧，负值的轴力画在下侧。

例 3-1 如图 3-5（a）所示，构件受力 $F_1=10$kN、$F_2=20$kN、$F_3=5$kN、$F_4=15$kN 作用，试作构件的轴力图。

解

（1）内力分析 沿截面 1—1 将杆件截成两段，取左段为研究对象，如图 3-5（b）所示。假定截面 1—1 的轴力 N_1 为正，由左段的平衡方程

$$\sum F_x=0 \Rightarrow N_1+F_1=0$$

得
$$N_1=-F_1=-10\text{kN}$$

同样利用截面法沿截面 2—2 截开，如图 3-5（c）所示，求得轴力 N_2。

$$\sum F_x=0 \Rightarrow N_2+F_1-F_2=0$$

得
$$N_2=F_2-F_1=10\text{kN}$$

求截面 3—3 的轴力时，可将杆截开后取右段为研究对象，如图 3-5（d）所示。

$$\sum F_x=0 \Rightarrow F_4-N_3=0$$

得
$$N_3=F_4=15\text{kN}$$

（2）画轴力图 如图 3-5（e）所示。

从以上例题的分析，可归纳出求轴力的另一计算方法为某截面上的轴力等于截面一侧所有外力的代数和，背离该截面的外力取正，指向该截面的外力取负，即

$$N = \sum F_{\text{截面一侧}}$$

第四节　轴向拉伸（或压缩）的强度计算

一、应力的概念

在确定了拉伸或压缩杆件的轴力之后，还不能解决杆件的强度问题。例如，两根材料相同、粗细不等的杆件，在相同的拉力作用下，它们的内力是相同的。随着拉力的增加，细杆必然先被拉断。这说明，虽然两杆截面上的内力相同，但由于横截面尺寸不同致使内力分布集度并不相同，细杆截面上的内力分布集度比粗杆的内力集度大。所以，在材料相同的情况下，判断杆件破坏的依据不是内力的大小，而是内力分布集度，即内力在截面上各点处分布的密集程度。内力的集度称为应力，应力表示了截面上某点受力的强弱程度，应力达到一定程度时，杆件就发生破坏。

应力是矢量，通常可分解为垂直于截面的分量 σ 和切于截面的分量 τ。这种垂直于截面的分量 σ 称为正应力，切于截面的分量 τ 称为切应力。

应力的法定计量单位符号为 Pa（帕），$1\text{Pa}=1\text{N/m}^2$。在工程实际中，通常用 MPa（兆帕）和 GPa（吉帕），$1\text{MPa}=10^6\text{Pa}=1\text{N/mm}^2$，$1\text{GPa}=10^9\text{Pa}$。

二、横截面上的应力

要确定横截面上的应力，必须了解内力在横截面上的分布规律。由于内力与变形之间存在一定的关系，因此，通过试验来观察杆件的变形情况。

取一等截面直杆，如图 3-6（a）所示，试验前在其表面画两条垂直于轴线的横向直线 ab 和 cd，代表两个横截面，然后在杆件两端施加一对轴向拉力 F，使杆件发生变形。此时可以发现直线 ab 和 cd 沿轴线分别平移到 a_1b_1 和 c_1d_1 位置，且仍为垂直于轴线的直线。根据这一试验现象，通过由表及里的分析，可以得出一个重要的假设，即杆件变形前为平面的各横截面，变形后仍为平面，仅沿轴线产生了相对平移，仍与杆件的轴线垂直。这个假设称为横截面平面假设。

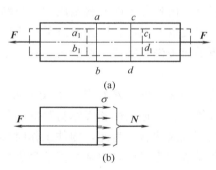

图 3-6　横截面上的正应力

设想杆件是由无数条与轴线平行的纵向纤维构成，根据平面假设可推断，拉杆的任意两个横截面之间的所有纵向纤维产生了相同的伸长量。因此，各纵向纤维的受力也相同。如果认为材料是均匀连续的，则可以推断拉杆横截面上的内力是均匀分布的。因此，横截面上各点处的应力大小相等，其方向与轴力一致，垂直于横截面，故称为正应力，如图 3-6（b）所示。其计算公式为

$$\sigma = \frac{N}{A} \tag{3-1}$$

式中 σ——横截面上的正应力;
N——横截面上的轴力;
A——横截面面积。

正应力的正负号与轴力对应,即拉应力为正,压应力为负。

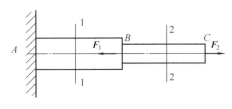

图 3-7 阶梯杆

例 3-2 如图 3-7 所示,杆件受力 $F_1 = 15\text{kN}$,$F_2 = 6\text{kN}$,其横截面面积分别为 $A_1 = 150\text{mm}^2$,$A_2 = 80\text{mm}^2$。求横截面 1—1 和 2—2 上的正应力。

解

(1) 计算轴力

$$N_1 = F_2 - F_1 = -9\text{kN}$$
$$N_2 = F_2 = 6\text{kN}$$

(2) 计算正应力

$$\sigma_1 = \frac{N_1}{A_1} = \frac{-9 \times 10^3}{150} = -60\text{MPa}$$

$$\sigma_2 = \frac{N_2}{A_2} = \frac{6 \times 10^3}{80} = 75\text{MPa}$$

三、许用应力和强度条件

1. 许用应力

杆件是由各种不同材料制成的。材料所能承受的应力是有限度的,且不同的材料,承受应力的限度也不同,若应力超过某一极限值,杆件便发生破坏或产生过大的塑性变形,致使强度不够而丧失正常的工作能力。杆件丧失正常工作能力时的应力,称为极限应力,用 σ^0 表示。

为了确保构件在外力作用下安全可靠地工作,考虑到由于构件承受的载荷难以估计精确、计算方法的近似性和实际材料的不均匀性等因素,当构件中的应力接近极限应力时,构件就处于危险状态。为此,构件工作时必须留有足够的强度储备。即将极限应力除以一个大于 1 的系数作为工作时允许产生的最大应力,这个应力称为材料的许用应力,常用符号 $[\sigma]$ 表示。

$$[\sigma] = \frac{\sigma^0}{n}$$

式中 σ^0——材料的极限应力;
n——安全系数。

2. 强度条件

为确保轴向拉、压杆具有足够的强度,要求杆件中最大正应力 $\sigma_{\max}$(称为工作应力)不超过材料在拉伸(压缩)时的许用应力 $[\sigma]$,即

$$\sigma_{\max} = \frac{N}{A} \leqslant [\sigma] \tag{3-2}$$

式（3-2）称为拉（压）的强度条件，是拉（压）强度计算的依据。产生最大应力 σ_{max} 的截面称为危险截面，式（3-2）中 N 和 A 分别为危险截面上的轴力和横截面面积。等截面直杆的危险截面位于轴力最大处，而变截面杆的危险截面，必须综合轴力 N 和截面面积 A 两方面来确定。

根据强度条件可以解决以下三方面的问题。

（1）强度校核　若已知构件截面尺寸、材料的许用应力及构件所受的载荷，则可计算出危险截面上的工作应力 σ_{max}。满足 $\sigma_{max} \leqslant [\sigma]$，整个构件就具备了足够的强度，安全可靠；不满足，则强度不够，表明构件工作不安全。

（2）设计截面尺寸　根据构件所用材料和所受的载荷，确定截面尺寸。可把强度条件写成 $A \geqslant N/[\sigma]$，由此即可确定构件所需的横截面面积，然后根据所需的截面形状设计截面尺寸。

（3）确定承载能力　若已知构件材料及尺寸（即已知材料的许用应力 $[\sigma]$ 与截面面积 A），则可将强度条件写成 $N \leqslant A[\sigma]$，以确定构件所能承担的最大轴力。再根据静力分析关系，计算结构所能承担的载荷。

强度计算中可能出现最大应力稍大于许用应力的情况，设计规范规定，超过值只要在 5% 以内，是允许的。

例 3-3　三角架由 AB 与 BC 两杆用铰链连接而成，如图 3-8（a）所示。两杆的截面面积分别为 $A_1 = 100\text{mm}^2$、$A_2 = 250\text{mm}^2$，两杆的材料是 Q235，许用应力为 $[\sigma] = 120\text{MPa}$。设作用于节点 B 的载荷 $F = 20\text{kN}$，不计杆自重，试校核两杆的强度。

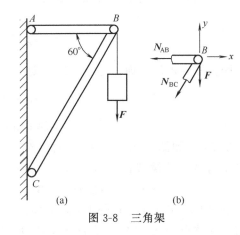

图 3-8　三角架

解

（1）计算轴力　AB 与 BC 两杆为二力构件，产生轴向拉伸或压缩变形。用截面法将两杆切开，其受力如图 3-8（b）所示。由平衡方程

$$\sum F_y = 0 \Rightarrow -N_{BC}\sin 60° - F = 0$$

得

$$N_{BC} = -\frac{F}{\sin 60°} = -\frac{20}{0.866} = -23.09\text{kN}$$

N_{BC} 为负，说明 BC 杆产生压缩变形。

$$\sum F_x = 0 \Rightarrow -N_{BC}\cos 60° - N_{AB} = 0$$

得

$$N_{AB} = -N_{BC}\cos 60° = -(-23.09) \times 0.5 = 11.55\text{kN}$$

N_{AB} 为正，说明 AB 杆产生拉伸变形。

（2）强度校核　AB 杆的正应力为

$$\sigma_{AB} = \frac{N_{AB}}{A_1} = \frac{11.55 \times 10^3}{100} = 115.5\text{MPa} < [\sigma]$$

所以，AB 杆的强度足够。

BC 杆的正应力为

$$\sigma_{BC} = \frac{N_{BC}}{A_2} = \frac{-23.09 \times 10^3}{250} = -92.4 \text{MPa} < [\sigma]$$

所以，BC 杆的强度足够。

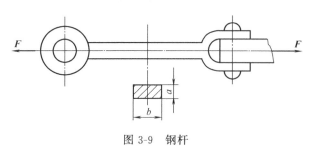

图 3-9 钢杆

例 3-4 如图 3-9 所示，钢杆承受载荷 $F=20\text{kN}$，钢材的许用应力 $[\sigma]=100\text{MPa}$，杆的横截面为矩形，且 $b=2a$。求钢杆截面尺寸。

解

（1）计算轴力　因两力的作用线通过了拉杆的轴线，故拉杆产生轴向拉伸变形。拉杆的轴力为

$$N = F = 20000\text{N}$$

（2）截面尺寸确定　由强度条件

得

$$A \geqslant \frac{N}{[\sigma]} = \frac{20000}{100} = 200\text{mm}^2$$

因拉杆为矩形截面，且 $b=2a$，则

$$A = ab = 2a^2 \geqslant 200$$

得　　　　　　　　$a \geqslant 10\text{mm} \quad b \geqslant 20\text{mm}$

例 3-5 如图 3-10（a）所示的桁架，杆 AB 与 AC 的横截面均为圆形，直径分别为 $d_1 = 30\text{mm}$ 和 $d_2 = 20\text{mm}$，两杆的材料相同，许用应力 $[\sigma] = 160\text{MPa}$。该桁架在节点 A 处受铅垂方向的载荷 F 作用，试确定载荷 F 的最大允许值。

解

（1）计算 AB 杆与 AC 杆的轴力与载荷 F 的关系　用一假想截面 m—m 切桁架，取其下半部分为研究对象，其受力如图 3-10（b）所示。根据平衡方程得

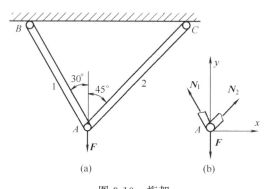

图 3-10 桁架

$$\sum F_x = 0 \Rightarrow -N_1 \sin 30° + N_2 \sin 45° = 0$$
$$\sum F_y = 0 \Rightarrow N_1 \cos 30° + N_2 \cos 45° - F = 0$$

解以上方程组得

$$N_1 = \frac{2F}{\sqrt{3}+1} = 0.732F$$

$$N_2 = \frac{\sqrt{2}F}{\sqrt{3}+1} = 0.518F$$

（2）确定载荷 F 的最大允许值　由强度条件得杆 AB 允许承担的最大轴力为

$$N_1 \leqslant [\sigma]A_1 = [\sigma]\frac{\pi d_1^2}{4} = 160 \times \frac{3.14 \times 30^2}{4} = 1.13 \times 10^5 \text{N} = 113 \text{kN}$$

将 $N_1 = 0.732F$ 代入上式，按 AB 杆强度算出载荷的最大允许值为

$$F_1 \leqslant 154.5 \text{kN}$$

由强度条件得杆 AC 允许承担的最大轴力为

$$N_2 = [\sigma]A_2 = [\sigma]\frac{\pi d_2^2}{4} = 160 \times \frac{3.14 \times 20^2}{4} = 5.024 \times 10^4 \text{N} = 50.24 \text{kN}$$

将 $N_2 = 0.518F$ 代入上式，按 AC 杆强度算出载荷的最大允许值为

$$F_2 \leqslant 97.1 \text{kN}$$

如果把 154.5kN 作为载荷的最大允许值，则 AB 杆的工作应力恰好是许用应力，但 AC 杆的工作应力将超过许用应力。所以该桁架的最大允许载荷 $F = 97.1 \text{kN}$。

第五节　轴向拉伸（或压缩）的变形

一、变形与应变

试验表明，轴向拉伸时，杆沿纵向伸长，其横向尺寸减小；轴向压缩时，杆沿纵向缩短，其横向尺寸增加，如图 3-11 所示。杆件沿轴向方向的变形称为纵向变形，垂直于轴向方向的变形称为横向变形。

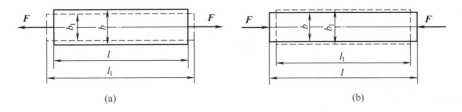

图 3-11　拉、压变形

1. 绝对变形

杆件总的伸长或缩短量称为绝对变形。设等直杆原长为 l，横向尺寸为 b，受轴向力后，杆长变为 l_1，横向尺寸变为 b_1，则杆的纵向绝对变形为

$$\Delta l = l_1 - l$$

横向绝对变形为

$$\Delta b = b_1 - b$$

2. 相对变形

原始长度不同的杆件，即使它们的绝对变形相同，它们的变形程度也并不相同。因此，绝对变形只表示了杆件变形的大小，不能反映杆件的变形程度。为了度量杆的变形程度，消除杆件原长的影响，用单位长度内杆件的变形量来度量其变形程度。将单位长度内杆件的变形量称为相对变形，又称线应变。与上述两种绝对变形相对应的线应变如下。

纵向线应变
$$\varepsilon = \frac{\Delta l}{l} = \frac{l_1 - l}{l}$$

横向线应变
$$\varepsilon' = \frac{\Delta b}{b} = \frac{b_1 - b}{b}$$

显然，线应变是一个量纲为 1 的量。拉伸时 $\Delta l > 0$，$\Delta b < 0$，因此 $\varepsilon > 0$，$\varepsilon' < 0$。压缩时则相反，$\varepsilon < 0$，$\varepsilon' > 0$。总之，ε 与 ε' 具有相反的符号。

二、泊松数

横向应变 ε' 与纵向应变 ε 为同一外力在同一构件内发生的，必存在内在联系。试验表明，当应力未超过某一极限时，横向应变 ε' 与纵向应变 ε 之间成正比关系，即

$$\varepsilon' = -\mu\varepsilon$$

μ 称为泊松数或泊松比。泊松数是一个量纲为 1 的量，其值与材料有关，一般不超过 0.5，说明沿外力方向的应变总比垂直于该力方向的应变大。

三、胡克定律

杆件在载荷作用下产生变形，而变形与载荷之间具有一定的关系。实验表明，当轴向拉伸或压缩杆件的正应力不超过某一极限时，其轴向绝对变形 Δl 与轴力 N 及杆长 l 成正比，与杆件的横截面面积 A 成反比。即

$$\Delta l \propto \frac{Nl}{A}$$

此外，Δl 还与杆的材料性能有关，引入与材料有关的比例常数 E，得

$$\Delta l = \frac{Nl}{EA} \tag{3-3}$$

式 (3-3) 称为胡克定律。

式 (3-3) 可改写为

$$\frac{\Delta l}{l} = \frac{1}{E} \times \frac{N}{A}$$

即
$$\varepsilon = \frac{\sigma}{E} \quad 或 \quad \sigma = E\varepsilon \tag{3-4}$$

式 (3-4) 是胡克定律的另一表达式。因此，胡克定律又可简述为若应力未超过某一极限时，则应力与应变成正比。上述这个应力极限称为比例极限 σ_p。各种材料的比例极限是不同的，可由试验测得。

比例常数 E 称为材料的弹性模量。由式 (3-3) 可知，当其他条件不变时，弹性模量 E 越大，杆件的绝对变形 Δl 就越小，说明 E 值的大小表示在拉、压时材料抵抗弹性变形的能

力，它是材料的刚度指标。由于应变 ε 是一个量纲为 1 的量，所以弹性模量 E 的单位与应力 σ 相同，常用 GPa（吉帕）。其值随材料不同而异，可通过试验测定。工程上常用材料的弹性模量见表 3-1，供参考。

表 3-1 常用材料的 E 与 μ 值

材 料 名 称	E/GPa	μ	材 料 名 称	E/GPa	μ
低碳钢	200~220	0.25~0.33	铜及其合金	74~130	0.31~0.42
合金钢	190~200	0.24~0.33	橡胶	0.008	0.47
灰铸铁	115~160	0.24~0.27			

利用拉、压杆的胡克定律时，需注意其适用范围。
① 杆的应力未超过比例极限。
② ε 是沿应力 σ 方向的线应变。
③ 在长度 l 内，其 N、E、A 均为常数。

例 3-6 一钢制阶梯杆如图 3-12（a）所示，已知轴向力 $F_1 = 60$kN，$F_2 = 20$kN，各段杆长 $l_{AB} = 200$mm，$l_{BC} = l_{CD} = 100$mm，横截面面积 $A_{AB} = A_{BC} = 500$mm^2，$A_{CD} = 250$mm^2，钢的弹性模量 $E = 200$GPa，试求杆的总伸长。

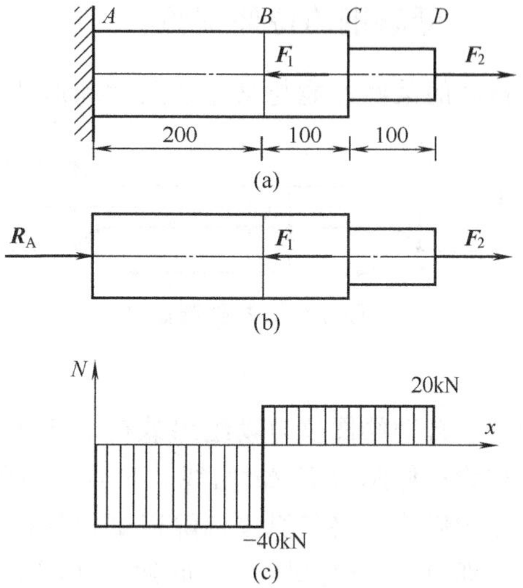

解

（1）求约束反力 杆的受力图如图 3-12（b）所示，由静力平衡方程
$$\sum F_x = 0 \Rightarrow R_A - F_1 + F_2 = 0$$
得 $R_A = F_1 - F_2 = 60 - 20 = 40$kN
（若以截面右侧外力计算轴力，则可省略此步）

（2）作轴力图 如图 3-12（c）所示，AB 段的轴力为
$$N_1 = -R_A = -40\text{kN}$$
BC 与 CD 的轴力为
$$N_2 = -R_A + F_1 = -40 + 60 = 20\text{kN}$$

图 3-12 阶梯杆

（3）计算杆的总伸长 因轴力 N 和横截面面积 A 沿杆轴线发生变化，杆的变形应分段计算，以 N、E、A 为常量的为一段，先算出各段的变形，然后求其代数和，即得杆的总变形。

$$\Delta l_{AB} = \frac{N_1 l_{AB}}{E A_{AB}} = \frac{-40 \times 10^3 \times 200}{200 \times 10^3 \times 500} = -0.08\text{mm}$$

$$\Delta l_{BC} = \frac{N_2 l_{BC}}{E A_{BC}} = \frac{20 \times 10^3 \times 100}{200 \times 10^3 \times 500} = 0.02\text{mm}$$

$$\Delta l_{CD} = \frac{N_2 l_{CD}}{E A_{CD}} = \frac{20 \times 10^3 \times 100}{200 \times 10^3 \times 250} = 0.04\text{mm}$$

杆的总变形为
$$\Delta l = \Delta l_{AB} + \Delta l_{BC} + \Delta l_{CD} = -0.08 + 0.02 + 0.04 = -0.02\text{mm}$$

整个杆缩短 0.02mm。

第六节 材料拉伸和压缩时的力学性能

在前面讨论拉伸（或压缩）强度和变形时，曾涉及材料的力学性能，如弹性模量 E、比例极限 σ_p、泊松数 μ 等。材料的力学性能就是指材料在外力作用下所表现出的有关强度和变形方面的特性。材料的力学性能都要通过试验来测定。

研究材料的力学性能，通常是做静载荷（载荷缓慢平稳地增加）试验。它能比较全面、明显地反映出材料的各种力学性能；并且，通过静拉伸（或压缩）试验所表现的力学性能，可以概略地看出材料在其他各种载荷作用下的力学性能。低碳钢和铸铁在一般工程中应用比较广泛，因此，本节主要介绍低碳钢和铸铁在常温、静载荷下的轴向拉伸和压缩试验。

一、低碳钢的拉伸试验

材料的某些性能与试样的尺寸和形状有关，为了使不同材料的试验结果能互相比较，应将材料加工成标准试样，如图 3-13 所示。在试样中部等直径部分取长度为 l 的一段为工作段，l 称为标距。其标距有 $l=10d$ 和 $l=5d$ 两种规格。

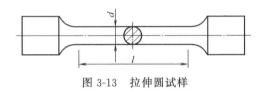

图 3-13 拉伸圆试样

拉伸试验一般是在万能试验机上进行。试验时，将试样装夹在试验机夹头中，缓慢加载，自动绘图仪自动绘出载荷 F 和标距内的伸长量 Δl 的关系曲线，如图 3-14（a）所示，称为拉伸图或 F-Δl 曲线。F-Δl 曲线的纵、横坐标都与试样的尺寸有关，为了消除试样尺寸的影响，将其纵坐标除以试样的横截面面积，横坐标除以标距，得应力与应变的关系曲线，即应力-应变图或 σ-ε 曲线，如图 3-14（b）所示。

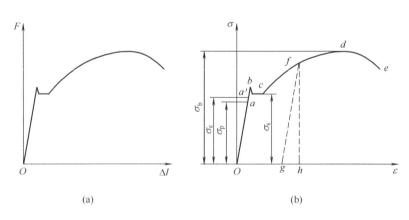

图 3-14 低碳钢的 F-Δl 和 σ-ε 曲线

1. 低碳钢拉伸过程的四个阶段

根据试验结果，低碳钢的 σ-ε 曲线如图 3-14（b）所示。从图中可以看出，整个拉伸过程大致可以分为四个阶段。

(1) 弹性阶段　在拉伸的初始阶段，σ 与 ε 的关系为直线 Oa，说明在这一阶段内 σ 与 ε 成正比，即 $\sigma \propto \varepsilon$。直线的斜率为

$$\tan\alpha = \frac{\sigma}{\varepsilon} = E$$

所以，材料的弹性模量即为直线的斜率。若写成等式，则为

$$\sigma = E\varepsilon$$

这就是拉伸或压缩的胡克定律。由 σ-ε 曲线图可以看出，直线 Oa 的最高点 a 对应的应力，即为应力与应变成正比的最大应力，称为材料的比例极限 σ_p。Q235A 钢的 $\sigma_p = 200\text{MPa}$。

超过比例极限 σ_p 后，从 a 点到 a' 点，σ 与 ε 关系不再是直线，但变形仍是弹性的，即解除拉力后变形将完全消失。a' 点所对应的应力是产生弹性变形的最大极限值，称为弹性极限，用 σ_e 表示。虽然弹性极限 σ_e 与比例极限 σ_p 的含义完全不同，但在 σ-ε 曲线上，a、a' 两点非常接近，因此工程上对弹性极限和比例极限并不严格区分。

(2) 屈服阶段　超过 b 点后，σ-ε 曲线上出现一段接近水平线的小锯齿形线段 bc，这说明应变增加很快，而应力却在很小范围内波动，即几乎未增大，好像材料丧失了对变形的抵抗能力。这种应力基本不变而应变显著增加，从而产生明显的塑性变形的现象，称为材料屈服现象或流动。图形上 bc 对应的过程称为屈服阶段。屈服阶段对应的最低应力 σ_s 称为屈服极限。Q235A 钢的 $\sigma_s = 235\text{MPa}$。

表面光滑的试样，在屈服阶段其表面可以看到与轴线成 45°角的条纹，如图 3-15 所示，这是因为材料内部的晶格之间产生相对滑移而形成滑移线。当应力达到屈服极限时，材料将出现显著的塑性变形。由于零件的塑性变形将影响机器的正常工作，所以屈服极限 σ_s 是衡量材料强度的重要指标。

(3) 强化阶段　经过屈服阶段之后，从 c 点开始曲线逐渐向上凸起，这表明若要试样继续变形，必须增加应力，材料重新产生了抵抗能力，这种现象称为强化。从 c 点到 d 点所对应的过程称为材料的强化阶段。强化阶段中的最高点 d 对应的应力，称为强度极限，用 σ_b 表示。Q235A 钢的强度极限 $\sigma_b = 400\text{MPa}$。强度极限 σ_b 是试样断裂前材料能承受的最大应力值，故是衡量材料强度的另一重要指标。

(4) 局部缩颈阶段　在强度极限前，试样的变形是均匀的。过 d 点后，在试样某一局部范围内，纵向变形显著增加，横截面面积急剧缩小，形成缩颈现象，如图 3-16 所示。由于试样缩颈部分的横截面面积迅速减小，使试样继续伸长所需的拉力也相应减小。在应力-应变图中，用横截面原始面积 A 算出的应力 $\sigma = F/A$ 随之下降，降到 e 点后，试样迅速被拉断。

图 3-15　屈服现象　　　　　　　图 3-16　缩颈现象

低碳钢的上述拉伸过程，经历了弹性、屈服、强化、局部缩颈四个阶段，存在三个特征点，其相应的应力依次为比例极限、屈服极限和强度极限。

2. 材料的塑性度量

试样拉断后，弹性变形消失，但塑性变形仍保留下来。工程上常用试样断后残留的塑性变形表示材料的塑性性能，常用的塑性指标有两个，即伸长率和断面收缩率。

（1）伸长率　试样断裂后的相对伸长量的百分率称为伸长率，用 δ 表示，即

$$\delta = \frac{l_1 - l}{l} \times 100\%$$

式中　l ——试样标距的原长；

　　　l_1 ——试样拉断后标距的长度。

δ 值越大，则材料的塑性越好，低碳钢的伸长率在 20%～30%，其塑性很好。在工程中，经常将伸长率 $\delta \geqslant 5\%$ 的材料称为塑性材料，如钢、铜、铝等；伸长率 $\delta < 5\%$ 的材料称为脆性材料，如铸铁、砖石、玻璃等。

（2）断面收缩率　试样断裂后横截面面积相对收缩的百分率，用 ψ 表示，即

$$\psi = \frac{A - A_1}{A} \times 100\%$$

式中　A ——试样的横截面原始面积；

　　　A_1 ——试样拉断后断口处的最小横截面面积。

3. 材料的冷作硬化

在低碳钢的拉伸试验中，若将试样拉伸到强化阶段内的任何一点 f，如图 3-14（b）所示，此时缓慢卸载，应力 σ 和 ε 的关系将沿着与 Oa 近似平行的直线 fg 回到 g 点。这表明，在卸载过程中，应力与应变成线性关系，这就是卸载定律。Og 是消失了的弹性应变，gh 是卸载后遗留下的塑性应变。若卸载后立即重新加载，应力和应变的关系将沿着卸载时的斜直线 fg 变化，直到 f 点后，又沿 fde 变化。这说明，再次加载过程中，在 f 点以前，材料的变形是弹性的，过 f 点后才开始出现塑性变形。所以这种预拉过的试样，其比例极限得到了提高，但塑性下降。把材料冷拉到强化阶段，使之产生塑性变形后卸载，然后再次加载，将材料的比例极限提高而塑性降低的现象称为冷作硬化。工程上常用冷作硬化来提高材料在弹性阶段的承载能力，如冷拔钢筋、冷拔钢丝。

二、铸铁的拉伸试验

铸铁是工程上广泛应用的脆性材料，其拉伸时的 σ-ε 曲线是一段微弯曲线，如图 3-17 所示。图中没有明显的直线部分，但应力较小时，σ-ε 曲线与直线相近似，说明在应力不大时可以近似地认为符合胡克定律。铸铁在拉伸时，没有屈服和缩颈现象，在较小的拉应力下就被突然拉断，断口平齐并与轴线垂直，断裂时变形很小，应变通常只有 0.4%～0.5%。铸铁拉断时的最大应力，即为其抗拉强度极限，是衡量铸铁抗拉强度的唯一指标。

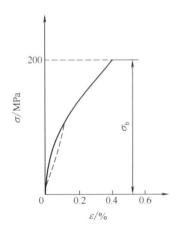

图 3-17　铸铁拉伸时的 σ-ε 曲线

三、材料的压缩试验

金属材料的压缩试样一般制成短圆柱体,以防止试验时被压弯。圆柱体的长度一般为直径的 1.5~3 倍。

1. 低碳钢

低碳钢压缩时的 σ-ε 曲线如图 3-18 所示,与图中虚线所示的拉伸时的 σ-ε 曲线相比,在屈服以前,二者基本重合。这表明低碳钢压缩时的弹性模量 E、比例极限和屈服极限都与拉伸时基本相同。屈服阶段以后,试样产生显著的塑性变形,越压越扁,横截面面积不断增大,试样先被压成鼓形,最后成为饼状。因此,不能得到压缩时的强度极限。

2. 铸铁

铸铁压缩时的 σ-ε 曲线如图 3-19 所示,与其拉伸时的 σ-ε 曲线(虚线)相似。整个曲线没有直线段,无屈服极限,只有强度极限。不同的是铸铁的抗压强度极限远高于其抗拉强度极限(为 3~4 倍)。所以,铸铁宜制成受压构件使用。此外,其破裂端口与轴线约成 50°左右的倾角。

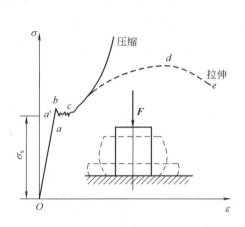

图 3-18 低碳钢压缩时的 σ-ε 曲线

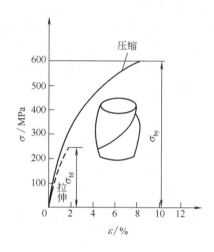

图 3-19 铸铁压缩时的 σ-ε 曲线

综上所述,塑性材料和脆性材料的力学性能的主要区别如下。

① 塑性材料破坏时有显著的塑性变形,断裂前有的出现屈服现象。而脆性材料在变形很小时突然断裂,无屈服现象。

② 塑性材料拉伸时的比例极限、屈服极限和弹性模量与压缩时相同。由于塑性材料一般不允许达到屈服极限,所以在拉伸和压缩时具有相同的强度。而脆性材料则不相同,其压缩时的强度都大于拉伸时的强度,且抗压强度远远大于抗拉强度。

四、应力集中

对轴向拉伸或压缩的等截面直杆,其横截面上的应力是均匀分布的。但对截面尺寸有急剧变化的杆件来说,通过试验和理论分析证明,在杆件截面发生突然改变的部位,其上的应力就不再均匀分布了。这种因截面突然改变而引起应力局部增高的现象,称为应力集中。如图 3-20 所示,在杆件上开有孔、槽、切口处,将产生应力集中,离开该区域,应力迅速减小并趋于平均。截面改变越剧烈,应力集中越严重,局部区域出现的最大应力就越大。

将截面突变的局部区域的最大应力与平均应力的比值,称为应力集中系数,通常用 α 表示,即

$$\alpha = \frac{\sigma_{\max}}{\sigma}$$

应力集中系数 α 表示应力集中程度,α 越大,应力集中越严重。

为了减小应力集中程度,在截面发生突变的地方,尽量过渡得缓和一些。为此,杆件上应尽可能避免用带尖角的槽和孔,圆轴的轴肩部分用圆角过渡。

各种材料对应力集中的敏感程度是不相同的。对于塑性材料,由于有屈服阶段,当应力集中处的最大应力 $\sigma_{\max}$ 达到屈服极限 σ_s 时,该处材料的变形将继续增长,应力却不再增大。当外力继续增加时,则截面上的屈服区域逐渐扩大,使截面上其他点的应力相继增大到屈服极限 σ_s,截面上的应力逐渐趋于平均,如图 3-21 所示。从而限制了最大应力值 $\sigma_{\max}$,使其不会超过屈服极限 σ_s。所以,在静载荷作用下,对塑性材料制作的零件,可以不考虑应力集中的影响。对于脆性材料,因材料无屈服阶段,当外力增加时,应力集中处的最大应力 $\sigma_{\max}$ 将随之不断增大,首先达到强度极限 σ_b 而产生裂纹,很快导致整个构件遭到破坏。所以对于组织均匀的脆性材料制作的零件,即使在静载荷作用下,应力集中也会使其承载能力大为降低。对于组织不均匀的脆性材料,如灰铸铁,由于其内部的不均匀性及缺陷,使材料本身就具有很严重的应力集中,而截面尺寸改变所引起的应力集中,对零件的承载能力没有明显的影响。

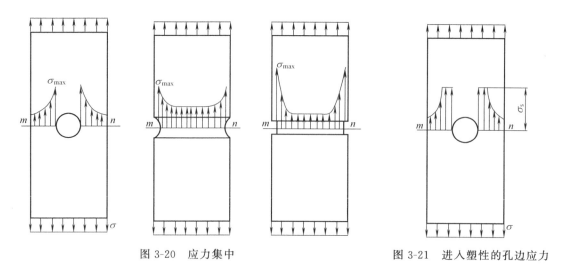

图 3-20 应力集中　　　　　　　　图 3-21 进入塑性的孔边应力

在交变应力或冲击载荷作用下的零件,无论是塑性材料或是脆性材料,应力集中往往是零件破坏的根源,对零件的强度都有严重的影响。

第七节　压杆稳定

如图 3-22 (a) 所示,小球位于光滑的凹面最低位置 A 而处于平衡,当它受到外力干扰时,将离开其平衡位置 A 到达位置 A',但只要去除干扰外力,小球则自动恢复到原来的平衡位置 A 处,表明小球在该处的平衡能经受外力干扰具有稳定性,小球的这种平衡状态称

为稳定平衡。而如图 3-22（b）所示，位于凸面顶部 B 的小球，虽然也处于平衡状态，但只要有微小外力干扰，则离开其平衡位置而不会自动回复到原来的平衡位置 B 处，表明小球在该处的平衡不能经受外力干扰，不具有稳定性，小球的这种平衡状态称为不稳定平衡。

如图 3-23（a）所示，在细长直杆两端作用有一对大小相等、方向相反的轴向压力，杆件处于平衡状态。若施加一个横向干扰力，则杆件变弯，如图 3-23（b）所示。但是，当轴向压力 F 小于某一数值 F_{cr} 时，若撤去横向干扰力，压杆能回复到原来的直线平衡状态，如图 3-23（c）所示，此时压杆处于稳定平衡状态；当轴向压力 F 大于某一数值 F_{cr} 时，若撤去横向干扰力，压杆不能回复到原来的直线平衡状态，如图 3-23（d）所示，此时压杆处于不稳定平衡状态。将压杆不能保持其原有直线平衡状态而突然变弯的现象，称为压杆失稳。经分析计算可知，压杆失稳时其横截面上的计算应力远远小于材料的强度极限 σ_b。可见，失稳破坏与强度破坏迥然不同，它是由平衡形式的突变所致。

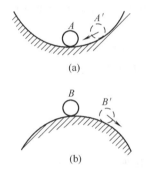

图 3-22　稳定平衡与不稳定平衡

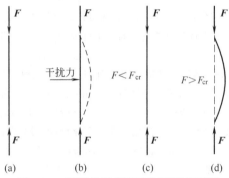

图 3-23　压杆的稳定平衡与不稳定平衡

由上述可知，压杆所受的轴向压力由小到大逐渐增加到某个极限值 F_{cr} 时，压杆由稳定平衡状态转化为不稳定平衡状态，这个压力的极限值 F_{cr} 称为临界压力。临界压力 F_{cr} 的大小表示压杆稳定性的强弱。临界压力 F_{cr} 越大，则压杆不易失稳，稳定性越强；临界压力 F_{cr} 越小，则压杆易失稳，稳定性越弱。

对于粗而短的压杆，因不易失稳，其承载能力取决于强度；但对于细长杆往往因不能维持其直线平衡状态而突然变弯，从而丧失正常工作能力，因此，细长杆的承载能力取决于其稳定性。关于稳定性的计算问题可参阅有关资料。

▶▶ 习　题 ◀◀

一、判断题

1. 强度是构件抵抗破坏的能力。（　　）
2. 刚度是构件抵抗变形的能力。（　　）
3. 杆件所受到的轴力越大，横截面上的应力越大。（　　）
4. 轴力图可显示出杆件各段内横截面上轴力的大小，但并不能反映杆件各段变形是伸长还是缩短。（　　）
5. 轴力是因外力而产生的，故轴力是外力。（　　）
6. 用截面法求内力时，可以保留截开后构件的任一部分进行平衡计算。（　　）

7. 轴力与杆的横截面形状和材料没有关系。（ ）
8. 轴向拉伸或压缩横截面上的应力一定垂直于横截面。（ ）
9. 工程上通常把断后伸长率 $\delta \geqslant 10\%$ 的材料称为塑性材料。（ ）
10. 因横截面形状、尺寸突变而引起局部应力增大的现象称为应力集中。（ ）

二、选择题

1. 设一阶梯形杆的轴力沿杆轴是变化的，则发生破坏的截面上_____。
   A. 外力一定最大，且面积一定最小　　B. 轴力一定最大，且面积一定最小
   C. 轴力与面积之比一定最小
2. 为确保构件安全工作，其最大工作应力必须小于或等于材料的_____。
   A. 正应力　　　　　B. 极限应力　　　　　C. 许用应力
3. 在其他条件不变时，若受轴向拉伸的杆件的直径增大一倍，则杆件横截面上的正应力将_____。
   A. 增大　　　　　　B. 减小　　　　　　　C. 不变
4. 在其他条件不变时，若受轴向拉伸的杆件的长度增加一倍，则杆件横截面上的正应力将_____。
   A. 增大　　　　　　B. 减小　　　　　　　C. 不变
5. 材料为 Q235 的等截面直杆，已知 E，横截面面积为 A，如果在轴向拉力 F 的作用下，其线应变为 ε，各横截面上的正应力的大小可根据_____来求。
   A. $\sigma = N/A$　　　B. $\sigma = \varepsilon E$　　　C. 以上两个公式任取其一
6. 低碳钢拉伸试样的应力-应变曲线大致可分为四个阶段，这四个阶段是_____。
   A. 弹性阶段、塑性阶段、屈服阶段、局部缩颈阶段
   B. 弹性阶段、屈服阶段、强化阶段、局部缩颈阶段
   C. 弹性阶段、屈服阶段、硬化阶段、局部缩颈阶段
7. 试样拉伸过程中，进入屈服阶段以后，材料发生_____变形。
   A. 弹性　　　　　　B. 塑性　　　　　　　C. 线弹性
8. 在 $\sigma\text{-}\varepsilon$ 曲线和 $F\text{-}\Delta l$ 曲线中，能反映材料本身性能的曲线是_____。
   A. $\sigma\text{-}\varepsilon$ 曲线　　B. $F\text{-}\Delta l$ 曲线　　C. 两种曲线都是

三、计算作图题

1. 作用于杆上的载荷如图 3-24 所示，试求各杆指定截面上的轴力，并作出其轴力图。
2. 如图 3-25 所示的杆件，两端受轴向载荷 F 作用，试计算截面 1—1 和 2—2 上的正应力。已知 $F = 14\text{kN}$，$b = 20\text{mm}$，$b_0 = 10\text{mm}$，$t = 4\text{mm}$。

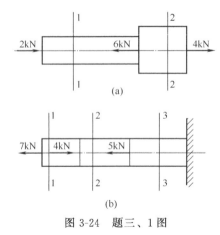

图 3-24　题三、1 图

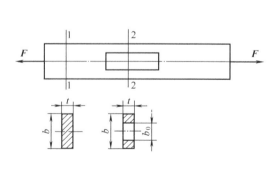

图 3-25　题三、2 图

3. 如图 3-26 所示的阶梯形杆 AC，已知 $F = 10\text{kN}$，$l_1 = l_2 = 400\text{mm}$，横截面积 $A_1 = 2A_2 = 100\text{mm}^2$，$E = 200\text{GPa}$。试计算杆 AC 的轴向变形 Δl。

4. 三角架由 AB 与 BC 两根材料相同的圆截面杆构成，如图 3-27 所示。已知材料的许用应力 $[\sigma]$=100MPa，载荷 F=10kN。试设计两杆的直径。

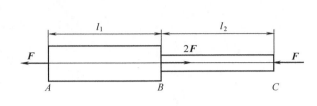

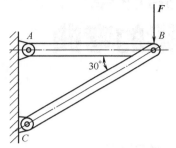

图 3-26 题三、3 图

图 3-27 题三、4 图

5. 如图 3-28 所示，架子受载荷 F=15kN 作用，木质支柱 AB 的截面为正方形，边长 a=100mm，已知木材的许用应力 $[\sigma]$=10MPa。试校核支柱的强度。

6. 如图 3-29 所示的支架，在铰接点 B 处作用有垂直载荷。已知 AB 杆为木杆，横截面积 A_1=10^4mm²，其许用应力 $[\sigma]$=7MPa；BC 杆为钢杆，横截面积 A_2=6×10^2mm²，其许用应力为 $[\sigma]$=160MPa。试求支架允许的最大载荷 F。

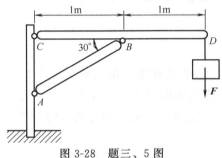

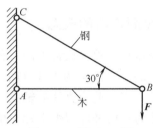

图 3-28 题三、5 图

图 3-29 题三、6 图

第四章 梁的弯曲

学习目标

理解平面弯曲的意义,掌握求梁弯曲内力的方法,明确内力正负号的规定;熟练掌握剪力图、弯矩图的绘制方法,了解载荷、剪力和弯矩之间的微分关系;能熟练运用正应力强度条件进行强度校核、设计截面、确定许可载荷;了解如何提高梁的承载能力。

第一节 平面弯曲的概念与弯曲内力

一、平面弯曲的概念

弯曲变形是工程中最常见的一种基本变形形式,如桥式起重机的大梁(图 4-1)、火车轮轴(图 4-2)、车削中的工件(图 4-3)等。它们的特点是作用于这些杆件上的外力垂直于杆件的轴线,变形前为直线的轴线,变形后成为曲线。这种形式的变形称为弯曲变形。凡是以弯曲变形为主的杆件习惯上称为梁。

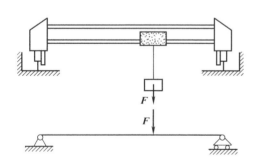

图 4-1 桥式起重机的大梁

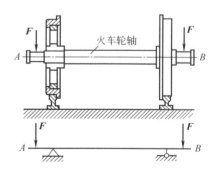

图 4-2 火车轮轴

工程中绝大多数梁的横截面都有一根对称轴,通过梁横截面对称轴的纵向平面称为纵向对称面。若梁上所有外力均作用于梁的纵向对称面内,如图 4-4 所示,则梁的轴线就在纵向对称面内被弯成一条平面曲线,这种弯曲称为平面弯曲。平面弯曲是弯曲问题中最常见和最基本的,本章只研究平面弯曲问题。

工程实际中的梁及其支座结构都比较复杂,为便于分析和计算,常作些必要的简化,以计算简图来代替。常见的梁可归纳为三种基本形式。

① 简支梁(图 4-1),一端为固定铰链支座,另一端为活动铰链支座。

② 外伸梁（图 4-2），外伸梁具有一个或两个外伸端。

③ 悬臂梁（图 4-3），一端为固定端，另一端为自由端。

上述三种梁都可以用静力平衡方程求解全部约束反力，称它们为静定梁。

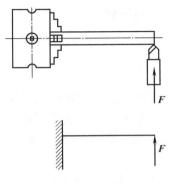

图 4-3 车削中的工件

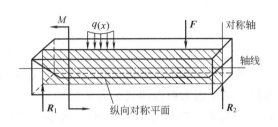

图 4-4 梁的平面弯曲

二、弯曲内力

当作用于梁上的所有外力（包括约束反力）均为已知时，就可进一步分析梁横截面上的内力。梁横截面上的内力可用截面法求得。以图 4-5（a）所示的简支梁为例，求其任意横截面 1—1 上的内力。

利用静力平衡方程求得约束反力为

$$F_{Ay}=F_{By}=\frac{F}{2}$$

假想沿横截面 1—1 把梁分成两部分，取其中任一段（例如左段）作为研究对象，将右段梁对左段梁的作用用截面上的内力来代替。如图 4-5（b）所示，为使左段梁平衡，在横截面 1—1 上必然存在一个切于横截面方向的内力 F_Q，由平衡方程

$$\sum F_y=0 \Rightarrow F_{Ay}-F_Q=0$$

得

$$F_Q=F_{Ay}=\frac{F}{2}$$

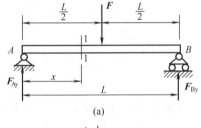
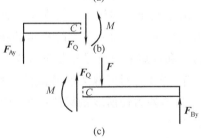

图 4-5 简支梁（一）

F_Q 称为横截面 1—1 上的剪力，它是与横截面相切的分布内力系的合力。若把左段梁上的所有外力对截面 1—1 的形心 C 取矩，在截面 1—1 上还应有一个内力偶矩 M 与其平衡，其力矩总和应等于零。由平衡方程

$$\sum M_C(\boldsymbol{F})=0 \Rightarrow M-F_{Ay}x=0$$

得

$$M=F_{Ay}x=\frac{F}{2}x$$

M 称为横截面 1—1 上的弯矩，它是与横截面垂直的内力系的合力偶矩。

如果取右段为研究对象，如图 4-5（c）所示，可得到相同的结果。由平衡方程

$$\sum F_y = 0 \Rightarrow F_Q + F_{By} - F = 0$$

得
$$F_Q = F - F_{By} = \frac{F}{2}$$

$$\sum M_C(F) = 0 \Rightarrow F_{By}(L-x) - F\left(\frac{L}{2} - x\right) - M = 0$$

得
$$M = F_{By}(L-x) - F\left(\frac{L}{2} - x\right) = \frac{F}{2}x$$

从以上结果可以看出，取左段和取右段为研究对象所得的剪力和弯矩的大小相等而方向相反，这是因为截面两侧的力系成作用与反作用关系。为了使无论取左段梁还是右段梁得到的同一截面上的剪力和弯矩不仅大小相等，而且正负号一致，通常对剪力和弯矩作如下规定。

① 梁截面上的剪力对所取梁段顺时针方向错动为正，反之为负（图4-6）。
② 梁截面上的弯矩使梁段产生上部受压、下部受拉时为正，反之为负（图4-7）。

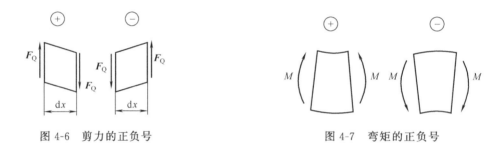

图 4-6　剪力的正负号　　　　图 4-7　弯矩的正负号

根据上述正负号规定，1—1 截面两侧的剪力和弯矩均为正号。

由于截面一侧任一外力在该截面上产生的剪力总是与外力的方向相反，任一外力（包括外力偶）在该截面上产生的弯矩的转向总是与外力对截面形心的矩的转向相反。因此，可以对剪力和弯矩的正负号作如下规定。

① 若外力对所取梁段的截面是顺时针方向，则该力所产生的剪力为正，反之为负。
② 若外力使所取的梁段产生上部受压、下部受拉的变形时，则该力所产生的弯矩为正，反之为负。

根据这个规定和上述分析，计算任一截面的剪力和弯矩时，可由外力的大小和方向直接确定。

① 梁任一横截面上的剪力，等于该截面一侧梁上所有外力的代数和。

② 梁任一横截面上的弯矩，等于该截面一侧梁上所有外力对该截面形心之矩的代数和。

例 4-1　求图 4-8 所示的悬臂梁 1—1 截面上的剪力和弯矩。

解　取 1—1 截面的左侧为研究对象，计算 1—1 截面的剪力和弯矩，不需求出 B 端的约束反力。

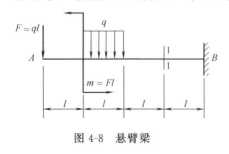

图 4-8　悬臂梁

力 F 和均布载荷 q 对 1—1 截面均为逆时针,使截面产生负剪力。因此,1—1 截面上的剪力为

$$F_{Q1}=-F-ql=-2ql$$

力 F、力偶 m 和均布载荷 q 对 1—1 截面左侧梁段均使其产生上部受拉、下部受压的变形,使截面产生负弯矩。故 1—1 截面上的弯矩为

$$M_1=-F\times 3l-m-ql\times 1.5l$$
$$=-3ql^2-ql^2-1.5ql^2=-5.5l^2$$

例 4-2 求图 4-9 所示的外伸梁 1—1 截面上的剪力和弯矩。

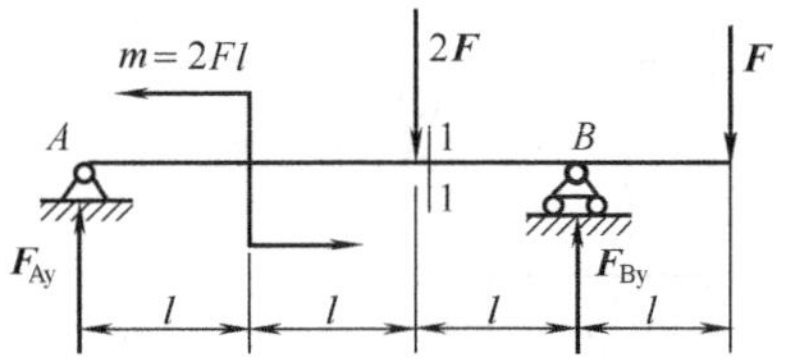

解 由静力平衡方程求得约束反力为

$$F_{Ay}=F \qquad F_{By}=2F$$

截面右侧受力较简单,故按右侧外力计算。

力 F 对 1—1 截面为顺时针,使截面产生正剪力;力 F_{By} 对 1—1 截面为逆时针,产生负剪力。因此,1—1 截面上的剪力为

$$F_{Q1}=F-F_{By}=F-2F=-F$$

力 F 对 1—1 截面右侧梁段产生上部受拉、下部受压的变形,使截面产生负弯矩;力 F_{By} 产生上部受压、下部受拉的变形,产生正弯矩。因此,截面 1—1 上的弯矩为

$$M_1=-F\times 2l+F_{By}l=-2Fl+2Fl=0$$

图 4-9 外伸梁

例 4-3 求图 4-10 所示的简支梁 1—1 截面上的剪力和弯矩。

解 $$F_{Ay}=F_{By}=\frac{F}{2}$$

$$F_{Q1}=F_{Ay}-F=-\frac{F}{2}$$

$$M_1=F_{Ay}\times 2l-Fl=0$$

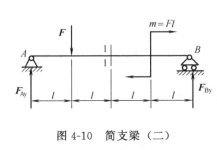

图 4-10 简支梁 (二)

三、剪力图和弯矩图

在一般情况下,梁横截面上的剪力和弯矩都是随横截面的位置而变化的,若以横坐标 x 表示横截面在梁轴线上的位置,以与 x 轴垂直的坐标表示剪力和弯矩,则各截面上的剪力和弯矩皆可表示为 x 的函数。即

$$F_Q=F_Q(x)$$
$$M=M(x)$$

这两个表达式称为梁的剪力方程和弯矩方程。

为了直观地表示梁的各横截面上的剪力和弯矩沿轴线变化的情况及判断最大剪力和最大弯矩所在截面的位置,将剪力方程和弯矩方程用图线来表示,这种图线分别称为剪力图和弯矩图。下面用例题说明列剪力方程和弯矩方程以及绘制剪力图和弯矩图的

方法。

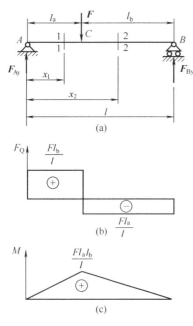

图 4-11 简支梁（三）

例 4-4 图 4-11 所示的简支梁在 C 点受集中力 F 作用。试绘制剪力图和弯矩图。

解

（1）求支座反力　由平衡方程

$$\sum M_A(\boldsymbol{F})=0 \Rightarrow F_{By}l-Fl_a=0$$

得

$$F_{By}=\frac{Fl_a}{l}$$

$$\sum F_y=0 \Rightarrow F_{Ay}+F_{By}-F=0$$

得

$$F_{Ay}=\frac{Fl_b}{l}$$

（2）列剪力方程和弯矩方程　因集中力 F 作用在 C 点，在 C 截面附近的剪力和弯矩的变化是不连续的，所以 AC 和 BC 两段的剪力方程和弯矩方程也是不同的，必须分别列出。

在 AC 段任取截面 1—1，则

$$F_Q(x_1)=F_{Ay}=\frac{Fl_b}{l} \qquad 0<x_1<l_a \qquad (4\text{-}1)$$

$$M(x_1)=F_{Ay}x_1=\frac{Fl_b}{l}x_1 \qquad 0\leqslant x_1\leqslant l_a \qquad (4\text{-}2)$$

在 CB 段任取截面 2—2，则

$$F_Q(x_2)=F_{Ay}-F=-F_{By}=-\frac{Fl_a}{l} \qquad l_a<x_2<l \qquad (4\text{-}3)$$

$$M(x_2)=F_{Ay}x_2-F(x_2-l_a)=F_{By}(l-x_2)=\frac{Fl_a}{l}(l-x_2) \qquad l_a\leqslant x_2\leqslant l \qquad (4\text{-}4)$$

（3）绘制剪力图和弯矩图　根据式（4-1）、式（4-3）绘制剪力图。由方程可见，整个梁的剪力都是常数，所以剪力图是平行于 x 轴的水平线，在集中力作用处，剪力图发生突变，突变的值等于集中力的大小，如图 4-11（b）所示。当 $l_b>l_a$ 时，AC 段内任意横截面上的剪力值为最大，$F_{Qmax}=\dfrac{Fl_b}{l}$。

根据式（4-2）、式（4-4）绘制弯矩图，如图 4-11（c）所示。在 AC 段和 CB 段内的弯矩图各是一条斜直线。在集中力作用处，弯矩图有一转折，并有最大弯矩，其值为 $M_{max}=\dfrac{Fl_al_b}{l}$。

例 4-5 图 4-12 所示的简支梁在 C 点受集中力偶 m 作用，试绘制梁的剪力图和弯矩图。

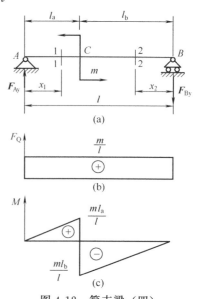

图 4-12 简支梁（四）

解

（1）求支座反力　由平面力偶的平衡条件得

$$F_{Ay} = F_{By} = \frac{m}{l}$$

（2）列剪力方程和弯矩方程　集中力偶 m 将梁分成 AC 和 CB 两段，两段梁的剪力方程和弯矩方程分别为

$$F_Q(x_1) = F_{Ay} = \frac{m}{l} \qquad 0 < x_1 \leqslant l_a \qquad (4-5)$$

$$M(x_1) = F_{Ay} x_1 = \frac{m}{l} x_1 \qquad 0 \leqslant x_1 < l_a \qquad (4-6)$$

$$F_Q(x_2) = F_{By} = \frac{m}{l} \qquad 0 < x_2 \leqslant l_b \qquad (4-7)$$

$$M(x_2) = -F_{By} x_2 = -\frac{m}{l} x_2 \qquad 0 \leqslant x_2 < l_b \qquad (4-8)$$

（3）作剪力图和弯矩图　由式（4-5）、式（4-7）可知，两段梁的剪力方程相同，故剪力图为一水平线，如图 4-12（b）所示。由式（4-6）、式（4-8）知，两段梁的弯矩图均为斜直线，在集中力偶作用处，弯矩图有突变，突变值等于集中力偶的大小。若 $l_b > l_a$，则在 C 点稍右的截面上产生最大弯矩，其值为

$$|M|_{max} = \frac{m l_b}{l}$$

例 4-6　图 4-13 所示的简支梁受向下均布载荷 q 的作用，试绘制梁的剪力图和弯矩图。

解

（1）求支座反力　由梁的对称关系可得

$$F_{Ay} = F_{By} = \frac{ql}{2}$$

（2）列剪力方程和弯矩方程

$$F_Q(x) = F_{Ay} - qx = \frac{ql}{2} - qx \qquad 0 < x < l \quad (4-9)$$

$$M(x) = F_{Ay} x - \frac{qx^2}{2} = \frac{qx}{2}(l-x) \qquad 0 \leqslant x \leqslant l \quad (4-10)$$

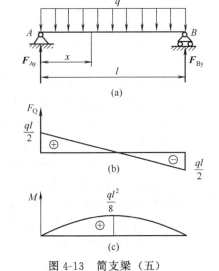

图 4-13　简支梁（五）

（3）绘制剪力图和弯矩图　由式（4-9）可知剪力图为一斜直线，需要确定图形上的两点 $F_Q(0) = \frac{ql}{2}$ 和 $F_Q(l) = -\frac{ql}{2}$。因此，可以绘出剪力图，如图 4-13（b）所示。显然，两端支座截面上的剪力最大，其值为 $|F_Q|_{max} = \frac{ql}{2}$。

由式（4-10）可见，弯矩图为抛物线，取三点 $M(0) = 0$、$M(l) = 0$ 和 $M\left(\frac{l}{2}\right) = \frac{ql^2}{8}$。因此，可以大致绘出弯矩图，如图 4-13（c）所示。显然，由梁和载荷的对称性，可知梁的中点处的截面上的弯矩最大，其值为 $M_{max} = \frac{ql^2}{8}$，而在这一截面上 $F_Q = 0$。

第二节 弯曲强度计算

第一节研究了梁弯曲时横截面上的内力计算,但要解决梁的强度问题,必须进一步研究梁横截面上内力的分布规律,即研究横截面上的应力。在一般情况下,梁的横截面上既有剪力,也有弯矩。剪力是与横截面相切的内力系的合力,故在横截面上必然会存在切应力;而弯矩是与横截面垂直的内力系的合力偶矩,所以在横截面上必然会存在正应力。通常,梁的强度主要取决于横截面上的弯矩,因此,下面着重讨论由弯曲正应力决定的强度问题。

一、弯曲正应力及分布规律

若在梁的横截面上只有弯矩而无剪力,则所产生的弯曲称为纯弯曲;若在梁的横截面上既有弯矩又有剪力,这样的弯曲称为横力弯曲。

取图4-14(a)所示的梁,在梁的表面画上平行于轴线的纵向线和垂直于轴线的横向线。然后在梁的两端加一对大小相等方向相反的力偶矩,该力偶矩位于梁的纵向对称平面内,使梁产生平面纯弯曲变形,如图4-14(b)所示。

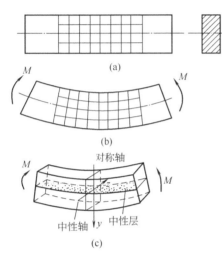

图4-14 纯弯曲梁的变形

从弯曲变形后的梁上可以看到,各横向线仍保持直线,只是相对转了一个角度,但仍与变形后的纵向线垂直;各纵向线变成曲线,轴线以下的纵向线伸长,轴线以上的纵向线缩短。根据这些表面变形现象,对梁的内部变形作如下假设,梁的横截面变形后仍为平面,且仍垂直于梁变形后的轴线,只是绕着横截面上的某一轴旋转了一个角度。这个假设称为梁弯曲时的平面假设。其次,设想梁是由无数层纵向纤维组成,且各层纤维之间无挤压作用,可认为每条纤维均为单纯的拉伸或压缩变形。所以对于纯弯曲梁,其截面上只有正应力而无切应力。

根据前述假设,梁的下部纵向纤维伸长,上部纵向纤维缩短,而纵向纤维的变形沿截面高度应该是连续变化的,所以,从伸长区到缩短区,中间必有一层既不伸长也不缩短的纤维,这一层纤维称为中性层,如图4-14(c)所示。中性层与横截面的交线称为中性轴。显然,在平面弯曲的情况下,中性轴必然垂直于截面的纵对称轴。可以证明,中性轴通过截面的形心。

正应力沿横截面的高度按直线规律变化,中性轴上各点的正应力均为零,离中性轴越远的点,其正应力越大,如图4-15所示。

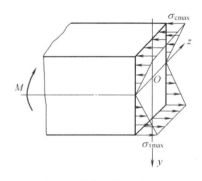

图4-15 弯曲正应力分布规律

二、梁弯曲时的正应力强度条件及其应用

由弯曲正应力的分布规律可以看出,对等截面直梁,梁的最大应力发生在最大弯矩所在截面的上、下边缘处,这个最大弯矩所在的截面通常称为危险截面,其上、下边缘处的点称

为危险点。为了保证梁能够正常地工作，并有一定的安全储备，必须使梁危险截面上的危险点处的工作应力不超过材料的弯曲许用应力 $[\sigma]$，即梁弯曲时的正应力强度条件为（推导过程从略）

$$\sigma_{\max}=\frac{M_{\max}}{W_z}\leqslant[\sigma] \tag{4-11}$$

W_z 称为弯曲截面系数，是衡量截面抗弯能力的一个几何量，其数值只与横截面的形状和尺寸有关，常用单位 mm^3 或 m^3。常用截面形状的 W_z 计算式参见表 4-1。工业产品与结构中常用的各种型材，如角钢、槽钢、工字钢等，它们的 W_z 都能从有关手册中查出。

表 4-1 常用截面形状的弯曲截面系数

截面形状	弯曲截面系数	截面形状	弯曲截面系数
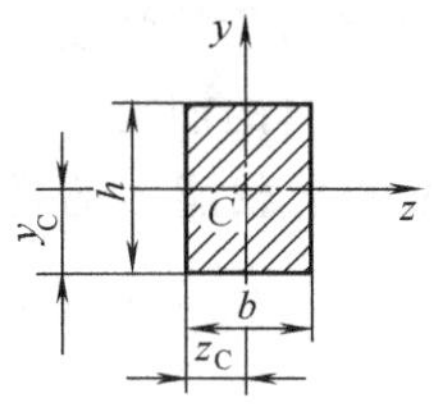 矩形	$W_y=\dfrac{hb^2}{6}$ $W_z=\dfrac{bh^2}{6}$	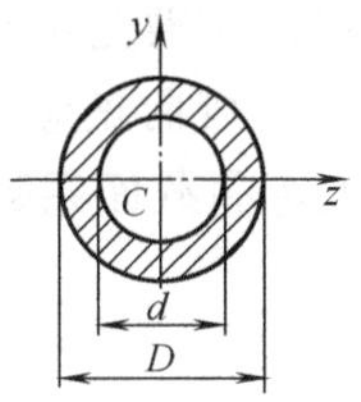 圆环	$W_y=W_z=\dfrac{\pi D^3}{32}(1-\alpha^4)$ $\alpha=\dfrac{d}{D}$
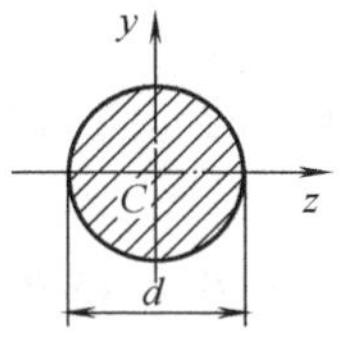 圆形	$W_y=W_z=\dfrac{\pi d^3}{32}$		

工程中常见的梁多为横力弯曲，当梁的跨度与横截面高度之比 $l/h>5$ 时，剪力对弯曲正应力分布规律的影响甚小，其误差不超过 1%。所以在横力弯曲时，用式（4-11）计算梁的正应力足以满足工程上的精度要求。

式（4-11）只适用于抗拉强度和抗压强度相同的材料，且梁的截面形状与中性轴相对称，如矩形、圆形、工字形、箱形等。对于铸铁等抗拉强度和抗压强度不等的脆性材料，梁的截面形状采用与中性轴不对称的形状，如 T 形等。由于材料的许用拉应力 $[\sigma_t]$ 和许用压应力 $[\sigma_c]$ 不等，则应分别进行强度计算，这部分详细内容可参考材料力学或工程力学教材。

例 4-7　木质简支梁 [图 4-13（a）]，若跨度 $l=4m$，截面如图 4-16 所示，宽 $b=160mm$，高 $h=240mm$，作用在梁上的均布载荷 $q=5.5kN/m$，许用弯曲应力 $[\sigma]=8MPa$，试校核梁的抗弯强度。

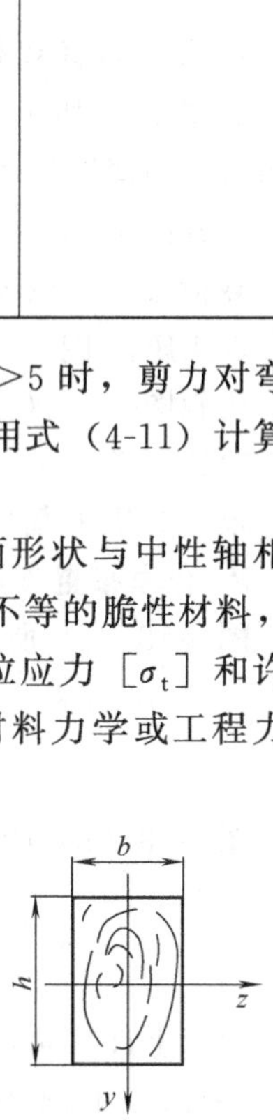

解　由例 4-6 可知，梁跨度中点弯矩值最大，是危险截面，该截面上的弯矩为

图 4-16　木质截面

$$M=\frac{ql^2}{8}=\frac{5.5\times10^3\times4^2}{8}=11\times10^3 N\cdot m$$

弯曲截面系数为

$$W_z = \frac{bh^2}{6} = \frac{160 \times 240^2}{6} = 1.54 \times 10^6 \text{ mm}^3$$

代入强度条件式（4-11）进行强度校核

$$\sigma_{\max} = \frac{M}{W_z} = \frac{11 \times 10^3 \times 10^3}{1.54 \times 10^6} = 7.14 \text{ MPa} < [\sigma]$$

故此梁满足强度要求。

第三节 提高梁承载能力的措施

提高梁的承载能力，是指用尽可能少的材料，使梁能承受尽可能大的载荷，达到既经济又安全，以及减轻重量等目的。

在一般情况下，梁的强度主要是由正应力强度条件控制的。所以要提高梁的强度，应该尽可能减少梁的弯曲应力。由弯曲正应力强度条件可知，在不改变所用材料的前提下，应从减小最大弯矩 $M_{\max}$ 或增大弯曲截面系数 W_z 两方面考虑。所以提高梁的承载能力的常用措施有以下几种。

一、减小最大弯矩

1. 合理布置载荷

如图 4-17 所示，四根相同的简支梁，受相同大小的外力作用，但外力的布置方式不同，则相对应的弯矩图也不相同。

比较图 4-17（a）和（b），图 4-17（b）梁的最大弯矩比图 4-17（a）小，显然图 4-17（b）载荷布置比图 4-17（a）合理。所以，当载荷可布置在梁上任意位置时，则应使载荷尽量靠近支座。例如，机械中齿轮轴上的齿轮常布置在紧靠轴承处。

比较图 4-17（a）和（c）、（d），图 4-17（c）和（d）梁的最大弯矩相等，且只有图 4-17（a）梁的一半。所以，当条件允许时，尽可能将一个集中载荷改变为均布载荷，或者分散为多个较小的集中载荷。例如工程中设置的辅助梁，大型汽车采用的密布车轮等。

2. 合理布置支座

图 4-18（a）所示简支梁，其最大弯矩为

$$M_{\max} = \frac{1}{8}ql^2 = 0.125ql^2$$

图 4-18（b）所示外伸梁，其最大弯矩为

$$M_{\max} = \frac{1}{40}ql^2 = 0.025ql^2$$

由以上计算可见，图 4-18（b）所示梁的最大弯矩仅是图 4-18（a）所示梁最大弯矩的 1/5。所以图 4-18（b）支座布置比较合理。

为了减小梁的弯矩，还可以采用增加支座以减小梁跨度的办法，如图 4-18（c）所示，最大弯矩 $M_{\max} = 0.03125ql^2$，为图 4-18（a）的 1/4；若增加两个支座，如图 4-18（d）所示，则 $M_{\max} = 0.011ql^2$，为图 4-18（a）的 1/11。这时，梁的未知约束反力的个数显然多于梁的静力平衡方程的数目，这种梁称为超静定梁。

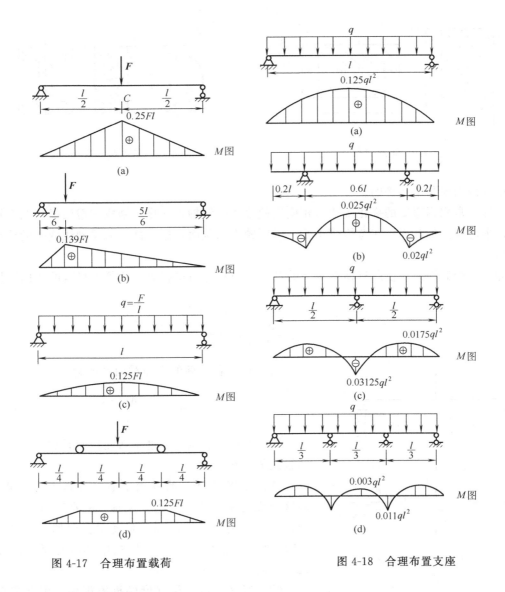

图 4-17 合理布置载荷

图 4-18 合理布置支座

二、提高弯曲截面系数

弯曲截面系数是与截面形状及截面尺寸有关的几何量。在材料相同的情况下，梁的自重与截面面积 A 成正比。为了减轻自重，就必须合理设计梁的截面形状。从弯曲强度考虑，梁的合理截面形状指的是在截面面积相同时，具有较大弯曲截面系数的截面。例如，一个高为 h、宽为 b 的矩形截面梁（$h > b$），截面竖放 [图 4-19（a）] 比横放 [图 4-19（b）] 时梁的承载能力高，这是由于竖放时的弯曲截面系数比横放时大的缘故。如图 4-20 所示，在截面面积相同的条件下，工字形截面的弯曲截面系数最大，圆形截面的弯曲截面系数最小，所以工字形截面承载能力最大。

三、等强度梁

一般情况下，梁的弯矩随截面位置而变化。因此，按正应力强度条件设计的等截面梁，除最大弯矩截面处外，其他截面上的弯矩都比较小，弯曲正应力也小，材料未得到充分利用，

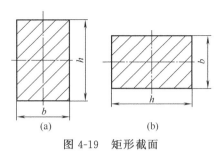

图 4-19 矩形截面

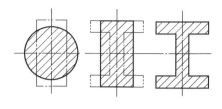

图 4-20 不同截面形状的比较

故采用等截面梁是不经济的。

工程中常根据弯矩的变化规律,相应地使梁截面沿轴线变化,制成变截面梁。在弯矩较大处,采用较大的截面;在弯矩较小处,采用较小的截面。这种截面沿梁轴线变化的梁称为变截面梁。

理想的变截面梁应使所有横截面上的最大弯曲正应力均相等,并等于材料的弯曲许用应力,即

$$\sigma_{max} = \frac{M(x)}{W(x)} = [\sigma]$$

由此可得各截面的弯曲截面系数为

$$W(x) = \frac{M(x)}{[\sigma]} \qquad (4-12)$$

式 (4-12) 表示等强度梁弯曲截面系数 $W(x)$ 沿梁的轴线的变化规律。

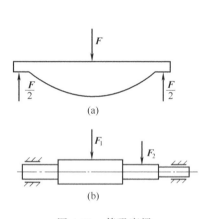

图 4-21 等强度梁

从强度以及材料的利用上看,等强度梁很理想。但这种梁的加工及制造比较困难,故在工程中一些弯曲构件大都设计成近似的等强度梁。例如,建筑中的"鱼腹梁"[图 4-21 (a)],机械中的阶梯轴[图 4-21 (b)]等。

综上所述,提高梁强度的措施很多,但在实际设计构件时,不仅应考虑弯曲强度,还应考虑刚度、稳定性、工艺要求等诸多因素。

▶▶ 习 题 ◀◀

一、判断题

1. 作用于梁上的所有外力都垂直于梁的轴线,且轴线由直线变为曲线的变形称为平面弯曲。(   )
2. 平面弯曲梁,其剪力作用于横截面内,是一个集中力;弯矩作用面与横截面垂直,是一个集中力偶。(   )
3. 在集中力作用处,剪力图发生突变,其突变值等于此集中力;而弯矩图在此处发生转折。(   )
4. 在集中力偶作用处,剪力值不变;而弯矩图发生突变,突变值等于该集中力偶矩。(   )
5. 若梁的某一段有分布载荷作用,则该段梁的弯矩图必为一斜直线。(   )
6. 用截面法确定梁横截面上的剪力或弯矩时,若分别取截面以左或以右为研究对象,则所得到的剪力

或弯矩的符号通常是相反的。（　　）

7. 简支梁仅作用一个集中力 F，则梁的最大剪力值不会超过 F 的数值。（　　）
8. 梁的弯矩图上某一点的弯矩值为零，该点所对应的剪力图上的剪力值也一定为零。（　　）
9. 梁的两端受大小相等、方向相反的一对力偶作用，所产生的弯曲称为纯弯曲。（　　）
10. 要提高梁的承载能力，必须加大梁的横截面尺寸或采用高强度优质材料。（　　）

二、计算作图题

1. 试计算如图 4-22 所示各梁指定截面的剪力和弯矩。

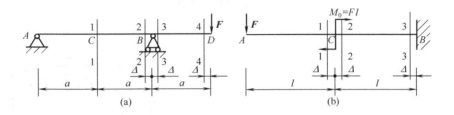

图 4-22　题二、1 图

2. 试建立如图 4-23 所示各梁的剪力、弯矩方程，并作剪力图和弯矩图。

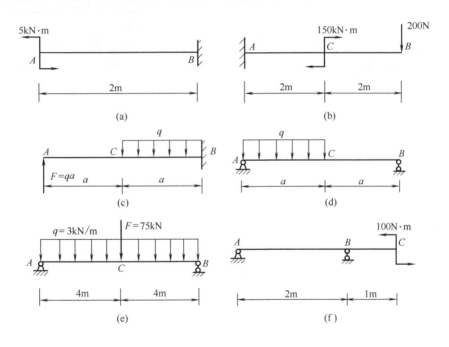

图 4-23　题二、2 图

3. 如图 4-24 所示，简支梁受均布载荷 $q=2\text{kN/m}$ 作用，若分别采用截面面积相等的实心和空心圆截面，且 $D_1=40\text{mm}$，$d_2/D_2=0.5$。试分别计算它们的最大正应力。

4. 如图 4-25 所示，一圆截面木梁受力 $F=3\text{kN}$，$q=3\text{kN/m}$，弯曲许用应力 $[\sigma]=10\text{MPa}$。试设计截面直径 d。

5. 轧辊受轧制力为 1000kN，并均匀分布于轧辊的 CD 范围内，轧辊直径 $d=760\text{mm}$，设轧辊许用应力 $[\sigma]=80\text{MPa}$，尺寸如图 4-26 所示。试校核轧辊的强度。

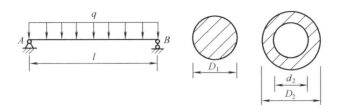

图 4-24 题二、3 图

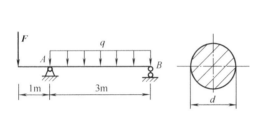

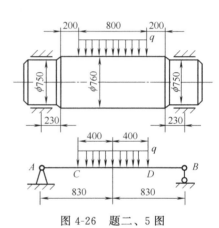

图 4-25 题二、4 图

图 4-26 题二、5 图

第五章
轴与轴毂连接

学习目标

了解轴的分类、选材、热处理方法、轴毂连接的类型和选用；掌握轴的受力分析、强度计算、结构设计、强度校核及平键连接的选择和强度验算。

第一节　轴的分类与材料

一、分类

根据轴的功用和承载情况，轴可分为以下几类。

（1）传动轴　以传递转矩为主不承受弯矩或承受很小弯矩的轴，如汽车变速箱与后桥之间的轴（图 5-1）。

（2）转轴　既传递转矩又承受弯矩的轴，如齿轮减速器中的输出轴（图 5-2），机器中的大多数轴都属于转轴。

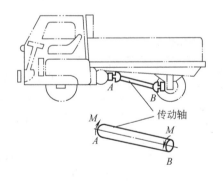

图 5-1　传动轴

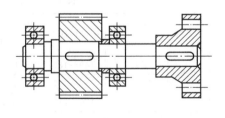

图 5-2　转轴

（3）芯轴　只承受弯矩而不传递转矩的轴。芯轴按其是否转动又可分为转动芯轴（如图 5-3 所示列车车轴）和固定芯轴（如图 5-4 所示自行车前轮车轴）。

此外，按轴线几何形状的不同，轴还可分为直轴（图 5-1～图 5-4）和曲轴（图 5-5）。

二、材料

转轴工作时的应力大多为重复性的应力，所以轴的主要失效形式是疲劳破坏，因此，轴的材料要求有较高的强度和韧性。另外，轴与轴上零件有相对运动的表面还应有一定的耐磨

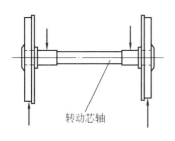

图 5-3 转动芯轴

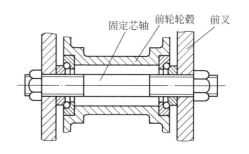

图 5-4 固定芯轴

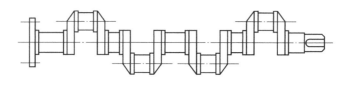

图 5-5 曲轴

性,故轴的材料主要是碳素结构钢和合金结构钢。

碳素钢比合金结构钢价廉,对应力集中的敏感性较小,应用较为广泛。常用的碳素钢有 35 钢、40 钢、45 钢,其中 45 钢应用最广。为改善其力学性能,可进行正火或调质处理。

合金结构钢具有更高的力学性能和更好的淬火性能,但对应力集中比较敏感,且价格较贵,故多用于要求减轻重量、提高轴颈耐磨性以及在高温或低温条件下工作的轴。

轴的常用材料及其力学性能见表 5-1。

表 5-1 轴的常用材料及其力学性能

材料牌号	热处理	毛坯直径 /mm	硬度(HBS)	抗拉强度 σ_b/MPa	屈服极限 σ_s/MPa	弯曲疲劳极限 σ_{-1}/MPa	应用说明
35	正火	≤100	149～187	520	270	210	用于一般轴
		>100～300	143～187	500	260	205	
45	正火	≤100	170～217	600	300	240	用于较重要的轴,应用最广泛
		>100～300	162～217	580	290	235	
	调质	≤200	217～255	650	360	270	
40Cr	调质	≤100	241～286	750	550	350	用于载荷较大而无很大冲击的轴
		>100～300		700	500	320	
40MnB	调质	25	≤207	1000	800	485	性能接近 40Cr,用于重要的轴
		≤200	241～286	750	500	335	
35CrMo	调质	≤100	207～269	750	550	350	用于重载荷的轴
		>100～300		700	500	320	
20Cr	渗碳淬火回火	15	表面 56～62HRC	850	550	375	用于要求强度及韧性均较高的轴
		30		650	400	280	
		≤60		650	400	280	

第二节　圆轴扭转时的内力

一、圆轴扭转的概念

在工程实际及日常生活中，常遇到承受扭转的构件。如图 5-1 所示的汽车中传递发动机动力的传动轴 AB，其左端受发动机的主动力偶作用，其右端则受到传动齿轮的等值反向的力偶作用，于是传动轴就产生扭转变形。另外，如图 5-6 所示的螺丝刀（旋具）、钻孔时的钻头等均为常见的扭转变形实例。

由此可见，杆件扭转时的受力特点是作用在杆两端的一对力偶，大小相等，方向相反，而且力偶平面垂直于轴线。其变形特点是各横截面绕轴线发生相对转动，如图 5-7 所示。杆件任意两横截面间的相对角位移称为扭转角，简称转角，常用 φ 表示。图 5-7 中的 φ_{AB} 就是截面 B 相对于截面 A 的转角。

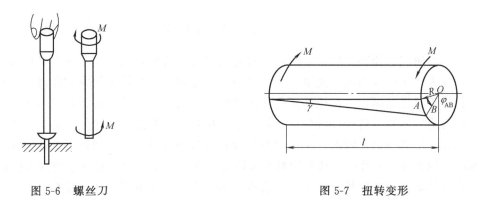

图 5-6　螺丝刀　　　　　　　　图 5-7　扭转变形

应注意的是，有许多构件在发生扭转变形的同时，还伴随着其他形式的变形，如弯曲等。以扭转为主要变形的构件称为轴，工程中的轴横截面大多是圆形或圆环形，故被称为圆轴。

二、外力偶矩的计算

在工程计算中，很少直接给出作用在传动轴上的外力偶矩，通常已知的是传递的功率和轴的转速，因此，可以运用运动力学中导出的公式来计算外力偶矩。

$$M = 9550 \frac{P}{n} \tag{5-1}$$

式中　M——外力偶矩，N·m；
　　　P——轴传递的功率，kW；
　　　n——轴的转速，r/min。

必须指出，在确定外力偶矩的方向时，应注意作用在功率输入端的外力偶矩是带动轴转动的主动力偶矩，它的方向和轴转向一致；而作用在功率输出端的外力偶矩是被带动零件传来的反力偶矩，它的方向和轴的转向相反。

三、扭矩的计算

当轴上的外力偶矩确定之后，便可应用截面法来分析圆轴扭转时的内力。下面以图 5-8 (a) 所示受扭转的圆轴为例进行分析说明。若欲求轴 AB 任意截面 m—m 上的内力，可假想沿该截面切开，任取一段（如取左段）为研究对象 [图 5-8 (b)]。根据力偶平衡条件可知，外力是力偶，显然截面 m—m 上的分布内力也必然构成一个内力偶与之平衡，此内力偶矩称为扭矩，并用 M_n 表示。扭矩的大小可由力偶平衡方程 $\sum M=0$ 求得，即

$$M - M_n = 0 \qquad M_n = M$$

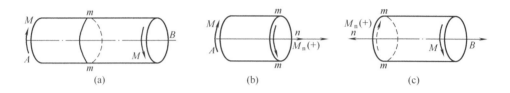

图 5-8 截面法求扭矩

取右段研究，如图 5-8 (c) 所示，可得到同样数值的扭矩，但是两者转向相反，这是因为它们互为作用和反作用的关系。为了使不论取左段还是右段为研究对象时，所得同一截面上的扭矩正负号相同，对扭矩的正负号的规定为用右手螺旋法则将扭矩表示为矢量，即右手的四指弯曲方向表示扭矩的转向，大拇指表示扭矩矢量的指向，若矢量的指向离开截面，则扭矩为正，反之为负。因此，不论取左段或右段为研究对象，其扭矩不但数值相等，而且符号相同。则如图 5-8 所示的轴不论取左段还是右段为研究对象，其扭矩均为正值。

在求扭矩时，一般按正向假设，若所得为负则说明扭矩转向与所设相反。

例 5-1　一传动轴在外力偶作用下处于平衡状态，如图 5-9 所示。已知 $M_1=200\text{N}\cdot\text{m}$，$M_2=300\text{N}\cdot\text{m}$。试求指定截面的扭矩。

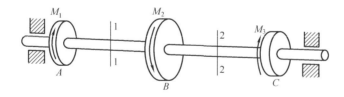

图 5-9 传动轴（一）

解

(1) 外力分析　取轴为研究对象，由

$$\sum M = 0 \Rightarrow M_1 - M_2 + M_3 = 0$$

得

$$M_3 = M_2 - M_1 = 300 - 200 = 100\text{N}\cdot\text{m}$$

(2) 内力分析　受三个外力偶作用，需将轴分成 AB、BC 两段求其扭矩。求 AB 段的内力时，可在该段的任一截面 1—1 处将轴截开，取左段为研究对象，由平衡条件

$$\sum M = 0 \Rightarrow M_1 - M_{n1} = 0$$

得
$$M_{n1} = M_1 = 200 \text{N} \cdot \text{m}$$

按同样方法，求 BC 段的内力。在该段任一截面 2—2 处截开，取左段为研究对象，由

$$\sum M = 0 \Rightarrow M_1 - M_2 - M_{n2} = 0$$

得
$$M_{n2} = M_1 - M_2 = 200 - 300 = -100 \text{N} \cdot \text{m}$$

也可取右段为研究对象，由

$$\sum M = 0 \Rightarrow M_{n2} + M_3 = 0$$

得
$$M_{n2} = -M_3 = -100 \text{N} \cdot \text{m}$$

显然，以截面右段为研究对象求 M_{n2} 比较方便。

四、扭矩图

传动轴的两端受一对大小相等、方向相反的外力偶作用时，轴在各个横截面上的扭矩都相同。如果轴上作用多个外力偶矩时，轴在各段上的扭矩则不一定相同。为了形象地表示各截面上扭矩的大小和正负，以便寻找圆轴扭转的危险截面，常需画出横截面上扭矩沿轴线变化的图像，这种图像称为扭矩图。其画法与轴力图类同。沿平行于轴线方向取坐标 x 表示横截面的位置，以垂直于轴线的方向取坐标 M_n 表示相应横截面上的扭矩，正扭矩画在 x 轴上方，负扭矩则画在 x 轴下方。

例 5-2 已知传动轴 [图 5-10（a）] 的转速 $n = 300 \text{r/min}$，主动轮 1 输入的功率 $P_1 = 500 \text{kW}$，三个从动轮输出的功率分别为 $P_2 = 150 \text{kW}$，$P_3 = 150 \text{kW}$，$P_4 = 200 \text{kW}$。试绘制轴的扭矩图。

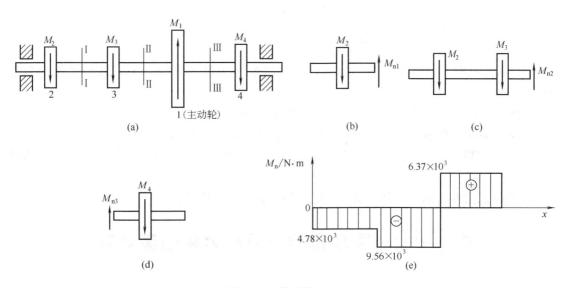

图 5-10 传动轴（二）

解

（1）计算外力偶矩　根据式（5-1）求得

$$M_1 = 9550 \frac{P_1}{n} = 9550 \times \frac{500}{300} = 15.9 \times 10^3 \text{N} \cdot \text{m}$$

$$M_2 = 9550 \frac{P_2}{n} = 9550 \times \frac{150}{300} = 4.78 \times 10^3 \text{N} \cdot \text{m}$$

$$M_3 = 9550 \frac{P_3}{n} = 9550 \times \frac{150}{300} = 4.78 \times 10^3 \text{N} \cdot \text{m}$$

$$M_4 = 9550 \frac{P_4}{n} = 9550 \times \frac{200}{300} = 6.37 \times 10^3 \text{N} \cdot \text{m}$$

(2) 用截面法求各段扭矩

① 沿截面Ⅰ—Ⅰ截开，取左侧部分为研究对象［图 5-10（b）］，求轮 2 至轮 3 间截面上的扭矩 M_{n1}。

$$\sum M = 0 \Rightarrow M_2 - M_{n1} = 0$$

$$M_{n1} = M_2 = 4.78 \times 10^3 \text{N} \cdot \text{m}$$

② 沿截面Ⅱ—Ⅱ截开，取左侧部分为研究对象［图 5-10（c）］，求轮 3 至轮 1 间截面上的扭矩 M_{n2}。

$$\sum M = 0 \Rightarrow M_2 + M_3 - M_{n2} = 0$$

$$M_{n2} = M_2 + M_3 = 4.78 \times 10^3 + 4.78 \times 10^3 = 9.56 \times 10^3 \text{N} \cdot \text{m}$$

③ 沿截面Ⅲ—Ⅲ截开，取右侧部分为研究对象［图 5-10（d）］，求轮 1 至轮 4 间截面上的扭矩 M_{n3}。

$$\sum M = 0 \Rightarrow M_4 - M_{n3} = 0$$

$$M_{n3} = M_4 = 6.37 \times 10^3 \text{N} \cdot \text{m}$$

(3) 画扭矩图　如图 5-10(e) 所示，最大扭矩为 $9.56 \times 10^3 \text{N} \cdot \text{m}$，在轴的轮 3 和轮 1 间。

从例 5-2 求 M_{n1}、M_{n2} 和 M_{n3} 中可以归纳出求扭矩的规律。

① 某一截面上的扭矩，等于截面一侧所有外力偶矩的代数和。

② 计算扭矩时，外力偶矩产生正扭矩者，以正值代入计算；反之，该力偶矩以负值代入计算。

③ 当轴上受两个以上的外力偶作用时，轴的扭矩应分段计算。

第三节　圆轴扭转时的应力和强度计算

一、应力

为了研究传动轴扭转时横截面上的应力，必须了解应力在截面上的分布规律。为此，先来观察扭转试验的现象。取一等截面圆轴［图 5-11（a）］，在其表面上划出许多平行于轴线的纵向线和代表横截面边缘的圆周线，形成许多小矩形。扭转后的情况如图 5-11（b）所示。

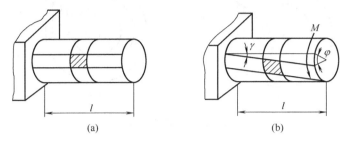

图 5-11　圆轴受扭变形分析

由图上可以看到下列现象。

① 各圆周线的形状、大小及相互之间的距离都没有变化，但它们绕轴线发生了相对转动。

② 所有纵向线倾斜了同一角度 γ，使圆轴表面上的矩形变为平行四边形。

根据上述现象，可以推断出圆轴扭转后，各横截面仍保持为互相平行的平面，只是相对地转过了一个角度。这就是圆轴扭转时的平面假设。

由此，可以作出如下的推论。

① 由于相邻截面间产生了相对转动，即截面上各点都发生了相对错动，出现了剪切变形，因此，截面上各点都存在着切应力。又因截面半径长度不变，切应力方向必与半径垂直。角 γ 称为切应变。

② 由于相邻截面的间距不变，所以截面没有正应力。

通过实验、假设及推断，可知圆轴扭转时横截面上只有垂直于半径方向的切应力。应用静力学平衡条件、变形的几何条件及胡克定律，可以推导出横截面上各点切应力的计算公式（推导过程从略）为

$$\tau_\rho = \frac{M_n \rho}{I_p} \tag{5-2}$$

式中　τ_ρ——横截面上与圆心距离为 ρ 处的切应力，MPa；

M_n——横截面上的扭矩，N·mm；

ρ——横截面上任一点距圆心的距离，mm；

I_p——横截面的极惯性矩，它表示截面的几何性质，它的大小与截面形状和尺寸有关，mm^4。

式（5-2）说明，横截面上任一点处的切应力的大小，与该点到圆心的距离 ρ 成正比，圆心处的切应力为零，同一圆周上各点切应力相等，切应力分布规律如图 5-12 所示，图 5-12（a）为实心轴截面，图 5-12（b）为空心轴截面。从图中可见，在横截面的边缘上，ρ 达到最大值 R，该处切应力最大，其值为

$$\tau_{max} = \frac{M_n R}{I_p} \tag{5-3}$$

若令 $W_n = I_p / R$，则式（5-3）可写成

$$\tau_{max} = \frac{M_n}{W_n} \tag{5-4}$$

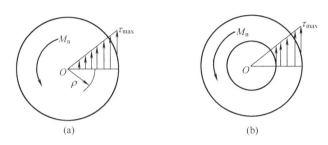

图 5-12 切应力分布

W_n 称为圆轴横截面的抗扭截面系数,单位为 mm^3。从式(5-4)可知,W_n 越大,τ_{max} 就越小。因此,W_n 是表示横截面抵抗扭转的截面几何量。还应该指出,式(5-2)和式(5-4)只适用于圆截面轴,而且截面上的最大切应力不得超过材料的剪切比例极限。

二、极惯性矩和抗扭截面系数

工程中,轴的横截面通常采用实心圆和空心圆两种,它们的极惯性矩和抗扭截面系数的计算公式如下(推导过程省略)。

(1) 实心圆轴(直径为 D)

极惯性矩
$$I_p = \frac{\pi D^4}{32} \approx 0.1 D^4 \tag{5-5}$$

抗扭截面系数
$$W_n = \frac{2I_p}{D} = \frac{2\pi D^4}{32D} = \frac{\pi D^3}{16} \approx 0.2 D^3 \tag{5-6}$$

(2) 空心圆轴(轴的外径为 D,内径为 d)

极惯性矩
$$I_p = \frac{\pi D^4}{32} - \frac{\pi d^4}{32} = \frac{\pi D^4}{32}\left[1 - \left(\frac{d}{D}\right)^4\right]$$

或
$$I_p = \frac{\pi D^4}{32}(1 - \alpha^4) \approx 0.1 D^4 (1 - \alpha^4) \tag{5-7}$$

抗扭截面系数
$$W_n = \frac{2I_p}{D} = \frac{\pi D^3}{16}(1 - \alpha^4) \approx 0.2 D^3 (1 - \alpha^4) \tag{5-8}$$

$\alpha = d/D$,为内外径之比。

例 5-3 已知空心圆轴的外径 $D = 32mm$,内径 $d = 24mm$,两端受力偶矩 $M = 156N \cdot m$ 作用,试计算轴内的最大切应力 τ_{max}。

解

(1) 扭矩计算 利用截面法可知转轴任意横截面上的扭矩为
$$M_n = M = 156N \cdot m = 156 \times 10^3 N \cdot mm$$

(2) 求抗扭截面系数 W_n
$$W_n = \frac{\pi D^3}{16}(1 - \alpha^4) = \frac{3.14 \times 32^3}{16} \times \left[1 - \left(\frac{24}{32}\right)^4\right] = 4400 mm^3$$

(3) 最大切应力计算

$$\tau_{max}=\frac{M_n}{W_n}=\frac{156\times 10^3}{4400}=35.5\text{MPa}$$

三、强度计算

为了保证圆轴在工作时具有足够的扭转强度，必须使危险截面上最大工作应力 τ_{max} 小于材料的许用切应力 $[\tau]$，即

$$\tau_{max}=\frac{M_n}{W_n}\leqslant[\tau] \tag{5-9}$$

式（5-9）即为等直圆轴扭转时的强度条件。M_n 和 W_n 分别为危险截面的扭矩和抗扭截面系数。

许用切应力 $[\tau]$ 由扭转实验确定，可查有关手册。在静载荷的情况下，许用切应力 $[\tau]$ 与许用拉应力 $[\sigma]$ 之间存在如下关系。

塑性材料　　　　　　　　　　$[\tau]=(0.5\sim 0.6)[\sigma]$

脆性材料　　　　　　　　　　$[\tau]=(0.8\sim 1.0)[\sigma]$

考虑到传动轴所受载荷并非静载荷，故实际使用的许用切应力一般比上述值要低。

例 5-4　某一传动轴，直径 $d=40\text{mm}$，许用切应力 $[\tau]=60\text{MPa}$，转速 $n=200\text{r/min}$，试求此轴可传递的最大功率。

解

（1）确定许用外力偶矩　由扭转强度条件得

$$M_n\leqslant W_n[\tau]=0.2\times 40^3\times 10^{-9}\times 60\times 10^6=768\text{N}\cdot\text{m}$$

$$M=M_n=768\text{N}\cdot\text{m}$$

（2）确定最大功率　由式（5-1）得

$$P=\frac{Mn}{9550}=\frac{768\times 200}{9550}=16\text{kW}$$

第四节　轴的结构设计

图 5-13 所示为圆柱齿轮减速器中高速轴的结构。轴上与轴承配合的部分称为轴颈；与传动零件（如带轮、齿轮、联轴器）配合的部分称为轴头；连接轴颈与轴头的部分称为轴身。轴的合理结构必须满足下列基本条件。

① 轴和轴上零件的准确定位与固定。
② 轴的结构要有良好的工艺性。
③ 尽量减小应力集中。
④ 轴各部分的尺寸要合理。

1. 轴和轴上零件的定位与固定

阶梯轴上截面变化的部位称为轴肩或轴环，它对轴上零件起轴向定位作用。在图 5-13

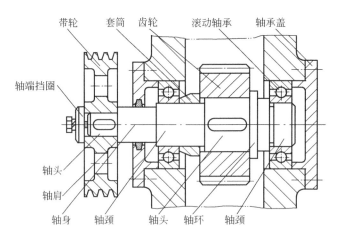

图 5-13 减速器高速轴

中,带轮、齿轮和右端轴承都是依靠轴肩或轴环作轴向定位的。左端轴承是依靠套筒定位的。两端轴承盖将轴在箱体上定位。

为了使轴上零件的轮毂端面与轴肩贴紧,轴肩和轴环的圆角半径 R 必须小于零件轮毂孔端的圆角半径 R_1 或倒角 C_1(图 5-14),其大小要符合标准,否则无法贴紧。轴肩和轴环的高度 h 必须大于 R_1 或 C_1,通常取 $h=(0.07d+5)\sim(0.1d+5)\mathrm{mm}$。轴环的宽度 $b\geqslant 1.4h$。安装滚动轴承处的定位轴肩或轴环高度必须低于轴承内圈端面高度。

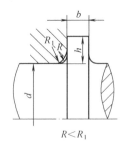
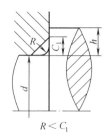

图 5-14 轴肩与轴环定位

在工作中为了防止轴上零件沿轴线方向移动,并承受轴向力,必须对轴上零件进行固定。零件的轴向固定方法很多,其中,采用轴肩或轴环作轴向固定,结构简单,能承受较大的轴向力;当两零件相隔距离不大时,采用套筒作轴向固定,但不宜用于高转速轴;不宜采用套筒固定时,可用圆螺母作轴向固定;对于外伸轴端上的零件固定,则可采用轴端紧定螺钉或销来使零件轴向固定。另外,为使定位面可靠地接触,轴头长度应略小于零件的轮毂长度。

为了传递转矩,防止零件与轴产生相对转动,轴上零件还需进行周向固定。常用的周向固定方法有键连接、花键连接和过盈配合等。当传递转矩很小时,可采用紧定螺钉或销,同时实现轴向和周向固定。

2. 轴的结构工艺性

为了便于安装和拆卸,一般的轴均为中间大、两端小的阶梯轴。为避免损伤配合零件,各轴端需倒角,并尽可能使倒角尺寸相同,以便于加工。为使左、右端轴承易于拆卸,套筒高度和轴肩高度均应小于滚动轴承内圈高度。

在保证工作性能条件下，轴的形状要力求简单，减少阶梯数；轴上的圆角半径尽量取值一致；同一轴上有多个单键时，将各键槽布置在同一母线上，尺寸应尽可能一致，以便于加工；车制螺纹或磨削时，应留出螺纹退刀槽或砂轮越程槽（图 5-15）。

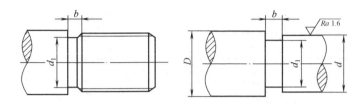

图 5-15　退刀槽及砂轮越程槽

上述结构的尺寸均有标准，可查阅相关的设计手册。

3. 减小应力集中

减小应力集中和提高轴的表面质量是提高轴的疲劳强度的主要措施。

减小应力集中的方法有减小轴截面突变，阶梯轴相邻轴段直径差不能太大，并以较大的圆角半径过渡；尽可能避免在轴上开槽、孔及车制螺纹等，以免削弱轴的强度和造成应力集中源。

轴的表面质量对疲劳强度有显著的影响。提高轴表面质量除降低表面粗糙度值外，还可采用表面强化处理，如碾压、喷丸、渗碳、渗氮或高频淬火等。

4. 轴的直径和长度

轴的直径应满足强度与刚度的要求，并根据具体情况合理确定。轴颈与滚动轴承配合时，其直径必须符合轴承的内径系列；轴头的直径应与配合零件的轮毂内径相同，并符合相应标准；轴上车制螺纹部分的直径，必须符合外螺纹大径的标准系列。

轴各段长度，应根据轴上零件的宽度和零件的相互位置决定。

第五节　剪切与挤压的实用计算与轴毂连接

一、实用计算

1. 基本概念

工程中，由于实际需要常用连接件将构件彼此相连。例如，轴与轮毂之间的键连接，销连接（图 5-16），铆钉连接 [图 5-17（a）] 等，它们都是起连接作用的。这种连接部件在受

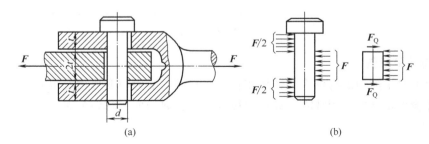

图 5-16　销连接

力后的主要变形形式就是剪切与挤压。

剪切变形的受力特点是作用在构件两侧且与轴线垂直的两个力,其大小相等、方向相反,而且这两个力的作用线很接近。它的变形特点是在两个力作用线间的小矩形,变成了歪斜的平行四边形 [图 5-17 (b)]。

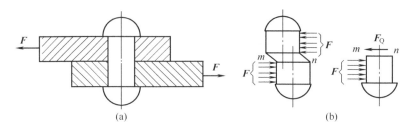

图 5-17 铆钉连接

构件在受到剪切作用的同时,往往还伴随着挤压作用。例如,铆钉受剪切的同时,铆钉和孔壁之间相互压紧,如图 5-18 (a) 所示,上钢板孔左侧与铆钉上部左侧相互压紧;下钢板孔右侧与铆钉下部右侧相互压紧。这种接触面间相互压紧的现象,称为挤压。挤压时,当压力过大,接触面局部出现显著塑性变形甚至局部压陷,如图 5-18 (b) 所示,这种破坏称为挤压破坏。构件上产生挤压变形的表面称为挤压面,挤压面一般垂直于外力作用线。作用在挤压面上的力称为挤压力,用 F_{jy} 表示。

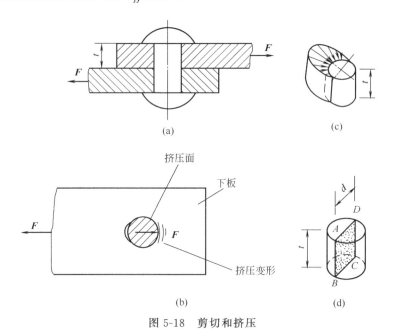

图 5-18 剪切和挤压

2. 实用计算举例

在工程中发生剪切的构件大多数比较粗短,它们的受力与变形情况很复杂。工程中常用以实验、经验为基础的实用计算,即假设切应力 τ 在剪切面上均匀分布,则有

$$\tau = \frac{F_Q}{A} \tag{5-10}$$

式中　F_Q——作用于剪切面上的剪力，N；
　　　A——剪切面的面积，mm^2。

为了保证构件在工作时不被剪断，必须使构件剪切面上的切应力不超过材料的许用切应力，即

$$\tau = \frac{F_Q}{A} \leqslant [\tau] \tag{5-11}$$

式 (5-11) 就是剪切实用计算中的强度条件。$[\tau]$ 为材料的许用切应力。试验表明，金属材料的许用切应力 $[\tau]$ 与材料的许用拉应力 $[\sigma]$ 之间存在如下关系。

塑性材料　　　　　　　　$[\tau] = (0.6 \sim 0.8)[\sigma]$

脆性材料　　　　　　　　$[\tau] = (0.8 \sim 1.0)[\sigma]$

同理，假设挤压应力 σ_{jy} 在挤压面上也是均匀分布的，即

$$\sigma_{jy} = \frac{F_{jy}}{A_{jy}} \tag{5-12}$$

A_{jy} 为挤压面积，若接触面为平面，则挤压面积就为接触面积。对于螺栓、销等连接件，挤压面为半圆柱面 [图 5-18(c)]，在实用计算中，以挤压面的正投影面积作为挤压面积，如图 5-18(d) 所示，$A_{jy} = dt$，这样计算所得结果与实际最大挤压应力比较接近。

为了保证构件在工作时不发生挤压破坏，必须满足工作挤压应力不超过许用挤压应力，即

$$\sigma_{jy} = \frac{F_{jy}}{A_{jy}} \leqslant [\sigma_{jy}] \tag{5-13}$$

式 (5-13) 即为挤压实用计算中的强度条件。$[\sigma_{jy}]$ 是材料的许用挤压应力，其值可由试验来确定，设计时可查有关手册。在一般情况下，许用挤压应力 $[\sigma_{jy}]$ 与许用拉应力 $[\sigma]$ 之间存在如下关系。

塑性材料　　　　　　　　$[\sigma_{jy}] = (1.7 \sim 2.0)[\sigma]$

脆性材料　　　　　　　　$[\sigma_{jy}] = (0.9 \sim 1.5)[\sigma]$

必须指出，如果相互挤压的两构件的材料不同，应按材料许用应力较低的那个构件进行挤压强度计算。

例 5-5　拖车挂钩用销钉连接 [图 5-16 (a)]，已知 $t = 15mm$，销钉的材料为 45 钢，许用切应力 $[\tau] = 60MPa$，许用挤压应力 $[\sigma_{jy}] = 180MPa$，拖车的拉力 $F = 100kN$。试确定销钉的直径。

解

(1) 分析销钉的受力　销钉受力情况如图 5-16 (b) 所示，有两个剪切面，用截面法取销钉中间部分为研究对象，由平衡方程得

$$F_Q = \frac{F}{2} = \frac{100}{2} = 50kN$$

$$F_{jy} = F = 100kN$$

(2) 按剪切强度条件设计销钉直径　由剪切实用计算的强度条件

$$\tau = \frac{F_Q}{A} \leqslant [\tau]$$

得

$$A \geqslant \frac{F_Q}{[\tau]}$$

又因剪切面积 $A = \pi d^2/4$，所以

$$\pi d^2/4 \geqslant \frac{F_Q}{[\tau]} = \frac{50 \times 10^3}{60} = 833 \text{mm}^2$$

$$d^2 \geqslant \frac{833 \times 4}{3.14} \text{mm}^2$$

$$d \geqslant 32.6 \text{mm}$$

(3) 按挤压强度条件设计销钉直径　由挤压的强度条件

$$\sigma_{jy} = \frac{F_{jy}}{A_{jy}} \leqslant [\sigma_{jy}]$$

得

$$A_{jy} \geqslant \frac{F_{jy}}{[\sigma_{jy}]}$$

又因挤压面积 $A_{jy} = 2dt$，所以

$$2dt \geqslant \frac{F_{jy}}{[\sigma_{jy}]} = \frac{100 \times 10^3}{180} = 556 \text{mm}^2$$

$$d \geqslant \frac{556}{2t} = \frac{556}{2 \times 15} = 18.5 \text{mm}$$

为了同时满足剪切和挤压强度条件要求，应取直径 $d \geqslant 32.6 \text{mm}$，查机械设计手册，最后确定销钉直径 $d = 36 \text{mm}$。

二、轴毂连接

1. 键连接

键连接是用键把两个零件连接在一起，它主要用于轴和轴上零件之间的固定。这种连接的结构简单、工作可靠、装拆方便，因此获得了广泛的应用。

(1) 松键连接　这种连接依靠键的两侧面传递转矩。键的上表面与轮毂键槽底面间有间隙，为非工作面，不影响轴与轮毂的同心精度，装拆方便。松键连接包括平键连接和半圆键连接。

① 平键连接　平键的上下表面和两侧面各互相平行，按键的不同用途分为普通平键、导向平键和滑键。

图 5-19 所示为普通平键连接，这种键应用最广。键的端面形状见表 5-2，有圆头（A型）、方头（B型）和单圆头（C型）三种。A型平键键槽用端铣刀加工，键在槽中固定较好，但槽对轴的应力集中影响较大。B型平键键槽用盘铣刀加工，槽对轴的应力集中影响较小，但对于尺寸较大的键，要用紧定螺钉压紧，以防松动。C型平键常用于轴的端部连接，

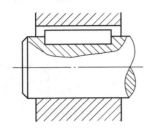 

图 5-19　平键连接

轴上键槽常用端铣刀铣通。

当轮毂在轴上需沿轴向移动时，可采用导向平键或滑键连接。导向平键用螺钉固定在轴上（图 5-20），轮毂上的键槽与键是间隙配合，当轮毂移动时，键起导向作用。若轴上零件沿轴向移动距离长时，可采用如图 5-21 所示的滑键连接。

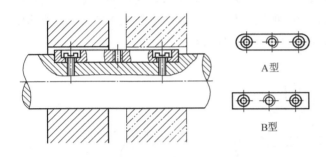 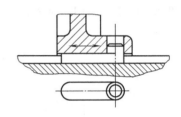

图 5-20　导向平键连接　　　　　　　图 5-21　滑键连接

② 半圆键连接（图 5-22）　它能在轴的键槽内摆动，以适应轮毂键槽底面的斜度，故适合锥形轴头与轮毂的连接；但轴槽过深，对轴的削弱较大，主要用于轻载连接。

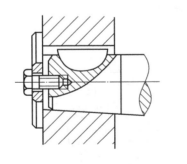 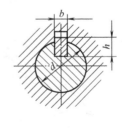

图 5-22　半圆键连接

（2）紧键连接　用于紧键连接的键具有一个斜面。由于斜面的楔紧影响，使轮毂与轴产生偏心，所以紧键连接的定心精度不高。紧键连接包括楔键连接和切向键连接。

① 楔键连接（图 5-23）　键的上、下表面是工作面，键的上表面和轮毂键槽底面，都有 1：100 的斜度。键楔入键槽后，工作表面产生很大预紧力并靠工作面摩擦力传递转矩。它能承受单向的轴向力和起轴向固定作用。楔键分普通楔键［图 5-23（a）］和钩头楔键［图

5-23（b）]两种。钩头楔键的钩头是为便于拆卸用的，因此装配时须留有拆卸位置。外露钩头随轴转动，容易发生事故，应加防护罩。

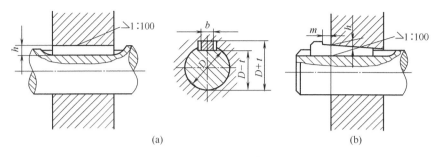

图 5-23　楔键连接

② 切向键连接（图 5-24）　它由两个普通楔键组成。装配时两个键分别自轮毂两端楔入。装配后两个相互平行的窄面是工作面，工作时主要依靠工作面直接传递转矩。单个切向键 [图 5-24（a）] 只能传递单向转矩。若需传递双向转矩，应装两个互成120°～135°的切向键 [图 5-24（b）]。切向键能传递很大转矩，常用于重型机械。

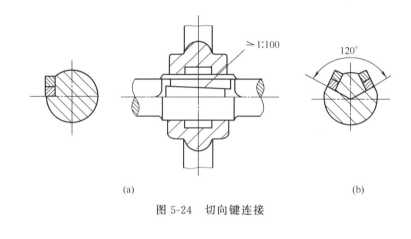

图 5-24　切向键连接

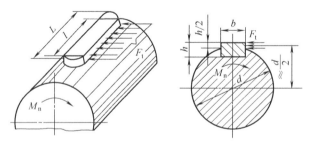

图 5-25　平键连接受力示意

(3) 平键连接的选择和强度验算

① 平键连接的选择　键的类型根据连接的结构特点和工作要求选定。键的剖面尺寸 $b \times h$ 根据轴的直径 d 从表 5-2 中选取。键的长度 L 根据轮毂长度确定，一般略小于轮毂长，并与长度系列相符。

表 5-2 普通平键和键槽的尺寸   mm

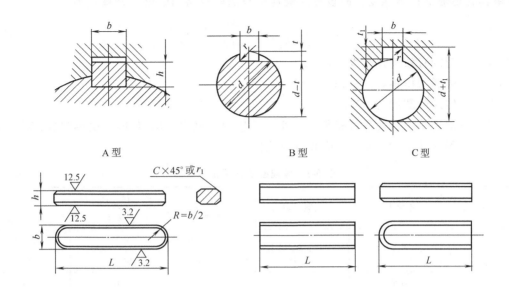

标记示例 圆头普通平键(A型), $b=16, h=10, L=100$ 的标记为 GB/T 1096 键 $16\times10\times100$
平头普通平键(B型), $b=16, h=10, L=100$ 的标记为 GB/T 1096 键 B$16\times10\times100$
半圆头普通平键(C型), $b=16, h=10, L=100$ 的标记为 GB/T 1096 键 C$16\times10\times100$

轴	键		键槽									
			宽度 b				深度				半径 r	
公称直径	公称尺寸 $b\times h$	L ($h14$)	极限偏差				轴 t		毂 t_1			
			较松键连接		一般键连接		较紧键连接					
			轴 H9	毂 D10	轴 N9	毂 Js9	轴和毂 P9	公称尺寸	极限偏差	公称尺寸	极限偏差	最小	最大
>10~12	4×4	8~45	+0.030 0	+0.078 +0.030	0 −0.030	±0.015	−0.012 −0.042	2.5	+0.1 0	1.8	+0.1 0	0.08	0.16
>12~17	5×5	10~56						3.0		2.3			
>17~22	6×6	14~70						3.5		2.8		0.16	0.25
>22~30	8×7	18~90	+0.036 0	+0.098 +0.040	0 −0.036	±0.018	−0.015 −0.051	4.0		3.3			
>30~38	10×8	22~110						5.0		3.3			
>38~44	12×8	28~140	+0.043 0	+0.120 +0.050	0 −0.043	±0.0215	−0.018 −0.061	5.0	+0.20 0	3.3	+0.20 0	0.25	0.40
>44~50	14×9	36~160						5.5		3.8			
>50~58	16×10	45~180						6.0		4.3			
>58~65	18×11	50~200						7.0		4.4			
>65~75	20×12	56~220	+0.052 0	+0.149 +0.065	0 −0.052	±0.026	−0.022 −0.074	7.5		4.9			
>75~85	22×14	63~250						9.0		5.4		0.40	0.60
>85~95	25×14	70~280						9.0		5.4			
>95~110	28×16	80~320						10.0		6.4			
L系列	6,8,10,12,14,16,18,20,22,25,28,32,36,40,45,50,56,63,70,80,90,100,110,125,140,160,180,200,220,250,280,320,360,400,450,500												

② 强度验算　平键连接受力情况如图 5-25 所示，工作时，键承受挤压和剪切。由于标准平键具有足够的抗剪强度，故设计时键连接只需验算挤压强度，计算式为

$$\sigma_{jy}=\frac{F_t}{l(h/2)}=\frac{4M_n}{dhl}\leqslant[\sigma_{jy}] \tag{5-14}$$

式中　l——键的有效工作长度，mm；
　　　M_n——传递的扭矩，N·mm；
　　　F_t——传递的圆周力，N；
　　　$[\sigma_{jy}]$——键连接中较弱零件材料的许用挤压应力，见表 5-3，MPa。键的材料的抗拉强度不得低于 600MPa，常采用 45 钢。

表 5-3　键连接的许用挤压应力　　　　　　　　　　MPa

许用值	连接方式	轮毂材料	载荷性质		
			静载荷	轻微冲击	冲击
$[\sigma_{jy}]$	静连接	钢	125～150	100～120	60～90
		铸铁	70～80	50～60	30～45
	动连接	钢	50	40	30

例 5-6　图 5-26（a）所示为某钢制输出轴与铸铁齿轮采用键连接。已知装齿轮处轴的直径 $d=45$mm，齿轮轮毂长 $L_1=80$mm，该轴传递的转矩 $M_n=200$kN·mm，载荷有轻微冲击。试选用该键连接。

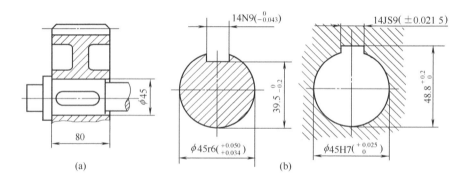

图 5-26　键连接

解

(1) 选择键连接的类型　为保证齿轮传动啮合良好，要求轴毂对中性好，故选用 A 型普通平键连接。

(2) 选择键的主要尺寸　按轴径 $d=45$mm，由表 5-2 查得键宽 $b=14$mm，键高 $h=9$mm，键长 $L=80-(5\sim10)=75\sim70$mm，取 $L=70$mm。标记为 GB/T 1096　键 14×9×70。

(3) 校核键连接强度　由表 5-3 查得铸铁材料 $[\sigma_{jy}]=50\sim60$MPa，由式（5-14）计算键连接的挤压强度为

$$\sigma_{jy}=\frac{4M_n}{dhl}=\frac{4\times200\times10^3}{45\times9\times(70-14)}=35.27\text{MPa}<[\sigma_{jy}]$$

所选键连接强度足够。

（4）标注键连接公差　轴和毂的键槽公差标注如图5-26（b）所示。

2. 花键连接

由于平键连接的承载能力低，轴被削弱和应力集中程度都较严重，若发展为多个平键与轴形成一体，便是花键轴，同它相配合的孔便是花键孔。花键轴与花键孔组成的连接，称为花键连接（图5-27）。与平键连接相比，花键连接的特点是键齿数多，承载能力强；键槽较浅，应力集中小，对轴和毂的强度削弱也小；键齿均布，受力均匀；轴上零件与轴的对中性好；导向性好；但加工需要专用设备，成本较高；适用于定心精度要求较高、载荷较大的场合。

花键连接已标准化，按齿形不同，分为矩形花键 [图5-28（a）] 和渐开线花键 [图5-28（b）]。矩形花键的齿侧面为两平行平面，加工较易，应用广泛。渐开线花键的齿廓为渐开线，工作时齿面上有径向力，起自动定心作用，使各齿均匀承载，渐开线花键强度高，可用加工齿轮的方法加工，工艺性好，常用于传递载荷较大、轴径较大、大批量生产等重要场合。

3. 销连接

销连接通常用于确定零件之间的相对位置 [图5-29（a）]；也用于轴毂之间或其他零件间的连接 [图5-29（b）]；还可充当过载剪断元件 [图5-29（c）]。

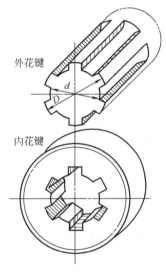

图5-27　花键连接

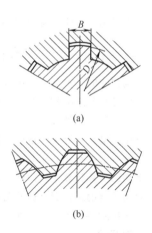

图5-28　矩形花键和渐开线花键

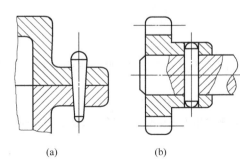

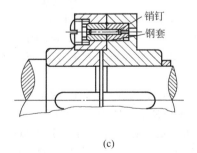

图5-29　销连接

按销的形状不同可分为圆柱销和圆锥销。圆柱销靠过盈与销孔配合，适用于不常拆卸的场合。圆锥销具有 1：50 的锥度，适用于经常拆卸的场合。

习 题

一、判断题

1. 根据轴的功用和承载情况，轴可分为转轴、芯轴和传动轴。（　　）
2. 自行车的前后轮轴都是芯轴。（　　）
3. 转轴仅用于传递运动，只受扭矩作用而不受弯矩作用。（　　）
4. 轴的材料常用碳素钢，重要场合采用合金钢。（　　）
5. 只要在杆件两端作用两个大小相等、方向相反的力偶，杆件就会发生扭转变形。（　　）
6. 传递一定功率的传动轴的转速越高，其横截面上所受的扭矩就越大。（　　）
7. 受扭杆件横截面上扭矩的大小，只与杆件所受外力偶矩的大小有关，与杆件的材料和横截面尺寸无关。（　　）
8. 凡有外力偶矩作用的截面，在扭矩图中发生突变，大小等于外力偶矩。（　　）
9. 圆轴扭转时，各横截面绕其轴线发生相对转动。（　　）
10. 一空心圆轴在产生扭转变形时，截面外缘处具有全轴最大的切应力，而截面内缘处的切应力为零。（　　）
11. 粗细和长短相同的二轴，一为钢轴，另一为铝轴，当受到相同的外力偶矩作用产生弹性扭转变形时，其横截面上最大切应力是相同的。（　　）
12. 一内径为 d，外径为 D 的空心圆截面轴，其极惯性矩可由式 $I_P = \dfrac{\pi D^4}{32} - \dfrac{\pi d^4}{32}$ 计算，而抗扭截面系数则相应地可由式 $W_P = \dfrac{\pi D^3}{16} - \dfrac{\pi d^3}{16}$ 计算。（　　）
13. 圆轴扭转时，横截面上切应力的大小沿半径呈线性分布，方向与半径垂直。（　　）
14. 为使轴承易于拆卸，套筒高度和轴肩高度均应小于滚动轴承内圈高度。（　　）
15. 轴的表面强化处理，可以避免产生疲劳裂纹，提高轴的承载能力。（　　）
16. 挤压的实用计算中，挤压面积一定等于实际接触面积。（　　）
17. 用剪刀剪的纸张和用菜刀切的蔬菜，均受到了剪切破坏。（　　）
18. 剪切的实用计算中，构件剪切面上实际的切应力是均匀分布的。（　　）
19. 普通平键的工作面是键的两侧面，工作时靠工作面的相互挤压来传递转矩。（　　）
20. 销连接主要用于固定零件之间的相对位置，有时还可做防止过载的安全销。（　　）

二、选择题

1. 既传递转矩又承受弯矩的轴，称为_____。
   A. 转轴　　　　　　　　B. 芯轴　　　　　　　　C. 传动轴
2. 对受载荷较小的轴，常用材料为_____。
   A. 45 钢　　　　　　　　B. 合金钢　　　　　　　C. 普通碳素钢
3. 汽车传动主轴所传递的功率不变，当轴的转速降低为原来的二分之一时，轴所受的外力偶矩较之转速降低前将_____。
   A. 增大一倍　　　　　　B. 减少一半　　　　　　C. 不改变
4. 如图 5-30 所示，左端固定的等直圆杆，在外力偶作用下发生扭转变形，根据已知各处的外力偶矩的大小，可知固定端截面处的扭矩大小和正负为_____。
   A. 7.5N·m　　　　　　 B. 2.5N·m
   C. −2.5N·m

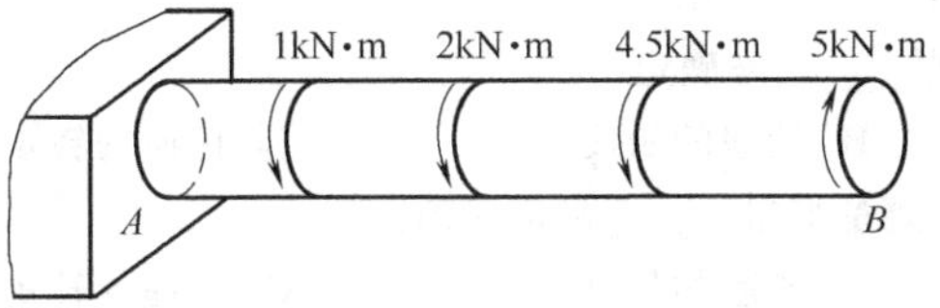

图 5-30　题二、4 图

5. 一轴上主动轮的外力偶矩为 M_A，从动轮的外力偶矩为 M_B 和 M_C，而且 $M_A = M_B + M_C$。开始将主动轮安装在两从动轮中间，随后使主动轮和一从动轮位置互换，这样变动的结果会使轴内的最大扭矩将_____。
    A. 增大　　　　　　　　B. 减小　　　　　　　　C. 不变

6. 受扭转圆轴横截面上扭矩方向如图 5-31 中箭头所示，试分析图中的扭转切应力的分布_____是正确的。

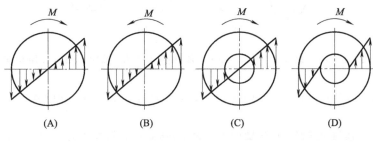

图 5-31　题二、6 图

7. 直径为 D 的实心圆轴，两端所受的外力偶矩为 M，轴的横截面上最大切应力为 τ。若轴的直径变为 $0.5D$，则轴的横截面上最大切应力应是_____。
    A. 16τ　　　　　　　B. 8τ　　　　　　　C. 4τ

8. 与轴承配合的轴段是_____。
    A. 轴头　　　　　　　　B. 轴颈　　　　　　　　C. 轴身

9. 增加轴在截面变化处的过渡圆角半径，其目的在于_____。
    A. 降低应力集中，提高轴的疲劳强度
    B. 便于实现轴向定位
    C. 便于轴的加工

10. 为使零件轴向定位可靠，轴上的倒角或圆角半径须_____轮毂孔的倒角或圆角半径。
    A. 大于　　　　　　　　B. 小于　　　　　　　　C. 等于

11. 当轴上零件要求承受较大轴向力时，采用_____来进行轴向定位。
    A. 紧定螺钉　　　　　　B. 销　　　　　　　　　C. 轴肩或轴环

12. 齿轮、带轮等必须在轴上固定可靠并传递转矩，广泛采用_____作周向固定。
    A. 过盈配合　　　　　　B. 销连接　　　　　　　C. 键连接

13. 与滚动轴承配合的轴段直径，必须符合滚动轴承的_____标准系列。
    A. 外径　　　　　　　　B. 内径　　　　　　　　C. 宽度

14. 将转轴设计成阶梯形，其主要目的是_____。
    A. 便于轴的加工　　　　B. 提高轴的疲劳强度　　C. 便于轴上零件的固定和装拆

15. 键连接的主要用途是使轴与轮毂之间_____。
    A. 沿轴向可作相对滑动并传递轴向力
    B. 沿轴向固定并传递轴向力

C. 沿周向固定并传递转矩

16. 普通平键的长度应根据_____来确定。

A. 轴的直径　　　　　　B. 轮毂的长度　　　　　C. 传递的转矩

17. 键的截面尺寸 $b \times h$ 主要是根据_____来选择的。

A. 轴的直径　　　　　　B. 轮毂的长度　　　　　C. 传递的转矩

三、计算作图题

1. 一传动轴如图 5-32 所示，已知 $M_1 = 300\mathrm{N \cdot m}$，$M_2 = 130\mathrm{N \cdot m}$，$M_3 = 100\mathrm{N \cdot m}$，$M_4 = 70\mathrm{N \cdot m}$，画出扭矩图。

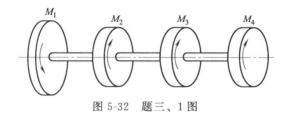

图 5-32　题三、1 图

2. 传动轴直径 $d = 55\mathrm{mm}$，转速 $n = 120\mathrm{r/min}$，传递的功率为 18kW，轴的许用切应力 $[\tau] = 50\mathrm{MPa}$，试校核轴的强度。

3. 一传动轴传动功率 $P = 3\mathrm{kW}$，转速 $n = 27\mathrm{r/min}$，材料为 45 钢，许用切应力 $[\tau] = 40\mathrm{MPa}$，试计算轴的直径。

4. 设计一齿轮与轴的键连接。已知轴的直径为 90mm，齿轮轮毂宽度为 110mm，轴传递的转矩为 1800kN·mm，载荷平稳，轴、键的材料均为钢，齿轮材料为锻钢。

第六章 常用机构

第一节 平面机构的组成

一、运动副

组成机构的所有构件都应具有确定的相对运动。为此，各构件之间必须以某种方式连接起来，但这种连接不同于焊接、铆接之类的刚性连接，它既要对彼此连接的两构件的运动加以限制，又允许其间产生相对运动。这种两个构件直接接触又能产生一定相对运动的连接称为运动副。

运动副中的两构件接触形式不同，其限制的运动也不同，其接触形式不外乎有点、线、面三种形式。两构件通过面接触而组成的运动副称为低副，通过点或线的形式相接触而组成的运动副称为高副。

根据组成运动副的两构件之间的相对运动是平面运动还是空间运动，运动副可分为平面运动副和空间运动副。

1. 平面低副

根据两构件间允许的相对运动形式不同，低副又可分为转动副和移动副。

（1）转动副　组成运动副的两构件只能绕某一轴线在一个平面内作相对转动的运动副称为转动副，又称为铰链。如图6-1（a）所示，构件1与构件2之间通过圆柱面接触而组成转动副。内燃机的曲轴与连杆、曲轴与机架、连杆与活塞之间都组成转动副。

（2）移动副　组成运动副的两个构件只能沿某一方向作相对直线运动，这

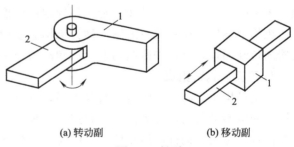

(a) 转动副　　　(b) 移动副

图 6-1　低副

种运动副称为移动副。如图6-1（b）所示，构件1与构件2之间通过四个平面接触组成移动副，这两个构件只能产生沿轴线的相对移动。内燃机中的活塞与汽缸之间组成移动副。

由于低副中两构件之间的接触为面接触，因此，承受相同载荷时，压强较低，不易磨损。

2. 平面高副

如图6-2所示的齿轮副和凸轮副都是高副，显然，构件2可以相对于构件1绕接触点 A

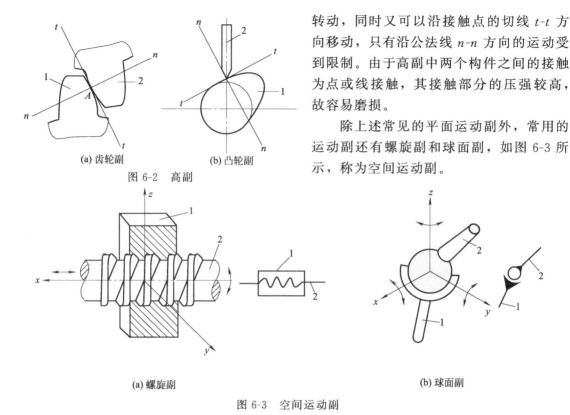

转动,同时又可以沿接触点的切线 $t\text{-}t$ 方向移动,只有沿公法线 $n\text{-}n$ 方向的运动受到限制。由于高副中两个构件之间的接触为点或线接触,其接触部分的压强较高,故容易磨损。

除上述常见的平面运动副外,常用的运动副还有螺旋副和球面副,如图 6-3 所示,称为空间运动副。

(a) 齿轮副　　(b) 凸轮副

图 6-2　高副

(a) 螺旋副　　(b) 球面副

图 6-3　空间运动副

二、平面机构的运动简图

由于机构的运动特性只与构件的数目、运动副的类型和数目以及它们之间相对位置的尺寸有关,而与构件的形状、截面尺寸及运动副的具体结构无关。所以,在分析机构运动时,为了简化问题,便于研究,常常可以不考虑与运动无关的因素,而用一些规定的简单线条和符号表示构件和运动副,并按一定比例确定运动副的相对位置,这种用规定的简化画法简明表达机构中各构件运动关系的图形称为机构运动简图。利用机构运动简图可以表达一部复杂机器的传动原理,可以进行机构的运动和动力分析。

1. 平面机构的组成

根据机构工作时构件的运动情况不同,可将构件分为机架、主动件和从动件三类。机构中视作固定不动的构件称为机架,它用来支承其他活动构件;机构中接受外部给定运动规律的活动构件称为主动件或原动件,一般与机架相连;机构中随主动件而运动的其他全部活动构件称为从动件。

2. 机构运动简图的符号

对于轴、杆等构件,常用线段表示;若构件固连在一起,则涂以焊接记号;图中画有斜线的构件代表机架。转动副即为固定铰链和中间铰链;移动副为滑块在直线或槽中移动;表示高副时要绘出两构件接触处的轮廓线形状。

表 6-1 为机构运动简图的常用符号。

3. 机构运动简图的绘制

机构运动简图的绘制方法和步骤如下:

表 6-1 机构运动简图常用符号

名称		简图符号	名称		简图符号
构件	杆、轴		机架	基本符号	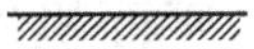
	三副构件	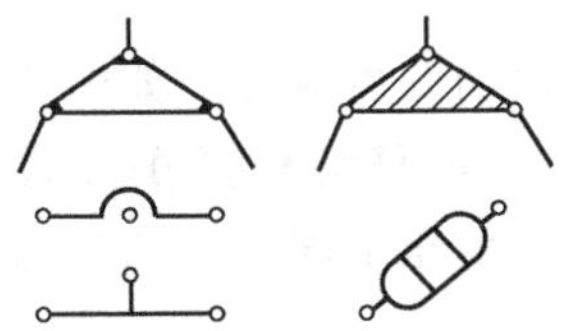		机架是转动副的一部分	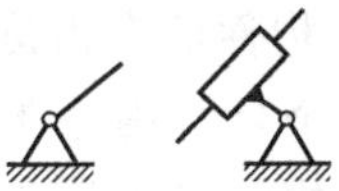
	构件的固定连接	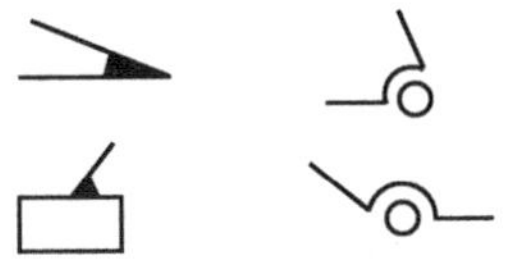		机架是移动副的一部分	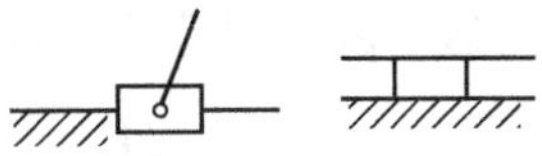
平面低副	转动副		平面高副	齿轮副外啮合	
				齿轮副内啮合	
	移动副			凸轮副	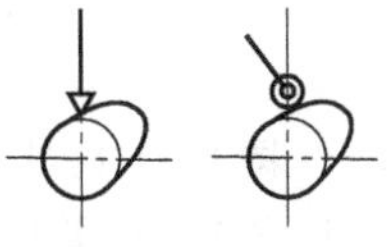

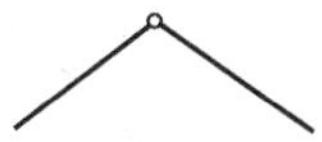

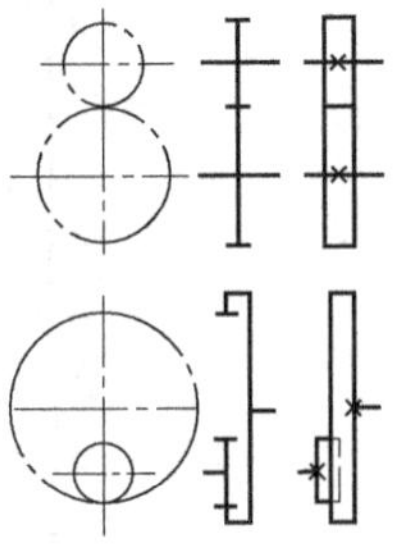

(1) 观察机构的实际结构，分析机构的运动情况，找出机构的固定件（机架）、原动件和从动件。

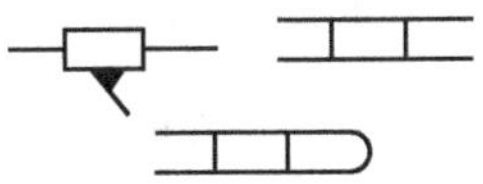

(2) 从原动件开始，按运动传递路线，分清构件间相对运动的性质，确定运动副的类型。

(3) 以与机构运动平面相平行的平面作为绘制运动简图的平面，用规定的符号和线条按比例尺绘制在此平面上，得到的图形即为机构运动简图。

例 6-1 绘制图 0-1 所示内燃机的机构运动简图。

解 ① 分析结构，确定机架、原动件和从动件

由图 0-1 可知，壳体和汽缸体是一个整体，在内燃机中起机架的作用，汽缸体内的活塞是原动件，连杆、曲轴和与之相固连的齿轮、凸轮和顶杆是从动件。

② 按运动传递路线和相对运动的性质确定运动副的类型

该机构的运动由活塞输入，活塞与汽缸组成移动副；活塞与连杆、连杆与曲轴、曲轴与壳体之间组成转动副。

齿轮与齿轮之间是线接触，组成高副；齿轮与机架组成转动副；齿轮与凸轮连在一起为同一构件，凸轮与顶杆之间是点或线接触，组成高副；顶杆与机架组成移动副。

③ 选择视图平面和比例尺，用规定符号和线条绘制机构运动简图

由于内燃机的主运动机构是平面运动，故取其运动平面为视图平面，选择适当的绘图比例尺用规定符号和线条画出所有构件和运动副，即可得到内燃机的机构运动简图（图 6-4），图中标有箭头的构件 1 表示该构件是原动件。

由齿轮轮廓接触组成的高副，在绘制机构运动简图时常用其节圆相切来表示，如图 6-4 中的点画线。

三、平面机构的自由度

1. 构件的自由度

一个自由构件在作平面运动时，有三种独立运动的可能性。如图 6-5 所示，在 xoy 坐标系中，构件 S 可随其上任意一点 A 沿 x 轴、y 轴方向移动和绕 A 点转动。这种可能出现的独立运动的数目称为构件的自由度。由此可知，一个作平面运动的自由构件有 3 个自由度。

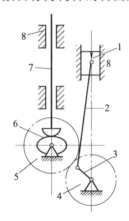

图 6-4　内燃机机构运动简图
1—活塞；2—连杆；3—曲轴；4,5—齿轮；6—凸轮；7—顶杆；8—机架

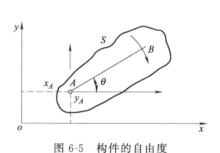

图 6-5　构件的自由度

2. 运动副对构件的约束

当两个构件组成运动副之后，它们的运动就受到限制，自由度数目随之减少。不同种类的运动副引入的约束不同，所保留的自由度也不同。如图 6-1（a）所示的转动副，两个构件间相对移动受到限制，即约束了两个方向的移动自由度，只保留了一个相互转动的自由度；图 6-1（b）所示的移动副，只保留了沿一个方向的移动自由度，限制了另一方向的移动和在平面内转动的两个自由度；图 6-2 所示的高副则只约束了沿接触点处公法线 n-n 方向移动的自由度，而保留了绕接触点转动和沿接触处公切线 t-t 方向移动的两个自由度。由此可知，在平面机构中，平面低副具有两个约束，使构件失去两个自由度，平面高副具有一个约束，使构件失去一个自由度。

3. 平面机构自由度的计算

设一个平面机构有 N 个构件，其中必有一个机架（固定构件，自由度为零），故活动构件数为 $n=N-1$。在未用运动副连接之前，这些活动构件共有 $3n$ 个自由度，当用运动副将活动构件连接后，自由度则随之减少。若机构中共有 P_L 个低副和 P_H 个高副，由于每个低副限制 2 个自由度，每个高副限制 1 个自由度，则该机构剩余的自由度数 F 为

$$F = 3n - 2P_L - P_H \tag{6-1}$$

上式即为平面机构自由度的计算公式。

例 6-2　计算图 6-4 所示内燃机主运动机构的自由度。

解　由前述可知，在此机构中，曲柄 3 与齿轮 4 固连成一个构件，齿轮 5 与凸轮 6 也固

连成一个构件，所以此机构共有 6 个构件，其中一个为机架，活动构件数 $n=5$。机构中有 2 个移动副、4 个转动副和 2 个高副，则由式（6-1）可得该机构的自由度为

$$F = 3n - 2P_L - P_H = 3 \times 5 - 2 \times 6 - 2 = 1$$

4. 平面机构具有确定运动的条件

任何一个机构工作时，在原动件的驱使下，机构中的各从动件都要按一定的规律运动，或者说在任意瞬时各从动件都有其确定的位置，即机构的自由度必定与原动件数目相等。

如果机构自由度等于零，如图 6-6 所示，则构件组合在一起形成刚性结构，各构件之间没有相对运动，故不能构成机构。

如图 6-7 所示的五个构件由五个转动副连接起来，根据式（6-1）计算可得自由度 $F=2$。若取构件 1 为原动件，当给定 φ_1 角时，构件 2、3、4 既可处在图中实线位置，也可处在双点画线位置，故其运动不确定，所以这种构件组合不是机构；但若取两个构件 1、4 为原动件，则在给定 φ_1 和 φ_4 角后，构件 2、3 的位置就是确定的，各构件都具有确定的相对运动，所以在这种情况下是机构。

图 6-6 三构件组合

如图 6-8 所示，如果原动件数大于自由度数，则机构中最薄弱的构件或运动副可能被破坏。

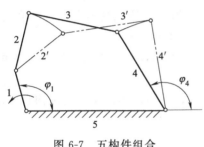

图 6-7 五构件组合

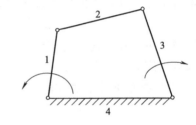

图 6-8 四构件组合

综上所述，机构具有确定运动的条件是：机构的自由度数目大于零且等于原动件的数目。

5. 计算平面机构自由度的注意事项

在应用式（6-1）计算平面机构自由度时，必须注意以下几种情况，否则就会出现计算结果与实际相矛盾的情况。

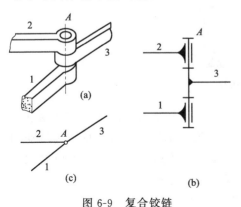

图 6-9 复合铰链

（1）复合铰链　两个以上的构件组成多个共轴线的转动副称为复合铰链。

如图 6-9 所示为三个构件构成的复合铰链，从侧视图 6-9（b）可以看出，构件 3 分别和构件 1 和构件 2 构成两个转动副。依此类推，如果有 m 个构件同在一处以转动副相连，则应有 $m-1$ 个转动副。

例 6-3　计算图 6-10 所示机构的自由度。

解　此机构在 C 处构成复合铰链，该处含有 2 个转动副。所以，$n=5$，$P_L=7$，$P_H=0$，由式（6-1）得

$$F=3n-2P_{\text{L}}-P_{\text{H}}=3\times5-2\times7-0=1$$

（2）局部自由度　在某些机构中，为了减少摩擦等原因而增加的活动构件，在机构中不影响运动的输入与输出关系，这种个别构件的独立运动自由度称为机构的局部自由度。如图6-11（a）所示的凸轮机构，当主动构件凸轮1绕O点转动时，通过滚子4带动从动构件2沿机架3移动，如果按活动构件$n=3$，低副数$P_{\text{L}}=3$，高副数$P_{\text{H}}=1$来计算，得

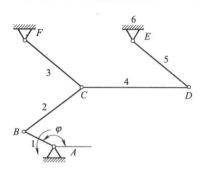

图 6-10　含有复合铰链机构

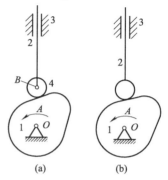

图 6-11　局部自由度

$$F=3n-2P_{\text{L}}-P_{\text{H}}=3\times3-2\times3-1=2$$

说明机构应有两个主动构件才能具有确定的运动，这显然与事实不符。其原因是滚子产生了局部自由度，在计算时应予以去除，如图6-11（b）所示，该机构的真实自由度为

$$F=3n-2P_{\text{L}}-P_{\text{H}}=3\times2-2\times2-1=1$$

（3）虚约束　在机构中与其他约束重复而不独立起限制运动作用的约束称为虚约束。在计算机构自由度时应予以去除。

图6-12为机车车轮联动机构，在此机构中，$n=4$，$P_{\text{L}}=6$，$P_{\text{H}}=0$，其机构自由度为

$$F=3n-2P_{\text{L}}-P_{\text{H}}=3\times4-2\times6-0=0$$

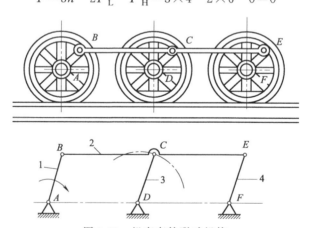

图 6-12　机车车轮联动机构

这表明该机构不能运动，显然与事实不符。由于1、3、4杆平行且相等，如果去掉3杆，C点轨迹仍为圆，对整个机构的运动并无影响。也就是说，机构中加入构件3及转动副C、D后，虽然使机构增加了一个约束，但此约束并不起限制机构运动的作用，所以是虚约束。因此，在计算机构自由度时应去掉构件3和转动副C、D。这样

$$F=3n-2P_{\text{L}}-P_{\text{H}}=3\times3-2\times4-0=1$$

计算结果与实际情况一致。

由此可知，机构中若存在虚约束，计算自由度时应将含有虚约束的构件及其组成的运动副去掉。

平面机构的虚约束常出现在下列场合：

① 两构件组成多个移动方向一致的移动副时，其中只有一个是真实约束，其余的都是虚约束。如图 6-13 所示机构中压板 1 与机架 2 共在 A、B、C 三处形成了三个移动方向一致的移动副，其中含有两个虚约束。

② 两构件组成多个轴线重合的转动副时，其中只有一个是真实约束，其余的都是虚约束。如图 6-14 所示机构中齿轮 1 与机架 2 在 A、B 两处组成了两个轴线重合的转动副，其中有一个是虚约束。

③ 机构中对传递运动不起独立作用的对称部分所引入的约束都是虚约束。如图 6-15 所示差动轮系，中心齿轮 1 通过一个行星齿轮 2 便可以传递运动，另两个与之对称布置的行星齿轮不起独立传递运动的作用，主要是使机构受力均匀，提高其承载能力。这两个对称布置的行星齿轮所引入的约束（两个转动副和四个高副）都是虚约束。

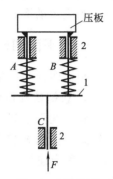

图 6-13 移动副虚约束

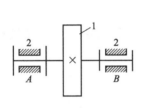

图 6-14 转动副虚约束

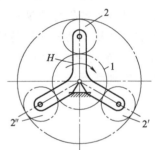

图 6-15 对称构件虚约束

1—中心齿轮；2—行星齿轮

例 6-4 计算图 6-16 所示大筛机构的自由度。

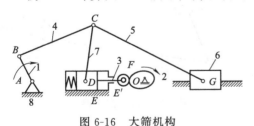

图 6-16 大筛机构

解 机构中的滚子有一个局部自由度。顶杆 3 与机架 8 在 E 和 E' 处组成两个导路平行的移动副，其中之一是虚约束。C 处是复合铰链。

将滚子与顶杆视为一体，消除局部自由度，去掉移动副 E 和 E' 中的一个虚约束，复合铰链 C 含有两个转动副。所以，$n=7$，$P_L=9$，$P_H=1$，代入式（6-1）得

$$F=3n-2P_L-P_H=3\times 7-2\times 9-1=2$$

此机构的自由度为 2，与原动件数相等，具有确定的运动。

第二节　平面连杆机构

平面连杆机构是由若干个刚性构件用低副相互连接而组成，并在同一平面或相互平行的

平面内运动。低副是面接触，便于制造，容易获得较高的制造精度，并且压强低、磨损小、承载能力大。但是，低副中存在难以消除的间隙，从而产生运动误差，不易准确地实现复杂的运动，不宜用于高速的场合。平面连杆机构广泛应用于各种机械和仪器中，用以传递动力、改变运动形式。

一、平面四杆机构的类型及应用

平面四杆机构按其运动不同分为铰链四杆机构和含有移动副的四杆机构。

1. 铰链四杆机构

各个构件之间全部用转动副连接的四杆机构称为铰链四杆机构，它是平面四杆机构的基本形式。如图 6-17 所示，固定不动的构件 AD 称为机架；与机架用转动副相连的构件 AB 和 CD 称为连架杆；杆 BC 连接两连架杆称为连杆。连架杆中，能绕机架上的转动副作整周转动的构件 AB 称为曲柄，只能在某一角度内绕机架上的转动副摆动的构件 CD 称为摇杆。根据两连架杆是否成为曲柄或摇杆，铰链四杆机构分为曲柄摇杆机构、双曲柄机构、双摇杆机构三种形式。

（1）铰链四杆机构的基本形式及其应用

① 曲柄摇杆机构。在铰链四杆机构的两个连架杆中，若一个连架杆为曲柄，另一个连架杆为摇杆，则该机构称为曲柄摇杆机构，如图 6-17 所示。曲柄摇杆机构可实现曲柄整周旋转运动与摇杆往复摆动的互相转换。

图 6-18 为汽车前窗的刮雨器。当主动曲柄 AB 转动时，从动摇杆作往复摆动，利用摇杆的延长部分实现刮雨动作。

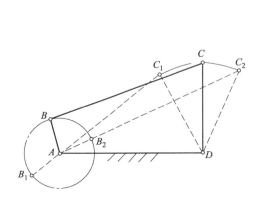

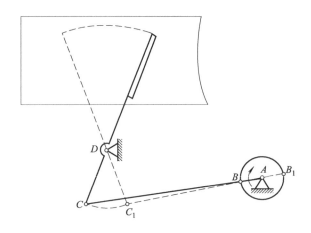

图 6-17　曲柄摇杆机构　　　　　　　　图 6-18　汽车刮雨器

② 双曲柄机构。两个连架杆都是曲柄的铰链四杆机构称为双曲柄机构。通常其主动曲柄等速转动时，从动曲柄作变速转动。如图 6-19 的惯性筛机构，其中机构 ABCD 是双曲柄机构。当主动曲柄 1 作等速转动时，利用从动曲柄 3 的变速转动，通过构件 5 使筛子 6 作变速往复的直线运动，达到筛分物料的目的。

在双曲柄机构中，如果对边两构件长度分别相等，则称为平行双曲柄机构或平行四边形机构。当两曲柄转向相同时，它们的角速度始终相等，连杆也始终与机架平行，称为正平行双曲柄机构［图 6-20（a）］；当两曲柄转向相反时，它们的角速度不等，称为反平行双曲柄机构[图 6-20（b）]。图 6-21 所示的摄影车座斗的升降机构和图 6-22 所示的铲斗机构，即利用了平行四边形机构，使座斗和铲斗与连杆固结作平动。图 6-23 所示为车门启闭机构，它利用反平行双曲柄机构使两扇车门朝相反方向转动，从而保证两扇门能同时开启或关闭。

③ 双摇杆机构。两个连架杆都为摇杆的铰链四杆机构称为双摇杆机构。双摇杆机构可将一种摆动转化为另一种摆动。图 6-24 所示为电风扇摇头机构，当安装在摇杆 4 上的电动机转动时，电动机轴上的蜗杆带动蜗轮迫使连杆 1 绕点 A 作整周转动，从而带动连架杆 2 和 4 作往复摆动，实现电风扇摇头的目的。图 6-25 所示为汽车的前轮转向机构，它是具有等长摇杆的双摇杆机构，又称等腰梯形机构。它能使与摇杆固连的两前轮轴转过的角度 α 和 β 不同，使车辆转弯时每一瞬时都绕一个转动中心 O 点转动，保证了四个轮子与地面之间作纯滚动，从而避免了轮胎由于滑拖所引起的磨损，增加了车辆转向的稳定性。

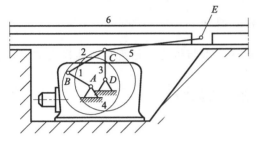

图 6-19 惯性筛机构

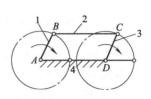(a) 正平行双曲柄机构

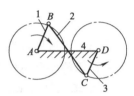(b) 反平行双曲柄机构

图 6-20 平行双曲柄机构

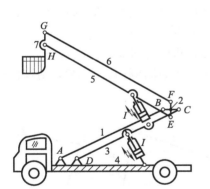

图 6-21 摄影车升降机构

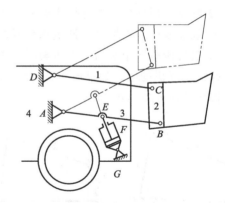

图 6-22 铲斗机构

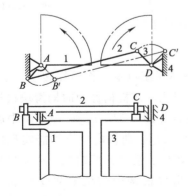

图 6-23 车门启闭机构

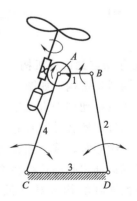

图 6-24 摇头机构

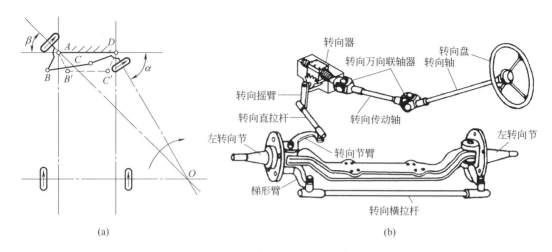

图 6-25 汽车前轮转向机构

(2) 铰链四杆机构类型的判别 铰链四杆机构的类型与机构中是否存在曲柄有关。可以论证，铰链四杆机构存在曲柄的条件是：

① 最短杆与最长杆长度之和小于或等于其余两杆长度之和；

② 连架杆与机架必有一个是最短杆。

由此可得如下结论：

铰链四杆机构中，如果最短杆与最长杆长度之和小于或等于其余两杆长度之和，则

① 取与最短杆相邻的杆作机架时，该机构为曲柄摇杆机构 [图 6-26（a）]；

② 取最短杆为机架时，该机构为双曲柄机构 [图 6-26（b）]；

③ 取与最短杆相对的杆为机架时，该机构为双摇杆机构 [图 6-26（c）]。

铰链四杆机构中，如果最短杆与最长杆长度之和大于其余两杆长度之和，则该机构为双摇杆机构 [图 6-26（d）]。

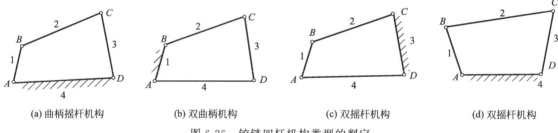

(a) 曲柄摇杆机构　　　(b) 双曲柄机构　　　(c) 双摇杆机构　　　(d) 双摇杆机构

图 6-26 铰链四杆机构类型的判定

2. 含有移动副的四杆机构

(1) 曲柄滑块机构 如图 6-27 所示的机构，连架杆 AB 绕机架 4 作整周转动，是曲柄，另一连架杆 3 在移动副中沿机架导路滑动，称为滑块，因此，该机构称为曲柄滑块机构。当导路中心线通过曲柄转动中心时，称为对心曲柄滑块机构 [图 6-27（a）]；当导路中心线不通过曲柄转动中心时，称为偏置曲柄滑块机构 [图 6-27（b）]。曲柄滑块机构能实现回转运动与往复直线运动之间的互相转换，因此广泛应用于内燃机、活塞式压缩机、冲床机械中。

(2) 曲柄导杆机构 导杆机构可以视为改变曲柄滑块机构中的机架演变而成。在图 6-28（a）所示的曲柄滑块机构中，如果把杆件 1 固定为机架，此时构件 4 起引导滑块移动

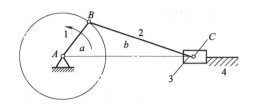 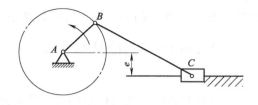

(a) 对心曲柄滑块机构　　　　　　　　　(b) 偏置曲柄滑块机构

图 6-27　曲柄滑块机构

的作用，称为导杆。若杆长 $l_1<l_2$，如图 6-28（b）所示，则杆件 2 和杆件 4 都能作整周转动，因此这种机构称为曲柄转动导杆机构，此机构的功能是将曲柄 2 的等速转动转换为导杆 4 的变速转动；若杆长 $l_1>l_2$，如图 6-28（c）所示，杆件 2 能作整周转动，杆件 4 只能绕 A 点往复摆动，这种机构称为曲柄摆动导杆机构，该机构的功能是将曲柄 2 的等速转动转换为导杆 4 的摆动。曲柄导杆机构广泛应用于牛头刨床、插床等工作机构。

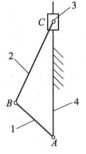 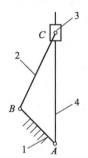 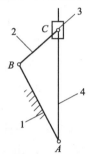 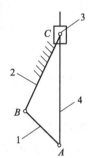 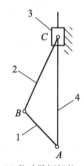

(a) 曲柄滑块机构　　(b) 曲柄转动导杆机构　　(c) 曲柄摆动导杆机构　　(d) 曲柄摇块机构　　(e) 移动导杆机构

图 6-28　曲柄滑块机构的演化

（3）曲柄摇块机构　如图 6-28（d）所示，取与滑块铰接的杆件 2 作为机架，当杆件 1 的长度小于杆件 2（机架）的长度时，则杆件 1 能绕 B 点作整周转动，滑块 3 与机架组成转动副而绕 C 点转动，故该机构称为曲柄摇块机构。图 6-29 所示的卡车自动卸料机构，就是曲柄摇块机构的应用实例。

（4）移动导杆机构　如图 6-28（e）所示的四杆机构，取滑块 3 作为机架，称为定块，导杆 4 相对于定块 3 作往复的直线运动，故称为移动导杆机构或定块机构，一般取杆件 1 为

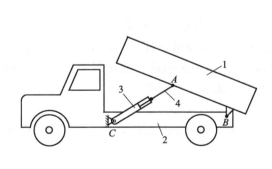 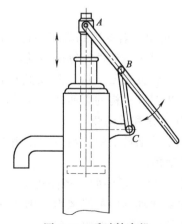

图 6-29　卡车自动卸料机构　　　　　　　　图 6-30　手动抽水机

主动件。图 6-30 所示的手动抽水机就是移动导杆机构的应用实例。

二、平面四杆机构的基本性质

1. 急回特性

平面连杆机构中,从动件空回行程的速度比工作行程的速度大的特性称为连杆机构的急回特性。

图 6-31 所示的曲柄摇杆机构,取曲柄 AB 为主动件,从动摇杆 CD 为工作件。在主动曲柄 AB 转动一周的过程中,曲柄 AB 与连杆 BC 有两次共线的位置 AB_1 和 AB_2,这时从动件摇杆分别位于两极限位置 C_1D 和 C_2D,其夹角 ϕ 称为摇杆摆角或行程。在摇杆位于两极限位置时,主动曲柄相应两位置 AB_1、AB_2 所夹的锐角 θ,称为曲柄的极位夹角。

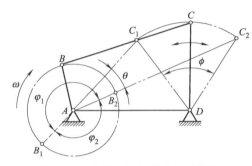

图 6-31 铰链四杆机构的急回特性

当主动曲柄沿顺时针方向以等角速度 ω 从 AB_1 转到 AB_2 时,其转角为 $\varphi_1 = 180°+\theta$,所需时间为 $t_1 = (180°+\theta)/\omega$,从动摇杆由左极限位置 C_1D 向右摆过 ϕ 到达右极限位置 C_2D,取此过程为作功的工作行程,C 点的平均速度为 v_1;当曲柄继续由 AB_2 转到 AB_1 时,其转角 $\varphi_2 = 180°-\theta$,所需时间为 $t_2 = (180°-\theta)/\omega$,摇杆从 C_2D 向左摆过 ϕ 回到 C_1D,取此过程为不作功的空回行程,C 点的平均速度为 v_2。由于 $\varphi_1 > \varphi_2$,则 $t_1 > t_2$。又因摇杆在两行程中的摆角都是 ϕ,故空回行程 C 点的速度 v_2 大于工作行程 C 点的速度 v_1,说明曲柄摇杆机构具有急回特性。

工作件具有急回特性的程度,常用 v_2 与 v_1 的比值 K 来衡量,K 称为行程速比系数。即

$$K = \frac{v_2}{v_1} = \frac{C_2C_1/t_2}{C_1C_2/t_1} = \frac{t_1}{t_2} = \frac{180°+\theta}{180°-\theta} \tag{6-2}$$

由上式可知,当极位夹角 $\theta > 0°$ 时,$K > 1$,说明机构具有急回特性;当 $\theta = 0°$ 时,$K = 1$,机构不具有急回特性。θ 越大,K 越大,急回特性越显著。由式 (6-2) 可得

$$\theta = 180° \times \frac{K-1}{K+1} \tag{6-3}$$

式 (6-3) 说明,若要得到既定的行程速比系数,只要设计出相应的极位夹角 θ 即可。

同理,对于主动件作等速转动,从动件作往复摆动或移动的四杆机构,都可按机构的极限位置画出极位夹角,从而判断其是否具有急回特性。像牛头刨床、插床等单向工作的机器,可利用四杆机构的急回特性来缩短非生产时间从而提高生产效率。

2. 压力角和传动角

作用于从动件上的力与该力作用点的速度方向所夹的锐角 α 称为压力角。压力角的余角 γ 称为传动角。

如图 6-32 所示的曲柄摇杆机构中,取曲柄 AB 为主动件,摇杆 CD 为从动件。若不计构件质量和转动副中的摩擦力,则连杆 BC 为二力杆件。因此,连杆 BC 传递到摇杆上的力 **F** 必沿连杆的轴线而作用于 C 点。因摇杆绕 D 点作摆动(定轴转动),故其上 C 点的速度

v_c 方向垂直于摇杆 CD。力 F 与速度 v_c 方向所夹锐角即为压力角 α。将力 F 分解为沿 v_c 方向的分力 $F_t = F\cos\alpha$ 和沿 CD 方向的分力 $F_n = F\sin\alpha$。F_t 是推动摇杆的有效分力;显然,压力角 α 越小,传动角 γ 越大,有效分力 F_t 越大,机构的传力性能越好。因此,压力角 α、传动角 γ 是判断机构传力性能的重要参数。机构在运行时,其压力角、传动角都随从动件的位置变化而变化,为保证机构有较好的传力性能,必须限制工作行程的最大压力角 α_{max} 或最小传动角 γ_{min}。对于一般

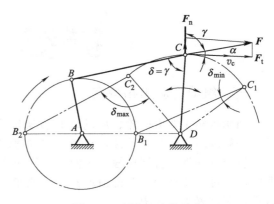

图 6-32 压力角和传动角

机械 $\alpha_{max} \leqslant 50°$ 或 $\gamma_{min} \geqslant 40°$;对于高速重载机械 $\alpha_{max} \leqslant 40°$,$\gamma_{min} \geqslant 50°$。

3. 死点位置

如图 6-33(a)所示的曲柄摇杆机构中,若以摇杆 CD 为主动件,则当连杆 BC 与从动曲柄 AB 在共线的两个位置时,机构的传动角为零,即连杆作用于从动曲柄的力通过了曲柄的回转中心 A,不能推动曲柄转动。机构的这种位置称为死点位置。

当四杆机构的从动件与连杆共线时,机构一般都处于死点位置。如图 6-33(b)所示的曲柄滑块机构,若以滑块为主动件时,则从动曲柄 AB 与连杆 BC 共线的两个位置为死点位置。

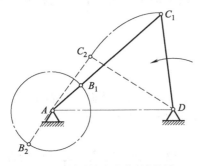

(a) 曲柄摇杆机构的死点位置

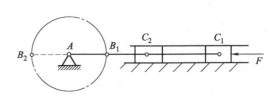

(b) 曲柄滑块机构的死点位置

图 6-33 死点位置

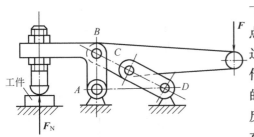

图 6-34 夹具机构

为了能顺利渡过机构的死点位置而连续正常工作,一般采用在从动轴上安装质量较大的飞轮以增大其转动惯性,利用飞轮的惯性来渡过死点位置。例如缝纫机、柴油机等就是利用惯性来渡过死点位置的。另一方面,机构在死点位置的这一传力特性,常在工程中也得到应用。如图 6-34 所示的夹具,当夹紧工件后,机构处于死点位置,即使反力 F_N 很大也不会松开,使工件夹紧牢固可靠。在夹紧和需松开时,在杆上却只需加一较小的力 F 即可。

第三节 凸轮机构

一、组成、应用和特点

凸轮机构主要由凸轮、从动件和机架组成。凸轮是一个具有特殊曲线轮廓或凹槽的构件，一般以凸轮作为主动件，它通常作等速转动，但也有作往复摆动和往复直线移动的。通过凸轮与从动件的直接接触，驱使从动件作往复直线运动或摆动。只要适当地设计凸轮轮廓曲线，就可以使从动件获得预定的运动规律。因此，凸轮机构广泛应用于各种自动化机械、自动控制装置和仪表中。

图 6-35 所示为缝纫机挑线机构，当圆柱凸轮 1 转动时，利用其上凹槽的侧面迫使挑线杆 2 绕其转轴上、下往复摆动，完成挑线动作，其摆动规律取决于凹槽曲线的形状。

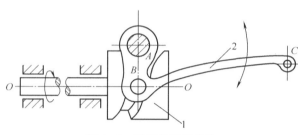

图 6-35 缝纫机挑线机构

图 6-36 所示为内燃机中用以控制进气和排气的凸轮机构，当凸轮 1 等速回转时，迫使从动杆（阀杆）2 上、下移动，从而按时开启或关闭气阀，凸轮轮廓曲线的形状决定了气阀开闭的起讫时间、速度和加速度的变化规律。

凸轮机构结构简单紧凑，设计方便；但凸轮与从动件之间为点或线接触，属于高副，故易磨损。因此，凸轮机构一般用于传递动力不大的场合。

二、分类

1. 按凸轮的形状

（1）盘形凸轮机构　此机构的凸轮是一个绕固定轴线转动并具有变化向径的盘形构件，其从动件在垂直于凸轮轴线的平面内运动，如图 6-36 所示。盘形凸轮是凸轮的最基本形式，但从动件的行程不能太大，否则，其结构庞大。

（2）移动凸轮机构　这种机构的凸轮是一个具有曲线轮廓并作往复直线运动的构件，如图 6-37 所示。有时也可将凸轮固定，而使从动件连同其导路相对凸轮运动。

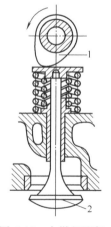

图 6-36 内燃机配气

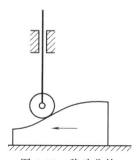

图 6-37 移动凸轮

(3) 圆柱凸轮机构　这种机构的凸轮是一个在圆柱表面上开有曲线凹槽并绕圆柱轴线旋转的构件，如图 6-35 所示。它的从动件可以获得较大的行程。

2. 按从动件的形状

(1) 尖顶从动件凸轮机构　如图 6-38（a）所示，这种机构的从动件结构简单，尖顶能与任意复杂的凸轮轮廓保持接触，故可使从动件实现复杂的运动规律。但因尖顶易于磨损，所以只适用于传力不大的低速场合。

(2) 滚子从动件凸轮机构　如图 6-38（b）所示，这种机构的从动件，一端铰接一个可自由转动的滚子，滚子和凸轮轮廓之间为滚动摩擦，因而磨损较小，可传递较大的动力，应用较普遍。

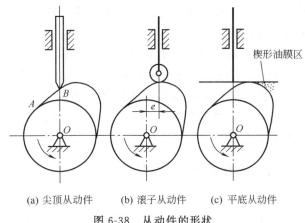

(a) 尖顶从动件　　(b) 滚子从动件　　(c) 平底从动件

图 6-38　从动件的形状

(3) 平底从动件凸轮机构　如图 6-38（c）所示，由于平底与凸轮之间容易形成楔形油膜，利于润滑和减少磨损；不计摩擦时，凸轮给从动件的作用力始终垂直于平底，传动效率较高，因此常用于高速凸轮机构中。但不能用于具有内凹轮廓的凸轮机构。

3. 按从动件运动形式

按从动件运动形式可分为移动从动件（图 6-36）和摆动从动件凸轮机构（图 6-35）。

三、运动过程与运动参数

图 6-39 所示为尖顶移动盘形凸轮机构。以凸轮最小向径所作的圆称为基圆，基圆半径用 r_b 表示。图示位置是凸轮转角为零，从动件位移为零，从动件尖端位于离轴心 O 最近位置 A，称为起始位置。当凸轮以等角速度 ω 逆时针转过 φ_0 时，凸轮经过轮廓 AB，按一定运动规律，将从动件尖顶由起始位置 A 推到最远位置 B'，这一过程称为推程，而与推程对应的凸轮转角 φ_0 称为推程角；从动件移动的最大距离 h 称为从动件的行程。凸轮继续转过 φ_s 时，因凸轮轮廓 BC 段为圆弧，故从动件在最高位置停止不动，这个过程称为远停程，

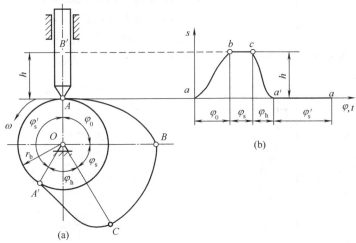

图 6-39　凸轮机构的运动过程

对应的凸轮转角 φ_s 称为远停程角。凸轮继续转过 φ_h 时,从动件尖顶与凸轮轮廓 CA' 接触,从动件在其重力或弹簧力作用下按一定运动规律回到初始位置 A,这个过程称为回程,凸轮相应转角 φ_h 称为回程角。凸轮继续转过 φ'_s 时,因凸轮轮廓段为圆弧 $A'A$,故从动件在最近位置停止不动,这个过程称为近停程,角 φ'_s 称为近停程角。凸轮继续转动时,从动件将重复上述过程。

行程 h 以及各阶段的转角 φ_0、φ_s、φ_h、φ'_s,是描述凸轮机构运动的重要参数。

从上述凸轮机构的运动过程分析可知,从动件运动的位移、速度、加速度随凸轮转角而变化,这种变化关系称为从动件的运动规律。从动件运动规律的确定取决于机器的工作要求,因此,是多种多样的。工程上常用的从动件运动规律以及相应的凸轮轮廓曲线的设计,可查阅有关资料。

四、凸轮和滚子的材料

凸轮机构工作时,往往要承受冲击载荷,同时凸轮表面有严重的磨损,凸轮轮廓磨损后将导致从动件运动规律发生变化。因此,要求凸轮表面硬度要高且耐磨,而心部要有较好的韧性。

在低速（$n \leqslant 100$r/min）、轻载的场合,凸轮采用 40 钢、45 钢调质;在中速（100r/min$< n < 200$r/min）、中载的场合,采用 45 钢或 40Cr 钢表面淬火或 20Cr 渗碳淬火;在高速（$n \geqslant 200$r/min）、重载的场合,采用 40Cr 钢高频感应加热淬火。

滚子通常采用 45 钢或 T9、T10 等工具钢来制造;要求较高的滚子可用 20Cr 钢渗碳淬火处理。

五、凸轮和滚子的结构

1. 凸轮

（1）凸轮轴　当凸轮尺寸小且接近轴径时,则凸轮与轴做成一体,称为凸轮轴,如图 6-40 所示。

（2）整体式凸轮　当凸轮尺寸较小又无特殊要求或不需经常装拆时,一般采用整体式凸轮,如图 6-41 所示。其轮毂直径 d_H 为轴径的 1.5~1.7 倍,轮毂长度 b 为轴径的 1.2~1.6 倍。轴毂连接常采用平键连接。

图 6-40　凸轮轴

（3）可调式凸轮　图 6-42 所示为凸轮片与轮毂分开的结构,利用凸轮片上的三个圆弧形槽来调节凸轮片与轮毂间的相对角度,以达到调整凸轮推动从动件的起始位置。可调式凸轮的形

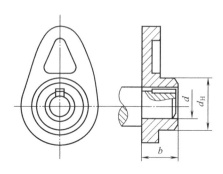

图 6-41　整体式凸轮

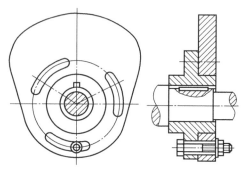

图 6-42　可调式凸轮

式很多，其他结构参阅有关资料。

2. 滚子

滚子的常见装配结构如图 6-43 所示，无论哪种装配结构形式，都必须保证滚子能相对于从动件自由转动。

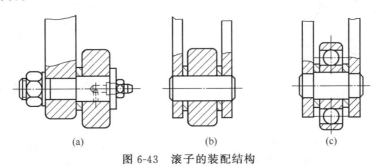

图 6-43　滚子的装配结构

第四节　其他常用机构

在各种机器和仪表中，除上述介绍的平面连杆机构、凸轮机构外，还应用了许多其他形式和用途的机构。如间歇机构，其功能是将主动件的连续运动转换为从动件时停时动的周期性的间歇运动。棘轮机构、槽轮机构是实现这种间歇运动的最常用的两种机构。

一、棘轮机构

1. 工作原理

棘轮机构主要由棘轮、棘爪和机架等组成。根据工作原理不同，棘轮机构可分为齿式、摩擦式两大类。图 6-44 所示为齿式棘轮机构，棘爪 2 用转动副铰接于摇杆 1 上，摇杆 1 空套在棘轮轴 O_1 上，可自由转动。当主动摇杆 1 逆时针方向摆动时，棘爪 2 插入棘轮 3 的齿槽内，推动棘轮转动一定角度；当摇杆 1 顺时针方向摆动时，棘爪 2 沿棘轮 3 的齿背滑过，此时止退棘爪 4 插入棘轮齿槽中，阻止棘轮顺时针方向逆转，故棘轮 3 静止不动。于是，当主动摇杆连续往复摆动时，棘轮就实现了单向间歇运动。

图 6-45 所示为摩擦棘轮机构。棘轮 3 为圆盘形摩擦轮，棘爪 2 为偏心楔块。当主动摇杆 1 逆时针方向摆动时，因棘爪 2 的向径逐渐增大，致使棘爪 2 与棘轮 3 互相楔紧而产生摩擦力，从而使棘轮 3 逆时针转动；当摇杆顺时针转动时，棘爪 2 在棘轮表面滑过，此时止退棘爪 4 与棘轮楔紧，阻止棘轮顺时针方向逆转。于是，当主动摇杆连续往复摆动时，棘轮就实现了单向间歇运动。

2. 类型

棘轮机构除按其工作原理可分为齿式和摩擦式两大类外，还可按其啮合情况和功能分为以下几种。

（1）外啮合、内啮合棘轮机构和棘条机构　图 6-44 和图 6-45 所示为外啮合棘轮机构，棘爪 2 位于棘轮 3 的外面；图 6-46 所示为内啮合棘轮机构，棘爪 1 位于棘轮 2 的内部，其中图 6-46（c）为摩擦式滚子内啮合棘轮机构；图 6-47 所示为棘条机构，棘条可视为直径为无穷大的棘轮，即把棘轮的单向转动变为棘条的单向移动。

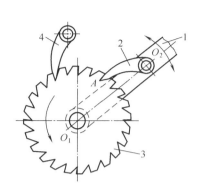

图 6-44 齿式棘轮机构
1—摇杆；2,4—棘爪；3—棘轮

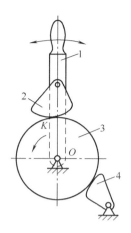

图 6-45 摩擦棘轮机构
1—主动摇杆；2—棘爪；3—棘轮；4—止退棘爪

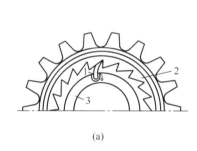

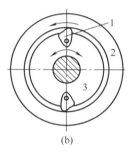

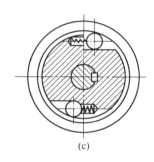

(a)　　　　　　　　(b)　　　　　　　　(c)

图 6-46 内啮合棘轮机构
1—棘爪；2—棘轮；3—后轴

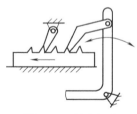

图 6-47 棘条机构

（2）单动式和双动式棘轮机构　图 6-44 和图 6-46（a）所示为单动式棘轮机构，当主动件按某一方向摆动时，才能推动棘轮转动；图 6-48 所示为双动式棘轮机构，摇杆 1 作往复摆动时，能使两个棘爪 3 交替推动棘轮 2 转动。

（3）可变向棘轮机构　这种棘轮齿做成矩形齿。如图 6-49（a）所示，当棘爪 1 位于实线位置时，棘轮 2 沿逆时针方向作间歇转动；当棘爪 1 翻转到虚线位置时，棘轮 2 沿顺时针方向作间歇运动。图 6-49（b）所示为另一种可变向棘轮机构，当棘爪 2 在图示位置时，棘轮 1 沿逆时针方向作间歇运动；若将棘爪 2 提起并转动 180°后再插入棘轮齿槽中，则棘轮 1 沿顺时针方向作间歇转动；若将棘爪 2 提起并转动 90°，棘爪 2 被架在壳体顶部而与棘轮齿槽分开，则棘轮静止不动。

3. 特点与应用

棘轮机构结构简单，制造方便，运动可靠，转角调节方便。但在棘齿进入啮合和退出啮合时有冲击，噪声较大，运动平稳性差。因此，常用于轻载、低速的场合。在生产中，棘轮机构常常用来完成送料、制动等工作。

图 6-50 所示为起吊设备安全装置中的棘轮制动器。当机械发生故障时，重物在其重力作用下将会下落，但棘轮机构的止退棘爪 2 能及时制动，从而防止棘轮 1 倒转，起到安全保

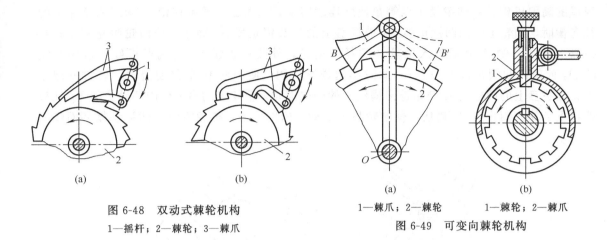

图 6-48 双动式棘轮机构
1—摇杆；2—棘轮；3—棘爪

(a) 1—棘爪；2—棘轮　　(b) 1—棘爪；2—棘轮
图 6-49 可变向棘轮机构

护作用。图 6-46（a）所示为自行车后轴上安装的"飞轮"机构，飞轮 2 的外圈做成链轮，其内圈做成棘轮并空套在后轮轴上，棘爪 1 与后轴 3 组成转动副。当链条带动飞轮逆时针转动时，棘轮通过棘爪 1 驱使后轴 3 转动；当不踏动链轮时，飞轮停止转动，但因自行车的惯性作用，棘爪 1 与后轴 3 一起继续转动并沿棘轮齿背滑动，从而实现了从动后轴 3 转速超过主动飞轮 2 转速的超越作用。

4. 转角的调节

在实际使用中，有时需要调节棘轮的转角，常采用下列方法。

（1）改变摇杆的摆角　如图 6-51（a）所示，利用调节丝杠改变曲柄摇杆机构中曲柄的长度来改变摇杆的摆角，从而控制棘轮的转角。

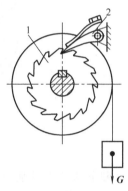

图 6-50 棘轮制动器
1—棘轮；2—止退棘爪

（2）改变遮板位置　如图 6-51（b）所示，在棘轮外面罩一遮板（遮板不随棘轮一起转动），变更遮板的位置，即可使棘爪行程的一部分在遮板上滑过，不与棘轮齿接触，从而改变棘轮转角的大小。

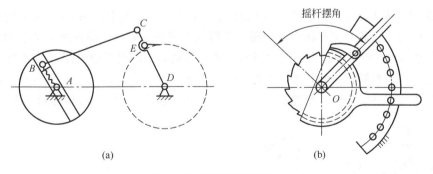

图 6-51 调节棘轮转角

二、槽轮机构

1. 工作原理与类型

如图 6-52 所示，槽轮机构是由装有圆柱销的主动拨盘和开有径向槽的从动槽轮及机架组成的高副机构。主动拨盘 1 以等角速度连续转动，当拨盘上的圆柱销 A 未进入槽轮 2 的径向槽时，槽轮上的内凹锁止弧 S_2 被拨盘上的外凸锁止弧 S_1 锁住，使槽轮静止不动；当拨盘上的圆柱销 A 开始进入槽轮 2 的径向槽时，外凸锁止弧 S_1 的端点正好通过中心线 O_1O_2 而使内凹锁止弧 S_2 松开，此时不起锁紧作用，使圆柱销 A 驱动槽轮 2 转过一定角度；当拨盘上的圆柱销 A 开始退出槽轮 2 的径向槽时，槽轮上的另一个内凹锁止弧 S_2 又被拨盘上的外凸锁止弧 S_1 锁住，使槽轮静止不动。依次下去，槽轮重复上述运动循环而作间歇运动。

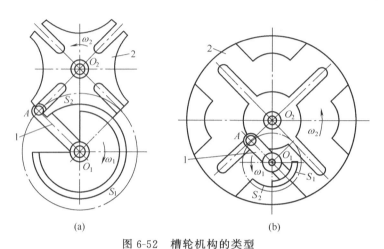

图 6-52 槽轮机构的类型
1—主动拨盘；2—槽轮

槽轮机构有外啮合槽轮机构和内啮合槽轮机构。外啮合槽轮机构如图 6-52（a）所示，拨盘与槽轮转向相反。内啮合槽轮机构如图 6-52（b）所示，拨盘与槽轮转向相同。

2. 特点与应用

槽轮机构的结构简单，制造方便，工作可靠，传动平稳性比棘轮机构好，机械效率高，但加工和装配精度要求较高，拨盘上的圆柱销进入和退出径向槽时存在较严重的冲击，槽轮的转角大小不能调节。

槽轮机构应用于转速不高、要求间歇地送进或转位的装置中。图 6-53 所示为电影放映机的卷片槽轮机构。槽轮 2 上有四个径向槽，当拨盘 1 转过一周时，圆柱销 A 将推动槽轮 2 转过 1/4 周，影片移过一幅画面而作一定时间的停留，以适应人眼视觉暂留图形的需要。图 6-54 所示为车床的转塔刀架转位机构，装有六把刀具的刀架 3，与相应具有六个径向槽的槽轮 2 固连在一起，当拨盘 1 转一周时，槽轮和刀架都转过 60°，将下一工序的刀具转到工作位置。

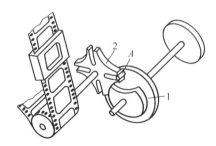

图 6-53 电影放映机的卷片槽轮机构
1—拨盘；2—槽轮

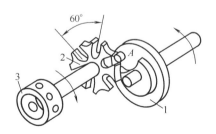

图 6-54 车床刀架的转位机构
1—拨盘；2—槽轮；3—刀架

习 题

一、判断题

1. 两构件之间直接接触且有一定相对运动的可动连接称为运动副。（　）
2. 两构件通过面接触组成的运动副是低副。（　）
3. 转动副限制了构件的转动自由度。（　）
4. 两构件通过点或线接触组成的运动副是高副。（　）
5. 高副引入的约束数为 2。（　）
6. 机构可能会有自由度小于零的情况。（　）
7. 当 k 个构件用复合铰链相连接时，组成的转动副数目也应为 k 个。（　）
8. 局部自由度影响运动的输入与输出关系。（　）
9. 由于虚约束在计算机构自由度时将去掉，故设计机构时应避免出现虚约束。（　）
10. 各个构件之间全部用低副连接的四杆机构称为铰链四杆机构。（　）
11. 连架杆中，能绕机架上的转动副作整周转动的构件称为曲柄。（　）
12. 铰链四杆机构存在曲柄的条件是：最短杆与最长杆长度之和大于或等于其余两杆长度之和；连架杆与机架必有一个是最短杆。（　）
13. 铰链四杆机构中，只要取最短杆为机架，就能得到双曲柄机构。（　）
14. 曲柄摇杆机构中，当摇杆位于两极限位置时，主动曲柄相应两位置所夹的锐角 θ，称为极位夹角。（　）
15. 曲柄为原动件的摆动导杆机构，一定具有急回特性。（　）
16. 对心曲柄滑块机构的极位夹角 $\theta=0°$，故一定具有急回特性。（　）
17. 压力角就是作用于主动件上的力与该力作用点的速度方向所夹的锐角。（　）
18. 压力角越大，传动角越小，机构的传力性能越好。（　）
19. 四杆机构有无死点位置，与取何构件为原动件无关。（　）
20. 凸轮机构中，从动件与凸轮接触是高副。（　）
21. 凸轮机构中，尖顶从动件可用于受力较大的高速机构中。（　）
22. 滚子从动件具有滚动摩擦、阻力小的运动特性，故在机械中应用广泛。（　）
23. 平底从动件凸轮机构，传动效率高，可用于任意形状的凸轮轮廓。（　）

二、选择题

1. 车轮在轨道上转动，车轮与轨道间构成_____。
   A. 转动副　　　　　　　B. 移动副　　　　　　　C. 高副
2. 两构件的接触形式是面接触，其运动副类型是_____。
   A. 凸轮副　　　　　　　B. 低副　　　　　　　　C. 齿轮副
3. 若两构件组成高副，则其接触形式为_____。
   A. 面接触　　　　　　　B. 点或线接触　　　　　C. 点或面接触
4. 平面机构中，若引入一个移动副，将带入_____个约束，保留_____自由度。
   A. 1，2　　　　　　　　B. 2，1　　　　　　　　C. 1，1
5. 具有确定运动的机构，其原动件数目应_____自由度数目。
   A. 小于　　　　　　　　B. 等于　　　　　　　　C. 大于
6. 当机构自由度数小于原动件数目时，则_____。
   A. 机构中运动副及构件被破坏　　B. 机构运动确定　　　C. 机构运动不确定
7. 一般门与门框之间有 2~3 个铰链，这应为_____。
   A. 复合铰链　　　　　　B. 局部自由度　　　　　C. 虚约束

8. 机构中引入虚约束后，可使机构_____。
   A. 不能运动   B. 增加运动的刚性   C. 对运动无影响
9. 缝纫机的脚踏板机构是以_____为主动件的曲柄摇杆机构。
   A. 曲柄   B. 连杆   C. 摇杆
10. 机车车轮机构是铰链四杆机构基本形式中的_____机构。
    A. 曲柄摇杆   B. 双曲柄   C. 双摇杆
11. 在满足杆长条件的双摇杆机构中，最短杆应该是_____。
    A. 连架杆   B. 连杆   C. 机架
12. 一对心曲柄滑块机构，若取曲柄为机架，则变成_____机构。
    A. 导杆   B. 摇块   C. 定块
13. 一对心曲柄滑块机构，若取滑块为机架，则变成_____机构。
    A. 导杆   B. 摇块   C. 定块
14. 一对心曲柄滑块机构，若取连杆为机架，则变成_____机构。
    A. 导杆   B. 摇块   C. 定块
15. 铰链四杆机构具有急回特性的条件是_____。
    A. $\theta=0°$ B. $\theta>0°$ C. $K=1$
16. 下列铰链四杆机构中，具有急回特性的是_____机构。
    A. 曲柄摇杆   B. 双曲柄   C. 双摇杆
17. 在曲柄摇杆机构中，当以_____为主动件时，机构会有死点位置出现。
    A. 曲柄   B. 连杆   C. 摇杆
18. 凸轮机构的特点是_____。
    A. 结构简单紧凑   B. 传递动力大   C. 不易磨损
19. 凸轮机构中只适用于受力不大且低速场合的是_____从动件。
    A. 尖顶   B. 滚子   C. 平底
20. 凸轮机构中耐磨损又可承受较大载荷的是_____从动件。
    A. 尖顶   B. 滚子   C. 平底
21. 凸轮机构中可用于高速，但不能用于凸轮轮廓有内凹场合的是_____从动件。
    A. 尖顶   B. 滚子   C. 平底
22. 若要盘形凸轮机构的从动件在某段时间内停止不动，对应的凸轮轮廓应是_____。
    A. 一段直线   B. 一段抛物线   C. 一段圆弧

三、计算题

1. 计算图 6-55 所示各机构的自由度，若有复合铰链、局部自由度、虚约束需用文字进行说明。
2. 根据图 6-56 中注明的尺寸，判断四杆机构的类型。
3. 图 6-57 所示四杆机构各构件的长度为：$a=240$mm，$b=600$mm，$c=400$mm，$d=500$mm，试问：
   (1) 当以杆 4 为机架时，有无曲柄存在？
   (2) 分别取哪根杆为机架能获得双曲柄机构与双摇杆机构？

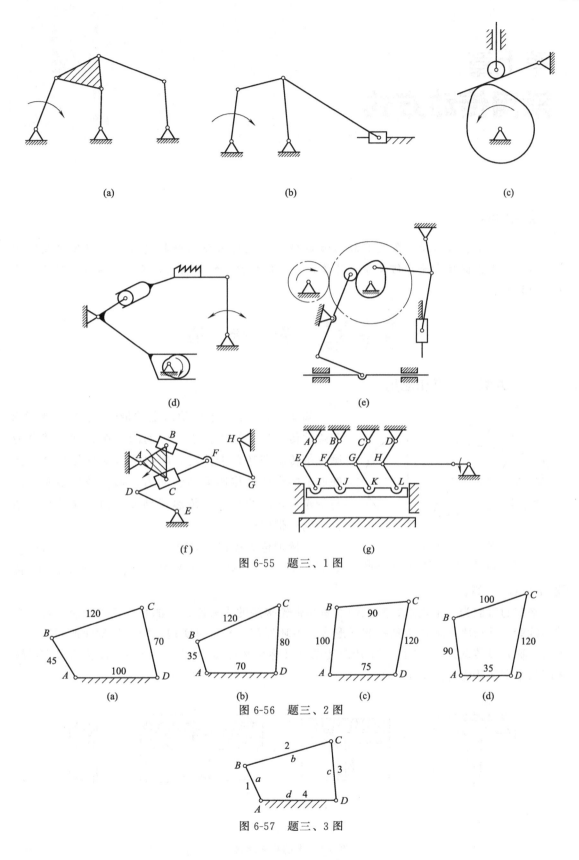

图 6-55 题三、1 图

图 6-56 题三、2 图

图 6-57 题三、3 图

第七章 常用传动方式

学习目标

掌握带传动、链传动、各类齿轮传动的特点、适用场合和维护要求；了解如何表述 V 带的型号；掌握圆柱齿轮几何尺寸的计算，了解各类齿轮的正确啮合条件；掌握定轴轮系传动比的计算。

第一节 带 传 动

一、类型、特点和应用

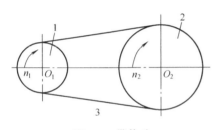

图 7-1 带传动
1—主动带轮；2—从动带轮；3—传动带

如图 7-1 所示，带传动由主动带轮 1、从动带轮 2 和柔性传动带 3 组成。按带传动的工作原理将其分为摩擦带传动和啮合带传动。摩擦带传动靠带与带轮接触面上的摩擦来传递运动和动力；啮合带传动靠带齿与带轮齿之间的啮合来传递运动和动力，这种带传动称为同步带传动。

摩擦带传动按其截面形状分为平带 [图 7-2（a）]、V 带 [图 7-2（b）]、多楔带 [图 7-2（c）]、圆带 [图 7-2（d）] 等。

平带的截面为扁平矩形，其工作面是与带轮接触的内表面。它的长度不受限制，可依据需要截取，然后将两端连接到一起，形成一条环形带。平带可实现两根平行轴间的同转向传动（又称开口传动）（图 7-1）、反转向传动（又称交叉传动）[图 7-3（a）] 以及两根交错轴之间的半交叉传动 [图 7-3（b）]。

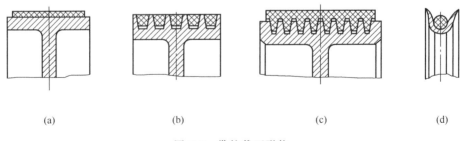

图 7-2 带的截面形状

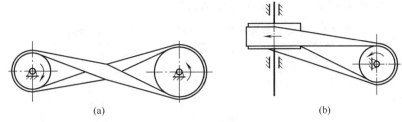

图 7-3 平带传动

V 带的横截面形状为等腰梯形，其工作面是与带轮槽相接触的两侧面。由于轮槽的楔形增压效应，在同样张紧的情况下，V 带传动产生的摩擦力比平带大，故传递功率也较大，应用也最广泛。但 V 带只能实现两平行轴间的开口传动。

多楔带兼有平带挠性好和 V 带摩擦力较大的优点，适用于传递功率较大且要求结构紧凑的场合。

圆带的截面形状为圆形，其传动能力较小，常用于小功率传动，如缝纫机、牙科医疗器械等。

带传动的优点是结构简单，维护方便，制造和安装精度要求不高；带富有弹性，能缓冲吸振，运行平稳，噪声小；适合较大中心距的两轴间的传动。此外，当工作机械发生过载时，传动带可在带轮上打滑，可避免其他零件发生硬性损伤。

带传动的缺点是由于带与带轮之间有弹性滑动，不能确保两轴间的理论传动比；由于带的抗拉强度小，不能传递大的功率，通常小于 50kW；一次变速不能很大，其传动比一般小于 7。

在多级减速传动装置中，带传动多用于与原动机相连的高速级。带的运行速度，也是带轮的圆周速度通常选用在 5～25m/s 为宜。

本节主要讨论 V 带传动。

二、V 带和 V 带轮

1. V 带的结构和标准

V 带有普通 V 带、窄 V 带、宽 V 带、联组 V 带、齿形 V 带、大楔角 V 带、汽车 V 带等 10 余种。一般机械多用普通 V 带。

普通 V 带是由橡胶和编织物两种材料制成的无接头环形带，其横截面是两腰夹角为 40°的梯形。如图 7-4 所示，位于形心附近的编织物称为强力层或抗拉体，用于承受带的拉力；强力层的上下是纯橡胶的顶胶和底胶，或称为伸张层和压缩层，用于增加带的弯曲弹性；最外面是用浸胶布带控制外形的包布层。强力层的编织物若是多层挂胶的帘布，称为帘布结构 [图 7-4（a）]；强力层的编织物若是一排浸胶的绳索，称为线绳结构 [图 7-4（b）]。前者承载力大，制造方便；后者柔韧性好，抗弯强度高，适用于转速较高、带轮直径小的场合。

普通 V 带是标准件，GB/T 11544—2012 规定，按截面尺寸由小到大分为 Y、

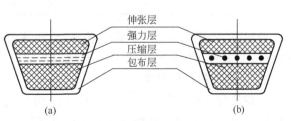

图 7-4 V 带的结构

Z、A、B、C、D、E 七种型号，其截面尺寸见表 7-1。

表 7-1　普通 V 带的截面尺寸（摘自 GB/T 11544—2012）

类型	节宽 b_p/mm	顶宽 b/mm	高度 h/mm	单位长度质量 q/(kg/m)	楔角 α
Y	5.3	6.0	4.0	0.023	
Z	8.5	10.0	6.0	0.06	
A	11.0	13.0	8.0	0.105	40°
B	14.0	17.0	11.0	0.170	
C	19.0	22.0	14.0	0.300	
D	27.0	32.0	19.0	0.630	
E	32.0	38.0	23.0	0.970	

V 带在带轮上将产生弯曲变形，外层受拉伸长，内层受压缩短，中部必有一长度不变的中性层。中性层面称为节面，节面的宽度称为节宽 b_p（表 7-1 图）。在 V 带轮上与节宽 b_p 相对应的带轮直径称为基准直径 d_d（表 7-3 图）。V 带在规定的张紧力下位于带轮基准直径上的周线长度称为基准长度 L_d，它是 V 带的公称长度，用于带传动的几何计算和带的标记。普通 V 带的基准长度见表 7-2。

表 7-2　普通 V 带的基准长度（摘自 GB/T 11544—2012）　　　　　　mm

截面型号							
Y	Z	A	B	C	D	E
200	406	630	930	1565	2740	4660
224	475	700	1000	1760	3100	5040
250	530	790	1100	1950	3330	5420
280	625	890	1210	2195	3730	6100
315	700	990	1370	2420	4080	6850
355	780	1100	1560	2715	4620	7650
400	920	1250	1760	2880	5400	9150
450	1080	1430	1950	3080	6100	12230
500	1330	1550	2180	3520	6840	13750
	1420	1640	2300	4060	7620	15280
	1540	1750	2500	4600	9140	16800
		1940	2700	5380	10700	
		2050	2870	6100	12200	
		2200	3200	6815	13700	
		2300	3600	7600	15200	
		2480	4060	9100		
		2700	4430	10700		
			4820			
			5370			
			6070			

普通 V 带的标记为：带型 基准长度 国家标准号。例如，B 型普通 V 带，基准长度为 1000mm，其标记为：B 1000 GB/T 11544—2012。

2. V 带轮的材料和结构

V 带轮常用铸铁制造，允许的最大圆周速度为 25m/s。当速度 v 为 25~45m/s 时，宜用铸钢。单件生产时，可用钢板冲压后焊接带轮。为减轻带轮重量，功率小时，可用铝合金或工程塑料。

V 带轮由轮缘、腹板（或轮辐）和轮毂三部分组成。轮缘是带轮外圈的环形部分，轮缘上所制的轮槽数与 V 带根数相同。V 带横截面的楔角均为 40°，但带在带轮上弯曲时，由于截面变形将使其楔角变小，为了使 V 带与轮槽侧面更好地贴合，V 带轮槽角均略小于 V 带的楔角，规定为 32°、34°、36° 和 38° 四种，带轮直径较小时，轮槽楔角也小，V 带轮的轮槽截面尺寸见表 7-3。轮毂是带轮内圈与轴连接的部分；腹板（或轮辐）是轮毂和轮缘间的连接部分。带轮按腹板（或轮辐）的结构不同分为四种形式：实心带轮［图 7-5（a）］适用于带轮的基准直径 d_d≤(2.5～3)d（d 为轴的直径）；腹板带轮或孔板带轮（腹板上开孔）［图 7-5（b）］适用于带轮基准直径 d_d＝150～400mm；椭圆轮辐带轮［图 7-5（c）］适用于带轮基准直径 d_d＞400mm。

表 7-3　普通 V 带轮轮槽截面尺寸（摘自 GB/T 13575.1—2008）　　　　　　　mm

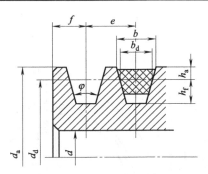

槽型	b_d	h_{amin}	h_{fmin}	e	f_{min}	d_d			
						与 d_d 相对应的 φ			
						$\varphi=32°$	$\varphi=34°$	$\varphi=36°$	$\varphi=38°$
Y	5.3	1.60	4.7	8±0.3	6		≤60		＞60
Z	8.5	2.00	7.0	12±0.3	7		≤80		＞80
A	11.0	2.75	8.7	15±0.3	9		≤118		＞118
B	14.0	3.50	10.8	19±0.4	11.5		≤190		＞190
C	19.0	4.80	14.3	25.5±0.5	16		≤315		＞315
D	27.0	8.10	19.9	37±0.6	23			≤475	＞475
E	32.0	9.60	23.4	44.5±0.7	28			≤600	＞600

三、V 带传动的张紧和维护

1. V 带传动的张紧装置

传动带使用一段时间后会因带的伸长而松弛，及时将传动带张紧是保证带传动正常工作的基础。传动带的张紧通常采用定期移动小带轮增大中心距的方法，常用装置如图 7-6（a）、(b) 所示。

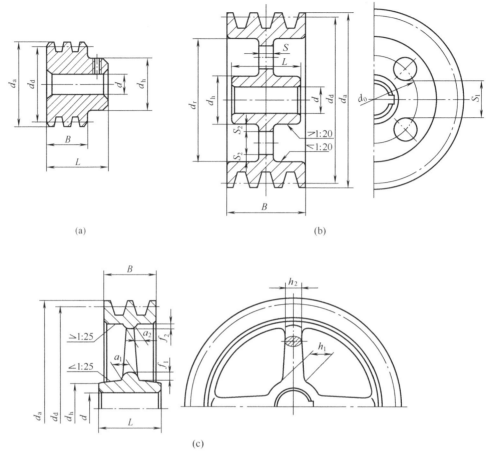

图 7-5 带轮结构

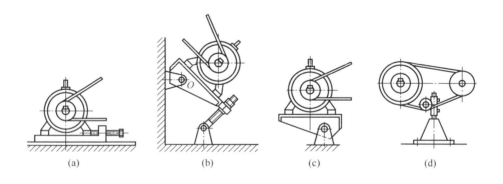

图 7-6 带传动的张紧装置

对一些不便定期调整中心距的带传动，可采用如图 7-6（c）、（d）所示的浮动架或张紧轮的装置。张紧轮应放在传动带的松边并尽量靠近大带轮，以减少对小带轮包角的影响。

2. V 带传动的维护

① 传动带应防止与酸、碱、油等对橡胶有腐蚀的介质接触，并避免日光暴晒以延长其

② 对裸露在机器外的带传动，必须安装防护罩，以确保人身安全。

③ 更换 V 带时，应全部更换，以免新旧带混用形成载荷分配不均，造成新带的急剧损耗。

④ 安装带传动装置时，两轴必须平行，两带轮的轮槽必须对准。否则会加速带的磨损。

第二节　链传动

一、结构和特点

链传动对我们并不陌生，自行车就是靠链传动行走的。如图 7-7 所示，链传动通常是由分别安装在两根平行轴上的主动链轮、从动链轮和链条组成的。它是靠链轮轮齿与链条的啮合来传递运动和力的。

与带传动相比，链传动有以下优点。

① 由于是啮合传动，在相同的时间内，两个链轮转过的链齿数是相同的，故能保证平均传动比恒定不变。

② 链条安装时不需要初拉力，故工作时作用在轴上的力较带传动小，有利于延长轴承寿命。

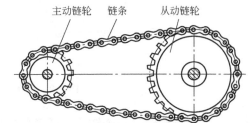

图 7-7　链传动

③ 可在恶劣的环境下（如高温、多尘、油污、潮湿等）可靠地工作，故广泛用于农业、矿山、石油、化工、食品等行业。

④ 链条本身强度高，能传递较大的圆周力，故在相同条件下，链传动装置的结构尺寸比带传动小。

链传动的主要缺点是运行平稳性差，工作时不能保证恒定的瞬时传动比，故噪声和振动大，高速时尤其明显；对制造和安装的精度要求较带传动高；过载时不能起保护作用。

由于链传动的这些特点，它常在两轴的中心距较大而又不宜用带传动或齿轮传动的场合中使用。链传动一般应用范围为功率 $p<100\text{kW}$，传动比 $i\leqslant 6$，链速 $v<15\text{m/s}$，中心距 $a<5\text{m}$，效率 $\eta\approx 0.92\sim 0.98$。

为使链节和链轮齿能顺畅地进入和退出啮合，主动链轮的转向应使传动的紧边在上［图 7-8（a）］。若松边在上，会由于垂度增大，链条与链轮齿相干扰，破坏正常啮合，或者引起松边与紧边相碰。链传动最好水平布置，当倾斜布置时，两轮中心线与水平线的夹角应小于 45°［图 7-8（b）］。

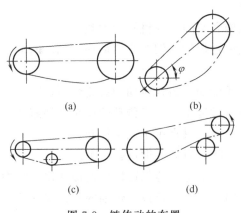

图 7-8　链传动的布置

为避免链条在垂度过大时产生啮合不良和链条的振动，当中心距不能调整时，应采用张紧轮［图 7-8（c）和（d）］。

二、运动特性

链传动运行的不平稳性可通过主动链轮在两个特殊位置得出对链条运动速度的影响。设主动链轮的分度圆半径为 r_1,主动链轮的角速度为 ω_1,则主动链轮的分度圆的切线速度为 $v_1 = r_1 \omega_1$。

如图 7-9(a)所示,当链轮的轮槽中心处于与铅垂线对称位置时,链条运行速度最小,$v = v_1 \cos\gamma$,铅垂速度分量最大。当链轮的轮槽中心处于铅垂对称线位置时[图 7-9(b)],链条运行速度最大,$v = v_1$,铅垂速度分量为零。

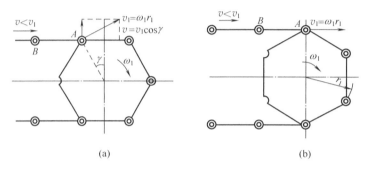

图 7-9 链条运动的不平稳性

因此,每当链轮转过一个链齿,链条的速度要发生周期性的波动,即传动比呈周期性变化,只能保证平均传动比恒定;在链条速度波动过程中,将产生加速度,并由此引发周期性的动载荷(惯性力),不可避免地要产生振动冲击。

第三节 齿轮传动

一、齿轮传动的类型和特点

齿轮传动是现代机械中应用最广的传动机构之一。

按照两轴的相对位置,可将其分为平面齿轮机构和空间齿轮机构两大类。

两轴平行的齿轮传动称为平面齿轮传动或圆柱齿轮传动[图 7-10(a)~(e)];两轴不平行的齿轮传动称为空间齿轮传动[图 7-10(f)~(j)]。

按照工作条件,齿轮传动可分为闭式传动和开式传动。闭式传动的齿轮封闭在刚性箱体内,润滑和工作条件良好,重要的齿轮传动都采用闭式传动;开式传动的齿轮是外露的,不能保证良好润滑,且易落入灰尘、杂质,故齿面易磨损,只宜用于低速传动。

此外还可按照速度高低、载荷大小、齿廓曲线形状、齿面硬度进行分类。

齿轮传动与其他传动形式相比具有以下优点:运行平稳,能保证恒定的传动比;结构紧凑、工作可靠、寿命长、效率高;功率和速度的适用范围广。但齿轮传动的制造和安装精度要求高,故成本较高;不适合于中心距较大的传动。

二、渐开线齿廓

齿轮的轮齿齿廓(即外形)曲线并非随意选取的,为了保证齿轮传动的平稳性,对

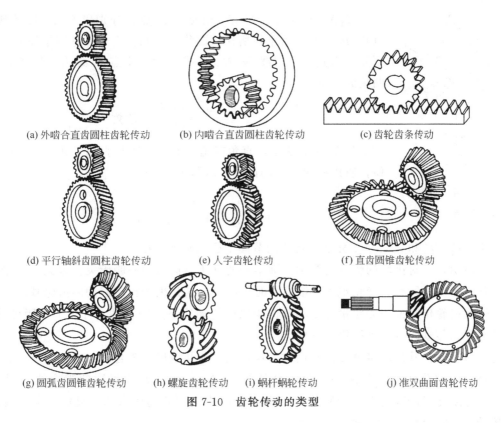

(a) 外啮合直齿圆柱齿轮传动 (b) 内啮合直齿圆柱齿轮传动 (c) 齿轮齿条传动
(d) 平行轴斜齿圆柱齿轮传动 (e) 人字齿轮传动 (f) 直齿圆锥齿轮传动
(g) 圆弧齿圆锥齿轮传动 (h) 螺旋齿轮传动 (i) 蜗杆蜗轮传动 (j) 准双曲面齿轮传动

图 7-10　齿轮传动的类型

齿轮齿廓曲线的特性有一定的要求，即任一瞬时的传动比恒定。满足这一要求的齿廓曲线有渐开线、摆线、圆弧等，目前广泛用于各类机械的齿轮齿廓曲线是渐开线，称为渐开线齿轮。

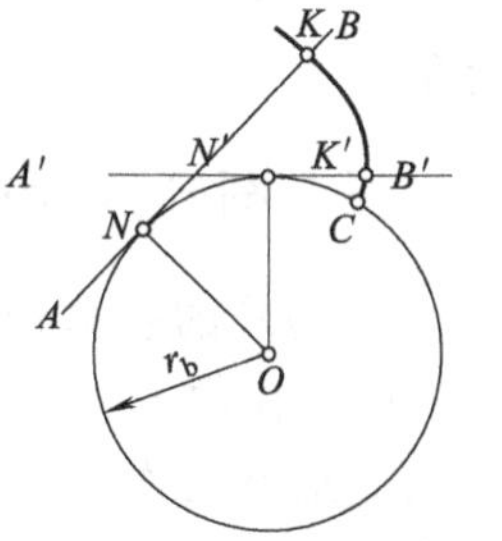

1. 渐开线的形成及其性质

当一直线 AB 在半径为 r_b 的圆上作纯滚动时（图 7-11），其上任一点 K 的轨迹称为该圆的渐开线。该圆称为基圆，r_b 称为基圆半径；直线 AB 称为发生线。

由渐开线的形成过程可知，渐开线有如下性质：

（1）发生线在基圆上滚过的长度等于基圆上被滚过的弧长。即 $\overline{KN} = \overparen{CN}$。

图 7-11　渐开线的形成

（2）因发生线在基圆上作纯滚动，所以，K 点附近的渐开线可以看成以 N 为圆心的一段圆弧。于是，N 点是渐开线在 K 点的曲率中心，KN 是渐开线在 K 点的法线，同时又切于基圆，K 点离基圆越远，曲率半径越大。

（3）渐开线的形状取决于基圆的大小。基圆不同，渐开线形状也不同，基圆越大，渐开线越平直，基圆半径无穷大时，渐开线成为直线，即渐开线齿条的齿廓。

（4）由于渐开线是发生线从基圆向外伸展的，故基圆内无渐开线。

2. 渐开线齿廓的啮合特性

图 7-12 中 E_1、E_2 是一对在 K 点啮合的渐开线齿廓，它们的基圆半径分别为 r_{b1} 和 r_{b2}。当 E_1、E_2 在任意点 K 啮合时，过 K 点作这对渐开线齿廓的公法线，依据前述渐开线的特性，该线必与两基圆相切，切点为 N_1、N_2，N_1N_2 又是两基圆的内公切线。

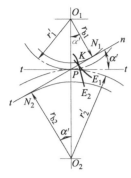

图 7-12 渐开线齿廓的啮合

N_1N_2 与连心线 O_1O_2 相交于 P 点，分别以 O_1、O_2 为圆心，以 O_1P、O_2P 为半径所作的圆称为节圆。由于其基圆半径 r_{b1}、r_{b2} 不变，则其内公切线 N_1N_2 是唯一的，交点 P 必为一定点。所以两轮的传动比为

$$i_{12}=\frac{\omega_1}{\omega_2}=\frac{O_2P}{O_1P}=\text{常数}$$

如图 7-12 所示，直角三角形 O_1N_1P 与直角三角形 O_2N_2P 相似，所以两轮的传动比还可以写为

$$i_{12}=\frac{\omega_1}{\omega_2}=\frac{O_2P}{O_1P}=\frac{r_2'}{r_1'}=\frac{r_{b2}}{r_{b1}}=\text{常数}$$

式中，r_1'、r_2' 和 r_{b1}、r_{b2} 分别为两轮的节圆半径和基圆半径。

上式说明，一对齿轮的传动比为两基圆半径的反比，而与中心距无关。因此，齿轮传动实际工作时，中心距稍有变化也不会改变瞬时传动比，这是因为已制好的两齿轮基圆不会改变。渐开线齿轮传动的中心距稍有变动时仍能保持传动比不变的特性，称为中心距可分性。可分性给齿轮传动的设计也提供了方便。

齿轮传动时，其齿廓接触点的轨迹称为啮合线。渐开线齿廓啮合时，由于无论在哪一点接触，接触点的公法线总是两基圆的内公切线 N_1N_2，故渐开线齿廓的啮合线就是直线 N_1N_2。啮合线 N_1N_2 与两轮节圆的公切线 tt 间的夹角 α' 称为啮合角。显然，渐开线齿廓啮合传动时，啮合角 α' 为常数。

只有在一对齿轮相互啮合的情况下，才有节圆和啮合角，单个齿轮不存在节圆和啮合角。

三、渐开线标准直齿圆柱齿轮的基本参数和几何尺寸计算

1. 齿轮的基本参数

（1）模数 m　图 7-13 表示渐开线直齿圆柱齿轮的一部分。为了设计、制造的方便，将齿轮上某个圆作为度量齿轮尺寸的基准，这个圆称为分度圆。d 为分度圆直径，d_a 为齿顶圆直径，d_f 为齿根圆直径。沿某一圆周上量得的轮齿厚度称为齿厚，相邻两齿之间的距离称为齿槽宽。对于标准齿轮，在分度圆上的齿厚 s 和齿槽宽 e 相等，即 $s=e$。

相邻两齿同侧齿廓之间的分度圆弧长称为分度圆齿距（简称齿距），用 p 表示。于是，分度圆周长为 $pz=\pi d$，或 $d=zp/\pi$，式中 π 为无理数，为了计算和测量的方便，人为地规定 p/π 的值为标准值，称为模数，用 m 表示，因此有

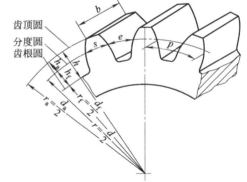

图 7-13 渐开线齿轮几何尺寸

$$d=mz \tag{7-1}$$

表 7-4 为国标 GB/T 1357—2008 规定的标准模数系列，其单位为 mm。

表 7-4 标准模数系列

第一系列	1　1.25　1.5　2　2.5　3　4　5　6　8　10　12　16　20　25　32　40　50
第二系列	1.125　1.375　1.75　2.25　2.75　3.5　4.5　5.5　(6.5)　7　9　11　14　18　22　28　36　45

注：1. 本表适用于渐开线圆柱齿轮，对斜齿轮指法向模数；
2. 优先采用第一系列，括号内的模数尽可能不用。

（2）压力角 α　力的作用方向和物体上力的作用点的速度方向之间的夹角称为压力角。

如图 7-14 所示，在不计摩擦时，正压力 F_n 与接触点 K 的速度 v_K 方向所夹的锐角 α_K 称为渐开线齿廓上该点的压力角。由图可得

$$\cos\alpha_K = \frac{r_b}{r_K} \tag{7-2}$$

式中，r_b 为基圆半径；r_K 为渐开线上 K 点的向径。由上式可知，渐开线齿廓上各点的压力角不相等，离开基圆越远的点，其压力角越大。

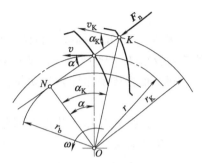

图 7-14 压力角

齿轮的压力角 α 通常是指渐开线齿廓在分度圆上的压力角。国家标准规定，渐开线齿轮分度圆上的压力角为标准值，$\alpha = 20°$。只要以分度圆半径 r 代替上式中的 r_K 即得分度圆上压力角 α 的计算公式

$$\cos\alpha = \frac{r_b}{r} = \frac{d_b}{d} \tag{7-3}$$

（3）齿顶高系数 h_a^* 和顶隙系数 c^*　齿顶高和齿根高都与模数成正比，所以，齿顶高 h_a 和齿根高 h_f 可分别表示为

$$\left.\begin{aligned} h_a &= h_a^* m \\ h_f &= (h_a^* + c^*)m \end{aligned}\right\} \tag{7-4}$$

式中，h_a^* 和 c^* 分别为齿顶高系数和顶隙系数。对于圆柱齿轮，我国标准规定：$h_a^* = 1$，$c^* = 0.25$。$c^* m$ 称为顶隙，是一齿轮的齿顶圆与另一齿轮的齿根圆之间的径向距离。

当齿轮的模数、压力角、齿顶高系数、顶隙系数均为标准值，且分度圆上的齿厚等于齿槽宽时，这样的齿轮就称为标准齿轮。

2. 齿轮的几何尺寸计算

如图 7-13 所示，渐开线标准直齿圆柱齿轮的主要几何尺寸计算如下：

（1）分度圆直径 d　式（7-1）。

（2）齿顶高 h_a 和齿根高 h_f　式（7-4）。

（3）齿顶圆直径 d_a 和齿根圆直径 d_f

$$\left.\begin{aligned} d_a &= d \pm 2h_a = m(z \pm 2h_a^*) \\ d_f &= d \mp 2h_f = m(z \mp 2h_a^* \mp 2c^*) \end{aligned}\right\} \tag{7-5}$$

（4）标准中心距 a　一对渐开线齿轮安装以后，如果两齿轮的分度圆正好互相外切（分度圆与节圆重合），称为标准安装。此时两轮的中心距等于两轮分度圆半径之和，这种中心距称为标准中心距，即

$$a = \frac{1}{2}(d_1 \pm d_2) = \frac{1}{2}m(z_1 \pm z_2) \tag{7-6}$$

式（7-5）和式（7-6）中有上下运算符，上面符号用于外啮合或外齿轮，下面符号用于内啮合或内齿轮。

相邻两齿同侧齿廓间沿公法线所量得的距离称为齿轮的法向齿距；相邻两齿同侧齿廓的渐开线起始点之间的基圆弧长称为基圆齿距。根据渐开线的性质（1）知，法向齿距和基圆齿距相等，将二者均用 p_b 表示。由齿距的定义和式（7-3）可得

$$p_b = \frac{\pi d_b}{z} = \pi m \cos\alpha \tag{7-7}$$

例 7-1 已知一标准直齿圆柱齿轮作主动轮，齿数 $z_1=20$，模数 $m=2\text{mm}$，现需配一从动轮，要求传动比 $i=3.5$，试计算从动齿轮的几何尺寸及两轮的中心距。

解 根据传动比计算从动轮齿数

$$z_2 = i\,z_1 = 3.5 \times 20 = 70$$

由上述公式计算从动轮各部分尺寸

分度圆直径 $\qquad d_2 = mz_2 = 2 \times 70 = 140\text{mm}$

齿顶圆直径 $\qquad d_{a2} = m(z_2 + 2h_a^*) = 2 \times (70 + 2 \times 1) = 144\text{mm}$

齿根圆直径 $\qquad d_{f2} = m(z_2 - 2h_a^* - 2c^*) = 2 \times (70 - 2 \times 1 - 2 \times 0.25) = 135\text{mm}$

全齿高 $\qquad h = h_a + h_f = m(2h_a^* + c^*) = 2 \times (2 \times 1 + 0.25) = 4.5\text{mm}$

中心距 $\qquad a = \dfrac{1}{2}m(z_1 + z_2) = \dfrac{1}{2} \times 2 \times (20 + 70) = 90\text{mm}$

3. 标准直齿圆柱齿轮的公法线长度

齿轮在加工和检验中，常需测量齿轮的公法线长度，用以控制轮齿尺侧间隙公差。卡尺

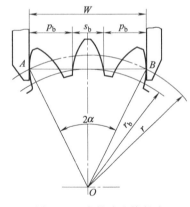

图 7-15 齿轮公法线长度

在齿轮上跨若干齿数 K 所得齿廓间的法向距离称为公法线长度，用 W 表示。如图 7-15 所示，卡尺跨测三个齿，与轮齿相切于 A、B 两点，则线段 AB 就是跨三个齿的公法线长度。根据渐开线的性质可得，$W = (3-1)p_b + s_b$，s_b是基圆齿厚，当 $\alpha = 20°$ 时，经推导可得齿数为 z 的公法线长度 W 的计算公式

$$W = m[2.9521(K-0.5) + 0.014z] \tag{7-8}$$

式中，K 为跨测齿数；m 为齿轮模数。为保证测量准确，卡尺应与轮齿相切。对于标准齿轮，可按下式计算跨测齿数

$$K = 0.111z + 0.5 \tag{7-9}$$

计算出的 K 应取整数代入式（7-8）求得 W 值。W 和 K 的值也可直接从机械设计手册中查得。

四、渐开线直齿圆柱齿轮的啮合条件

1. 正确啮合条件

如图 7-16 所示，一对渐开线齿轮传动时，由于两轮齿廓的啮合点是沿啮合线 N_1N_2 移动的，当前一对轮齿在 K 点啮合而后一对轮齿同时在 B_2 点啮合时，为保证两齿轮能正确啮合，即两对齿廓均在啮合线上相切接触，两轮齿间不产生间隙或卡住，则必须使两齿轮的法

向齿距相等。即

$$p_{b1}=p_{b2}$$

将式（7-7）代入上式可得

$$m_1\cos\alpha_1=m_2\cos\alpha_2$$

由于齿轮的模数和压力角都已标准化，所以要满足上式应使

$$\left.\begin{matrix}m_1=m_2=m\\ \alpha_1=\alpha_2=\alpha\end{matrix}\right\} \quad (7\text{-}10)$$

即一对渐开线直齿圆柱齿轮的正确啮合条件是：两轮的模数和压力角应分别相等。

根据正确啮合条件，一对渐开线齿轮的传动比公式可以写为

$$i_{12}=\frac{\omega_1}{\omega_2}=\frac{r'_2}{r'_1}=\frac{r_{b2}}{r_{b1}}=\frac{d_{b2}}{d_{b1}}=\frac{d_2\cos\alpha}{d_1\cos\alpha}=\frac{d_2}{d_1}=\frac{mz_2}{mz_1}=\frac{z_2}{z_1} \quad (7\text{-}11)$$

2. 连续啮合条件

如图 7-16 所示，齿轮 1 为主动轮，齿轮 2 为从动轮。当两轮的一对轮齿开始啮合时，一定是主动轮的齿根推动从动轮的齿顶，因而开始啮合点是从动轮的齿顶圆与啮合线 N_1N_2 的交点 B_2。

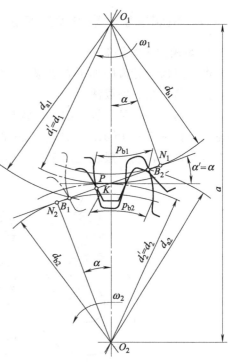

图 7-16　渐开线齿廓的啮合传动

随着齿轮啮合传动的进行，啮合点将沿啮合线 N_1N_2 由 B_2 点向 B_1 点移动，当啮合点移至 B_1 点时，这对齿廓的啮合终止。B_1 点为主动轮的齿顶圆与啮合线 N_1N_2 的交点。从一对轮齿的啮合过程来看，啮合点实际走过的轨迹只是啮合线 N_1N_2 上的一段 B_1B_2，故将 B_1B_2 称为实际啮合线，N_1N_2 称为理论啮合线。

从上述一对轮齿的啮合过程可以看出，要保证齿轮能连续啮合传动，当前一对轮齿的啮合点到达 B_1 时，后一对轮齿必须提前或至少同时到达开始啮合点 B_2，这样传动才能连续进行。如果前一对轮齿的啮合点到达 B_1 点即将分离时，后一对轮齿尚未进入啮合，齿轮传动的啮合过程就出现不连续，并产生冲击。所以，保证一对齿轮能连续啮合传动的条件是：实际啮合线的长度 B_1B_2 应大于或等于齿轮的法向齿距 B_2K。因齿轮的法向齿距等于基圆齿距，所以有

$$B_1B_2 \geqslant p_b \quad \text{或} \quad \frac{B_1B_2}{p_b} \geqslant 1$$

实际啮合线 B_1B_2 与基圆齿距 p_b 的比值称为齿轮传动的重合度，用 ε 表示。故渐开线齿轮连续传动的条件为

$$\varepsilon=\frac{B_1B_2}{p_b}\geqslant 1$$

ε 越大，意味着多对轮齿同时参与啮合的时间越长，每对轮齿承受的载荷就越小，齿轮传动也越平稳。对于标准齿轮，ε 的大小主要与齿轮的齿数有关，齿数越多，ε 越大。直齿圆柱齿轮传动的最大重合度 ε＝1.982，即直齿圆柱齿轮传动不可能始终保持两对轮齿同时啮合。理论上只要 ε＝1 就能保证连续传动，但因齿轮有制造和安装等误差，实际应使 ε＞

l。一般机械中常取 $\varepsilon \geqslant 1.1 \sim 1.4$。

五、根切现象、最少齿数和变位齿轮的概念

1. 齿轮加工方法简介

渐开线齿轮轮齿的加工方法很多，常用的方法是切削加工。按加工原理的不同，切削加工又分为仿形法和展成法。

(1) 仿形法　是用轴向剖面形状与齿槽形状相同的圆盘铣刀或指状铣刀在普通铣床上铣出轮齿，如图 7-17 所示。采用仿形法加工齿轮简单易行，但精度较低，且加工过程不连续，生产效率低下，故一般仅适用于单件小批量生产及精度要求不高的齿轮。

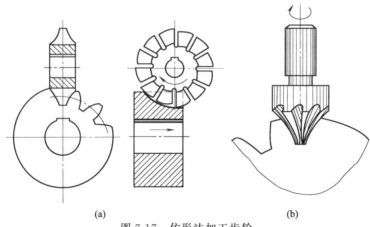

图 7-17　仿形法加工齿轮

(2) 展成法　是利用一对齿轮互相啮合传动时其两轮齿廓互为包络线的原理来加工齿轮的。展成法切齿常用刀具有：齿轮插刀（图 7-18）、齿条插刀（图 7-19）及滚刀（图 7-20）。展成法加工齿轮时，只要改变刀具与轮坯的传动比，就可以用同一刀具加工出不同齿数的齿轮，而且精度及生产率高。因此，在大批量生产中多数采用展成法。

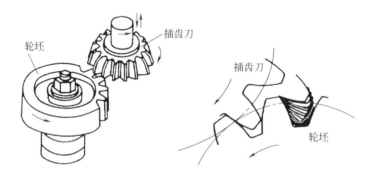

图 7-18　齿轮插刀加工齿轮

2. 根切现象和最少齿数

用展成法加工齿轮时，如果齿轮的齿数太少，则齿轮毛坯的渐开线齿廓根部会被刀具的齿顶切去一部分（图 7-21），这种现象称为根切。轮齿根切后，弯曲强度降低，重合度也将减小，使传动质量变差，因此应尽量避免发生根切。

为了避免发生根切现象，标准直齿圆柱齿轮的齿数不能少于 17。

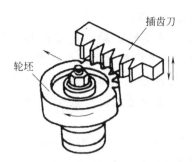

图 7-19 齿条插刀加工齿轮

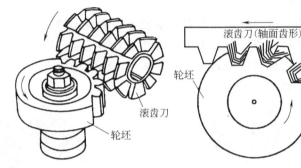

图 7-20 滚刀加工齿轮

3. 变位齿轮的概念

为加工出齿数少于最少齿数而又不根切的齿轮（如汽车上的机油泵齿轮），可将刀具向远离轮坯中心方向移动一段距离 X（$X=xm$），X 称为变位量，x 称为变位系数。这种改变刀具和轮坯相对位置的加工方法称为变位修正法，加工出来的齿轮称为变位齿轮。规定，刀具向远离轮坯中心的方向移动（$x>0$）称为正变位；向靠近轮坯中心方向移动（$x<0$）称为负变位；标准齿

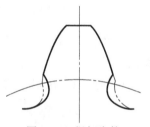

图 7-21 根切齿轮

轮可看成变位系数 $x=0$ 的特殊变位齿轮。正变位可以避免根切，并可以使轮齿变厚，提高其抗弯强度。而负变位加剧根切，使轮齿变薄，齿轮强度下降，只有齿数较多的大齿轮且为拼凑中心距时才可采用。由于齿条在不同高度上的齿距 p、压力角 α 都是相同的，所以无论齿条刀具的节线位置如何变化，切出变位齿轮的模数 m、压力角 α 都与齿条刀具中线上的模数 m、压力角 α 相同。故它的分度圆直径、基圆直径均与标准齿轮相同。其齿廓曲线和标准齿轮的齿廓曲线是同一基圆上形成的渐开线，只是部位不同，正变位齿轮的齿根部齿厚增大，如图 7-22 所示。

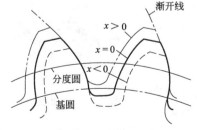

图 7-22 标准齿轮与变位齿轮的齿形比较

齿轮传动中若因齿轮磨损过大而影响使用时，更换大齿轮的费用较高，可采用负变位修正大齿轮的齿廓，再加工一正变位的小齿轮与其配合，可大大降低维修费用。

六、轮齿的失效形式和齿轮的材料

1. 轮齿的失效形式

齿轮传动式由轮齿来传递运动和动力，在使用期限内

防止轮齿失效是齿轮设计的依据。轮齿的主要失效形式有：

(1) 轮齿折断　通常有两种情况，一种是疲劳折断，轮齿在变化的弯曲应力反复作用下，当应力值超过齿轮材料的弯曲疲劳极限时，轮齿根部就会产生疲劳裂纹，裂纹不断扩展致使轮齿疲劳折断，如图 7-23（a）所示；另一种是过载折断，轮齿宽度较大的齿轮，由于制造、安装的误差，使其局部受载过大或受到强烈冲击载荷时发生的突然折断，如图 7-23（b）所示。

轮齿折断时轮齿最严重的失效形式，会导致停机甚至造成严重事故。为提高轮齿抗疲劳折断能力，可采用适当的工艺措施，增大齿根部过渡圆角以降低应力集中，采用齿面强化处理和提高齿面加工精度等办法。

(2) 齿面点蚀　齿轮啮合传动时，轮齿表面接触会产生很大的应力，此应力称为接触应力。当齿面脱离啮合后，接触应力为零。齿面在接触应力的反复作用下，齿面表层出现细微裂纹并逐渐扩展，最终使表层金属微粒剥落，形成麻点，称为齿面点蚀，一般发生在轮齿节线附近齿根一侧的表面上，如图 7-24 所示。

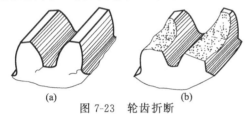

图 7-23　轮齿折断　　　　　图 7-24　齿面点蚀

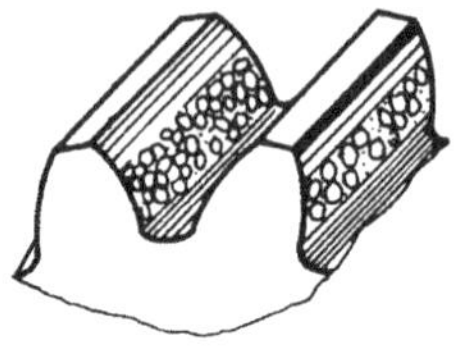

为防止齿面发生疲劳点蚀，可采用提高齿面硬度，降低齿面粗糙度，选用黏度较高的润滑油等措施。

齿面点蚀常出现在润滑良好的闭式软齿面（硬度≤350HBS）齿轮传动中，开式齿轮传动由于润滑不良，灰尘、金属等杂质较多，致使磨损较快，难以形成点蚀。

图 7-25　齿面磨损

(3) 齿面磨损　常发生在开式齿轮传动中。当灰尘、砂粒、金属屑等杂物落入齿面间，齿轮啮合时使齿面产生磨损，导致渐开线齿形被破坏，轮齿变薄，引起噪声，甚至因齿厚减薄而发生轮齿折断，如图 7-25 所示。

提高齿面硬度、降低齿面粗糙度、选用黏度较高的润滑油、采用适当防护装置等措施，可以减轻或防止磨损。

(4) 齿面胶合　在高速重载的齿轮传动中，齿面间的高压、高温使润滑油膜破裂，啮合区局部金属互相粘连，随着齿面的滑动，粘连处被撕脱而形成条状沟痕，称为胶合，如图 7-26 所示。低速重载的传动因不易形成油膜，也会出现胶合。

采用提高齿面硬度、降低齿面粗糙度、加强冷却从而限制齿面温度、增加润滑油黏度等方法，可以防止胶合的产生。

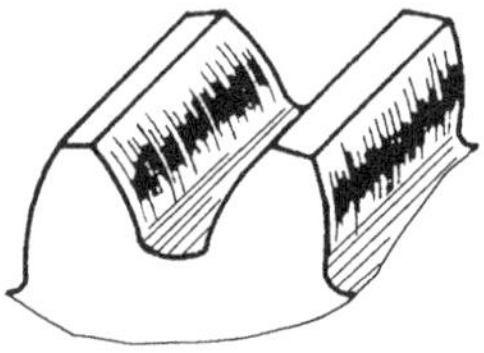

2. 齿轮的常用材料及热处理

在选择齿轮材料和热处理时，应使齿面具有足够的硬度和耐磨性，以防止齿面点蚀、磨损和胶合失效；同时轮齿的芯部应具有足

图 7-26　齿面胶合

够的强度和韧性，以防止轮齿折断。常用的齿轮材料有锻钢、铸钢、铸铁等金属材料，见表 7-5；也可选用工程塑料等非金属材料。

（1）锻钢　大多数齿轮都用锻造制造，且可通过热处理方法改善和提高其力学性能。锻造齿轮按其硬度不同可分为两类：

① 软齿面（硬度≤350HBS）齿轮，常用中碳钢和中碳合金钢，如 45 钢、40Cr、40SiMn 等材料，经过正火或调质处理后切齿，精度可达 7～8 级，常用于强度与精度要求不高的中、低速齿轮传动，这类齿轮制造简便、经济、生产率高。

齿轮传动中，因为小齿轮受载荷次数比大齿轮多，且小齿轮齿根薄，为使两齿轮的强度接近，小齿轮的齿面硬度应比大齿轮的齿面硬度高 30～50HBS。

② 硬齿面（硬度＞350HBS）齿轮，常用中碳钢或中碳合金钢经表面淬火处理，硬度可达 44～56HRC。若采用低碳钢或低碳合金钢，需渗碳淬火，如汽车变速传动齿轮，选用 20Cr、20CrMnTi 等，经过渗碳淬火，其硬度可达 56～62HRC。渗碳淬火后轮齿变形较大，通常要进行磨齿。对于要求齿面硬度高，又不便于磨削的内齿轮，可采用渗氮处理，渗氮处理过程中齿轮变形较小。

表 7-5　齿轮的常用材料及力学性能

材料牌号	热处理方法	强度极限 σ_b/MPa	屈服点 σ_s/MPa	齿面硬度 (HBS)	许用接触应力 $[\sigma_H]$/MPa	许用弯曲应力 $[\sigma_F]$/MPa
HT300	人工时效	300		187～255	290～347	80～105
QT600-3		600		190～270	436～535	262～315
ZG310-570	正火	580	320	163～197	270～301	171～189
ZG340-640		650	350	179～207	288～306	182～196
45		580	290	162～217	468～513	280～301
ZG340-640	调质	700	380	241～269	468～490	248～259
45		650	360	217～255	513～545	301～315
35SiMn		750	450	217～269	585～648	388～420
40Cr		700	500	241～286	612～675	399～427
45	表面淬火	750	450	40～50HRC	972～1053	427～504
40Cr		900	650	48～55HRC	1035～1098	483～518
20Cr	渗碳淬火	650	400	56～62HRC	1350	645
20CrMnTi		1100	850	56～62HRC	1350	645

（2）铸钢　当齿轮尺寸较大（d_a≥500mm）而不便于锻造时，可用铸造方法制成铸钢齿坯，再进行正火处理以细化晶粒。

（3）铸铁　铸铁齿轮一般用于低速、轻载、冲击小的开式齿轮传动中。铸铁齿轮的加工性能、抗点蚀、抗胶合性能均较好，但抗弯曲强度、抗冲击和耐磨性能较差。球墨铸铁的力学性能和抗冲击能力比灰铸铁高，可代替铸钢铸造大直径齿轮。

七、标准直齿圆柱齿轮传动的强度计算

1. 轮齿的受力分析

如图 7-27 所示，直齿圆柱齿轮在节点 P 所受啮合力为 F_n，若不计摩擦力，则 F_n 垂直于齿面。将 F_n 分解为圆周力 F_t 和径向力 F_r，则

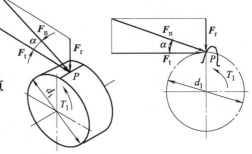

图 7-27　直齿圆柱齿轮受力分析

$$\left. \begin{array}{l} F_t = \dfrac{2T_1}{d_1} \\ F_r = F_t \tan\alpha \\ F_n = \dfrac{F_1}{\cos\alpha} \end{array} \right\} \tag{7-12}$$

式中 T_1——主动轮传递的转矩，N·mm，$T_1 = 9.55 \times 10^6 \dfrac{P}{n_1}$；

d_1——主动轮分度圆直径，mm；

α——压力角，$\alpha = 20°$；

P——主动轮传递的功率，kW；

n_1——主动轮转速，r/min。

圆周力 F_t 的方向在主动轮上与啮合点速度方向相反，在从动轮上与啮合点速度方向相同；径向力 F_r 的方向分别由啮合点指向各自的轮心。

2. 齿面接触疲劳强度计算

齿面点蚀主要是因为齿面接触应力过大而引起的。为防止齿面点蚀，应对齿面接触疲劳强度进行校核，其校核公式为

$$\sigma_H = 3.52 Z_E \sqrt{\dfrac{K T_1 (u \pm 1)}{b d_1^2 u}} \leqslant [\sigma_H] \tag{7-13}$$

式中 σ_H——齿面最大接触应力，MPa；

$\pm$——"+"用于外啮合传动，"-"用于内啮合传动；

u——齿数比，为大齿轮齿数 z_2 与小齿轮齿数 z_1 之比值，其值恒大于1；

K——载荷系数，见表 7-6；

b——齿轮的接触宽度，mm；

d_1——小齿轮分度圆直径，mm；

$[\sigma_H]$——许用接触应力，MPa，见表 7-5；

Z_E——材料弹性系数。

表 7-6 载荷系数 K

原 动 机	工作机械的载荷特性		
	平稳和比较平稳	中等冲击	严重冲击
电动机、汽轮机	1～1.2	1.2～1.6	1.6～1.8
多缸内燃机	1.2～1.6	1.6～1.8	1.9～2.1
单缸内燃机	1.6～1.8	1.8～2.0	2.2～2.4

注：当载荷平稳，齿宽系数较小，轴承对称布置，轴的刚性较大，齿轮精度较高以及轮齿的螺旋角较大时，K 取较小值；反之，K 取较大值。

为便于设计计算，引入齿宽系数 $\psi_d = \dfrac{b}{d_1}$（其值见表 7-7），代入式（7-13），得到齿面接触疲劳强度的设计公式为

$$d_1 \geqslant \sqrt[3]{\dfrac{K T_1 (u \pm 1)}{\psi_d u} \left(\dfrac{3.52 Z_E}{[\sigma_H]} \right)^2} \tag{7-14}$$

Z_E 称为材料的弹性系数，若两齿轮材料均为钢，$Z_E = 189.8 \sqrt{\mathrm{MPa}}$，将其分别代入式（7-13）和式（7-14），得到一对钢制齿轮的齿面接触疲劳强度校核公式为

$$\sigma_H = 668\sqrt{\frac{KT_1(u\pm 1)}{bd_1^2 u}} \leqslant [\sigma_H] \tag{7-15}$$

设计公式为
$$d_1 \geqslant 76.43\sqrt[3]{\frac{KT_1(u\pm 1)}{\psi_d u [\sigma_H]^2}} \tag{7-16}$$

两齿轮材料为钢和铸铁 $Z_E=165.4\sqrt{\text{MPa}}$，两齿轮材料均为铸铁 $Z_E=146\sqrt{\text{MPa}}$。

应用上述公式时应注意：两齿轮间的齿面接触应力 σ_{H1} 和 σ_{H2} 相等，但许用接触应力 $[\sigma_{H1}]$ 和 $[\sigma_{H2}]$ 一般不相等，因此在计算主动轮分度圆直径时，应将 $[\sigma_{H1}]$ 和 $[\sigma_{H2}]$ 中较小的值代入公式计算。

当一对齿轮的材料、齿宽系数、齿数比一定时，由齿面接触强度所决定的承载能力仅与齿轮的直径或中心距有关，即与 m、z 的乘积有关，而与 m 的大小无关。

表 7-7 齿宽系数 ψ_d

轴承相对齿轮的位置		软 齿 面	硬 齿 面
对称配置		0.8～1.4	0.4～0.9
非对称配置		0.6～1.2	0.3～0.8
悬臂		0.3～0.6	0.2～0.4

注：直齿轮取较小值，斜齿轮取较大值；载荷平稳、轴刚度大的齿轮取较大值；反之，取较小值。

3. 齿根弯曲疲劳强度计算

在齿轮传动中，为防止齿根出现疲劳折断，必须进行齿根弯曲疲劳强度计算。齿根弯曲疲劳强度的校核公式为

$$\sigma_F = \frac{2KT_1}{bm^2 z_1} Y_F Y_S \leqslant [\sigma_F] \tag{7-17}$$

式中　σ_F——齿根最大弯曲应力，MPa；
　　　Y_F——齿形系数，见表 7-8；
　　　Y_S——应力修正系数，见表 7-9；
　　　$[\sigma_F]$——齿轮的许用弯曲应力，MPa，见表 7-5。

表 7-8 标准外齿轮的齿形系数 Y_F

z	12	14	16	17	18	19	20	22	25	28	30	35	40	45	50	60	80	100	≥200
Y_F	3.47	3.22	3.03	2.97	2.91	2.85	2.81	2.75	2.65	2.58	2.54	2.47	2.41	2.37	2.35	2.30	2.25	2.18	2.14

表 7-9 标准外齿轮的应力修正系数 Y_S

z	12	14	16	17	18	19	20	22	25	28	30	35	40	45	50	60	80	100	≥200
Y_S	1.44	1.47	1.51	1.53	1.54	1.55	1.56	1.58	1.59	1.61	1.63	1.65	1.67	1.69	1.71	1.73	1.77	1.80	1.88

引入齿宽系数 $\psi_d = \dfrac{b}{d_1}$，代入式（7-17），可得齿根弯曲疲劳强度的设计公式为

$$m \geqslant 1.26\sqrt[3]{\frac{KT_1 Y_F Y_S}{\psi_d z_1^2 [\sigma_F]}} \tag{7-18}$$

注意：通常两个相啮合的齿轮的齿数是不相同的，故齿形系数 Y_F 和应力修正系数 Y_S 都不相等，而且齿轮的许用弯曲应力也不一定相等，因此，必须分别校核两齿轮的齿根弯曲疲劳强度。在设计计算时，可将两齿轮的 $\dfrac{Y_F Y_S}{[\sigma_F]}$ 值进行比较，取其较大者代入式（7-18）中计算，计算所得模数应取标准值。

由式（7-18）可知，若一对齿轮的材料及热处理方法、齿宽系数及小齿轮齿数确定后，由齿根弯曲疲劳强度所决定的承载能力仅与模数有关。因此，提高齿根弯曲疲劳强度的有效办法之一是增大模数。

4. 齿轮传动的设计准则

目前，对于齿面磨损还没有较成熟的计算方法。关于齿面胶合，我国虽已制订出渐开线圆轴齿轮胶合承载能力计算方法，但只在设计高速重载齿轮传动中才作胶合计算。对于一般齿轮传动，通常只按齿根弯曲疲劳强度或齿面接触疲劳强度进行计算。

对于闭式软齿面齿轮传动，齿面点蚀是主要的失效形式，故应先按齿面接触疲劳强度进行设计计算，确定其主要参数和尺寸，然后再校核齿根弯曲疲劳强度。

对于闭式硬齿面齿轮传动，齿根折断是主要的失效形式，故应先按齿根弯曲疲劳强度进行设计计算，确定齿轮的模数和尺寸，然后校核齿面接触疲劳强度。

对于开式（或半开式）齿轮传动或铸铁齿轮，通常按照齿根弯曲疲劳强度设计，确定齿轮的模数，考虑磨损因素，再将模数增大 10%～20%，而无需校核接触强度。

5. 齿轮精度等级的选择

渐开线圆柱齿轮标准（GB/T 10095.1—2008）中规定了 12 个精度等级，第 1 级精度最高，第 12 级最低。一般机械传动中，齿轮常用的精度等级为 6～8 级。

高速、重载、分度等要求的齿轮传动用 6 级，如汽车、机床中的重要齿轮，分度机构的齿轮，高速减速器的齿轮等；高速中载或中速重载的齿轮传动用 7 级，如标准系列减速器的齿轮，汽车和机床变速箱中的齿轮等；一般机械中的齿轮传动用 8 级，如汽车、机床和拖拉机中的一般齿轮，起重机械中的齿轮，农业机械中的重要齿轮等；低速重载的齿轮，低精度机械中的齿轮等用 9 级。

齿轮精度等级与圆周速度及加工方法、齿面粗糙度的关系参考表 7-10。

表 7-10 齿轮精度、圆周速度与加工方法关系

精度等级			6	7	8	9
圆周速度 /m·s^{-1}	直齿	≤350HBW	≤18	≤12	≤6	≤4
		>350HBW	≤15	≤10	≤5	≤3
	斜齿	≤350HBW	≤36	≤25	≤12	≤8
		>350HBW	≤30	≤20	≤9	≤6
齿轮最终加工方法			硬齿面磨削，软面精滚或剃齿	硬齿面磨削，软面精滚，内齿精插	硬齿面滚后不磨齿，软齿面滚齿，内齿精插	一般滚齿或插齿
齿面粗糙度 $Ra/\mu m$			0.8	1.6	3.2	6.3
基准孔表面粗糙度 $Ra/\mu m$			1.6 或 0.8	1.6	3.2 或 1.6	6.3 或 3.2
基准端面粗糙度 $Ra/\mu m$			3.2		6.3 或 3.2	6.3
齿顶圆表面粗糙度 $Ra/\mu m$			6.3			

6. 齿轮的主要参数选择

（1）齿数 z　对于软齿面的闭式齿轮传动，在满足弯曲疲劳强度的条件下，宜选用较多齿数，一般取 $z_1=20\sim40$。因为当中心距确定后，齿数多则重合度大，可提高传动的平稳性。对于开式（半开式）齿轮传动，由于轮齿主要为磨损失效，为使轮齿不致过小，宜选用较少齿数，但要避免发生根切，一般取 $z_1=17\sim20$。

（2）模数　模数影响齿轮的抗弯强度，在满足齿根弯曲强度的条件下，宜取较小模数，以增大齿数，减少切齿量。对于传递动力的齿轮，为防止因过载而断齿，一般应使模数 m 不小于 $1.5\sim2\text{mm}$。

（3）齿宽系数 ψ_d　齿宽系数是大齿轮齿宽和小齿轮分度圆直径之比，增大齿宽系数，可使传动结构紧凑，降低齿轮的圆周速度。但齿宽越大，载荷分布越不均匀。为便于安装和补偿轴向尺寸误差，小齿轮齿宽 b_1 比大齿轮齿宽 b_2 加大 $5\sim10\text{mm}$，但强度校核公式中的齿宽 b 按大齿轮齿宽 b_2 计算。

7. 齿轮传动设计的一般步骤

（1）根据给定的工作条件，选取合适的齿轮材料、热处理方法及精度等级，确定出一对齿轮的硬度值和许用应力。

（2）确定小齿轮齿数，按公式 $z_2=iz_1$ 计算出 z_2，并圆整为整数，计算齿数比 u；选取齿宽系数 ψ_d。

（3）根据设计准则进行设计计算，选择式（7-16）或式（7-18）计算分度圆直径 d_1 或模数 m。

（4）计算大、小齿轮的几何尺寸。

（5）根据设计准则校核齿面接触疲劳强度或齿根弯曲疲劳强度。

（6）确定齿轮结构尺寸，绘制齿轮工作图。

例 7-2　设计一带式运输机减速器的直齿圆柱齿轮传动。已知：传动比 $i=4.8$，小齿轮转速 $n_1=960\text{r/min}$，功率 $P=5\text{kW}$，工作平稳，单向传动，电机驱动。

解　① 选择齿轮材料及精度等级

所设计的齿轮传动属于闭式传动，考虑此对齿轮传递的功率不大，通常采用软齿面的钢制齿轮，小齿轮选用 45 钢调质处理，硬度为 $217\sim255\text{HBS}$；大齿轮也用 45 钢，正火处理，硬度为 $162\sim217\text{HBS}$。运输机是一般机械，速度不高，故选择 8 级精度。

② 确定小齿轮齿数 z_1 和齿宽系数 ψ_d

取小齿轮齿数 $z_1=24$，则大齿轮齿数 $z_2=iz_1=4.8\times24=115.2$，圆整 $z_2=115$。

实际传动比　　　　　　　　　　$i_0=\dfrac{z_2}{z_1}=\dfrac{115}{24}=4.79$

齿数比　　　　　　　　　　　　$u=i_0=4.79$

由表 7-7 取 $\psi_d=0.8$（因软齿面及直齿轮关于轴承对称布置）

③ 按齿面接触疲劳强度设计

由设计计算公式（7-16）进行计算，即

$$d_1\geqslant 76.43\sqrt[3]{\dfrac{KT_1(u+1)}{\psi_d u[\sigma_H]^2}}$$

其中　$T_1=9.55\times10^6\times\dfrac{P}{n_1}=9.55\times10^6\times\dfrac{5}{960}=49740\text{N}\cdot\text{mm}$

按表 7-6 取 $K=1.2$；由表 7-5 查得 $[\sigma_{H1}]=520\text{MPa}$，$[\sigma_{H2}]=470\text{MPa}$，计算时两者取小值。
小齿轮分度圆直径为

$$d_1 \geqslant 76.43\sqrt[3]{\frac{KT_1(u+1)}{\psi_d u [\sigma_H]^2}} = 76.43\sqrt[3]{\frac{1.2\times 49740\times(4.79+1)}{0.8\times 4.79\times 470^2}} = 56.7\text{mm}$$

模数 $$m = \frac{d_1}{z_1} = \frac{56.7}{24} = 2.36\text{mm}$$

由表 7-4 取标准模数 $$m = 2.5\text{mm}$$

④ 计算齿轮的几何尺寸

分度圆直径 $$d_1 = m z_1 = 2.5\times 24 = 60\text{mm}$$
$$d_2 = m z_2 = 2.5\times 115 = 287.5\text{mm}$$

中心距 $$a = \frac{1}{2}(d_1+d_2) = \frac{1}{2}(60+287.5) = 173.75\text{mm}$$

齿宽 $$b = \psi_d d_1 = 0.8\times 60 = 48\text{mm}$$

取 $b=b_2=50\text{mm}$，$b_1=b_2+5=55\text{mm}$。

⑤ 校核弯曲疲劳强度

校核公式为 $$\sigma_F = \frac{2KT_1}{bm^2 z_1}Y_F Y_S \leqslant [\sigma_F]$$

由表 7-8 得 $Y_{F1}=2.68$，$Y_{F2}=2.18$；由表 7-9 得 $Y_{S1}=1.59$，$Y_{S2}=1.80$。
由表 7-5，取 $[\sigma_{F1}]=301\text{MPa}$，$[\sigma_{F2}]=280\text{MPa}$。
由此可得

$$\sigma_{F1} = \frac{2KT_1}{bm^2 z_1}Y_{F1}Y_{S1} = \frac{2\times 1.2\times 49740}{50\times 2.5^2\times 24}\times 2.68\times 1.59 = 67.8\text{MPa} < [\sigma_{F1}]$$

$$\sigma_{F2} = \frac{2KT_1}{bm^2 z_1}Y_{F2}Y_{S2} = \sigma_{F1}\frac{Y_{F2}Y_{S2}}{Y_{F1}Y_{S1}} = 68.7\times\frac{2.18\times 1.80}{2.68\times 1.59} = 62.4\text{MPa} < [\sigma_{F2}]$$

所以，齿根弯曲疲劳强度足够。

⑥ 计算齿轮的圆周速度

$$v = \frac{\pi d_1 n_1}{60\times 1000} = \frac{3.14\times 60\times 960}{60\times 1000} = 3\text{m/s}$$

由表 7-10 可知，选 8 级精度合适。

⑦ 计算齿轮结构尺寸并绘制齿轮零件工作图（略）。

八、斜齿圆柱齿轮传动

1. 斜齿圆柱齿轮齿面的形成与啮合特点

在讨论直齿圆柱齿轮的齿廓形成和啮合特点时，都是在齿轮端面进行的。由于齿轮具有一定的宽度，所以其齿廓应该是渐开线曲面。如图 7-28（a）所示，直齿轮的齿廓曲面是发生面 S 绕基圆柱作纯滚动时，发生面上平行于基圆柱母线的直线在空间形成的渐开线曲面。如图 7-28（b）所示，斜齿轮的齿廓曲面是发生面上与基圆柱母线成一夹角 β_b 的直线在空间形成一渐开螺旋面。

由齿廓的形成过程可以看出，直齿圆柱齿轮由于轮齿齿向与轴线平行，在与另一个齿轮啮合时，沿齿宽方向的瞬时接触线是与轴线平行的直线。一对轮齿沿整个齿宽同时进入啮合和脱

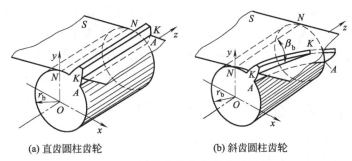

(a) 直齿圆柱齿轮　　　　(b) 斜齿圆柱齿轮

图 7-28　圆柱齿轮齿廓曲面的形成

离啮合，致使轮齿受力和变形都是突然发生的，易引起冲击、振动和噪声，尤其在高速传动中更为严重。而斜齿轮啮合传动时，齿面接触线与齿轮轴线相倾斜，一对轮齿是逐渐进入（或脱离）啮合，多齿啮合的时间比直齿轮长，故斜齿轮传动平稳、噪声小、重合度大、承载能力强，适用于高速和大功率场合。斜齿轮传动中要产生轴向力，使轴承支承结构变得复杂。

2. 斜齿圆柱齿轮的主要参数和几何尺寸计算

（1）端面齿距 p_t、法面齿距 p_n 和螺旋角 β　图 7-29 为斜齿轮分度圆柱面的展开图，图中阴影线部分为被剖切轮齿，空白部分为齿槽，p_t 和 p_n 分别为端面齿距和法面齿距，由图中几何关系可知

$$p_n = p_t \cos\beta \tag{7-19}$$

式中，β 为分度圆柱面上螺旋线的切线与齿轮轴线的夹角，称为斜齿轮的螺旋角，一般 $\beta = 8° \sim 20°$。根据螺旋线的方向，斜齿轮有左旋和右旋之分（图 7-30）。

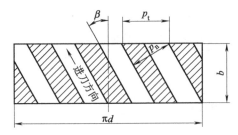

图 7-29　斜齿轮分度圆柱面展开图

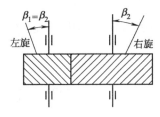

图 7-30　斜齿轮轮齿旋向

（2）端面模数 m_t 和法面模数 m_n　因 $p = \pi m$，由式（7-19）得

$$m_n = m_t \cos\beta \tag{7-20}$$

由于加工斜齿圆柱齿轮的轮齿时，齿轮刀具是沿轮齿的倾角方向进刀的，因此斜齿圆柱齿轮的齿槽，在法面内与标准直齿圆柱齿轮相同，规定斜齿轮的法面参数（m_n、α_n、h_{an}^*、c_n^*）为标准值。加工斜齿轮时，应按其法面参数选用刀具。法面模数 m_n 可由表 7-4 查得，法面压力角 $\alpha_n = 20°$，法面齿顶高系数 $h_{an}^* = 1$，法面顶隙系数 $c_n^* = 0.25$。

（3）齿顶高系数和顶隙系数　因为轮齿的径向尺寸无论从端面还是从法面看都是相同的，所以，端面和法面的齿顶高、顶隙都是相等的，即

$$h_a = h_{an}^* m_n = h_{at}^* m_t, \quad c = c_n^* m_n = c_t^* m_t$$

$$h_f = (h_{at}^* + c_t^*) m_t = (h_{an}^* + c_n^*) m_n$$

因为
$$m_n = m_t \cos\beta$$

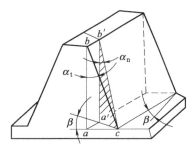

图 7-31 端面压力角和法面压力角

所以 $$h_{at}^* = h_{an}^* \cos\beta, \quad c_t^* = c_n^* \cos\beta \qquad (7-21)$$

(4) 压力角　图 7-31 为斜齿条的一个齿，由图中的几何关系可以导出 α_n 和 α_t 的关系为

$$\tan\alpha_n = \tan\alpha_t \cos\beta \qquad (7-22)$$

(5) 分度圆直径　$$d = m_t z = \frac{m_n z}{\cos\beta} \qquad (7-23)$$

(6) 标准中心距

$$a = \frac{d_1 + d_2}{2} = \frac{m_t(z_1 + z_2)}{2} = \frac{m_n(z_1 + z_2)}{2\cos\beta} \qquad (7-24)$$

(7) 齿顶圆直径　$$d_a = d + 2h_a \qquad (7-25)$$

(8) 齿根圆直径　$$d_f = d - 2(h_{at}^* + c_t^*)m_t \qquad (7-26)$$

(9) 基圆直径　$$d_b = d\cos\alpha_t \qquad (7-27)$$

(10) 全齿高　$$h = h_a + h_f = (2h_{an}^* + c_n^*)m_n \qquad (7-28)$$

3. 斜齿圆柱齿轮的正确啮合条件

在端面内，斜齿圆柱齿轮和直齿圆柱齿轮一样，都是渐开线齿廓。因此一对斜齿圆柱齿轮传动时，必须满足：$m_{t1} = m_{t2}$、$\alpha_{t1} = \alpha_{t2}$；两齿轮的螺旋角 β 应大小相等，旋向相反。又由于斜齿圆柱齿轮的法向参数为标准值，故其正确啮合条件为：$m_{n1} = m_{n2} = m_n$，$\alpha_{n1} = \alpha_{n2} = \alpha_n$，$\beta_1 = \pm\beta_2$，式中"$-$"号用于外啮合，"$+$"号用于内啮合。

例 7-3　在一对标准斜齿圆柱齿轮传动中，已知传动的中心距 $a = 190$mm，齿数 $z_1 = 30$，$z_2 = 60$，法向模数 $m_n = 4$mm。试计算其螺旋角 β、基圆直径 d_b、分度圆直径 d 及齿顶圆直径 d_a 的大小。

解　由式 (7-24) 得　$$\cos\beta = \frac{m_n}{2a}(z_1 + z_2) = \frac{4}{2\times190}\times(30+60) = 0.9474$$

所以　$$\beta = 18°40'$$

$$\tan\alpha_t = \frac{\tan\alpha_n}{\cos\beta} = \frac{\tan 20°}{\cos 18°40'} = \frac{0.364}{0.9474} = 0.3842$$

所以　$$\alpha_t = 21°1'$$

$$d_1 = \frac{m_n z_1}{\cos\beta} = \frac{4\times30}{0.9474} = 126.662\text{mm}$$

$$d_2 = \frac{m_n z_2}{\cos\beta} = \frac{4\times60}{0.9474} = 253.325\text{mm}$$

$$d_{a1} = d_1 + 2m_n = 126.662 + 2\times4 = 134.662\text{mm}$$

$$d_{a2} = d_2 + 2m_n = 253.325 + 2\times4 = 261.325\text{mm}$$

$$d_{b1} = d_1\cos\alpha_t = 126.662\times0.9335 = 118.239\text{mm}$$

$$d_{b2} = d_2\cos\alpha_t = 253.325\times0.9335 = 236.479\text{mm}$$

4. 斜齿轮的当量齿数

用仿形法加工斜齿轮时，盘形铣刀的刀刃应位于轮齿的法面内，并沿着螺旋线方向进刀。因此，选择铣刀的号码应按法向齿形来确定。为此必须虚拟一个与斜齿轮的法向齿形相同的直齿圆柱齿轮，这个齿轮称为斜齿轮的当量齿轮，当量齿轮的齿数称为当量齿数，用 z_v 表示。

如图 7-32 所示，对斜齿圆柱齿轮任一轮齿作螺旋线的法面 n—n，它与分度圆柱的交线为一椭圆，其长半轴 $a = \dfrac{d}{2\cos\beta}$；短半轴 $b = \dfrac{d}{2}$。由数学可知，此椭圆在 P 点的曲率半径为：

$$\rho = \frac{a^2}{b} = \frac{d}{2\cos^2\beta} \tag{7-29}$$

以 ρ 为半径作圆，假想为直齿圆柱齿轮的分度圆，取斜齿轮的法面模数 m_n 为标准模数，按标准压力角 α 作一个直齿圆柱齿轮，则该齿轮的齿形近似于斜齿轮的法面齿形，该齿轮即为当量齿轮，其当量齿数为

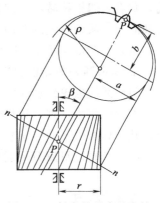

图 7-32　斜齿轮的当量齿轮

$$z_v = \frac{2\rho}{m_n} = \frac{d}{m_n \cos^2\beta} = \frac{m_t z}{m_n \cos^2\beta} = \frac{m_n z}{m_n \cos^3\beta} = \frac{z}{\cos^3\beta} \tag{7-30}$$

式中，z 为斜齿轮的实际齿数。

标准斜齿轮不发生根切的最小齿数可由其当量直齿轮的最小齿数计算出来：

$$z_{\lim} = z_{v\lim}\cos^3\beta = 17\cos^3\beta$$

5. 斜齿圆柱齿轮的受力分析

图 7-33 为斜齿圆柱齿轮的主动轮受力情况。齿轮上作用转矩 T_1，忽略摩擦力，则作用在齿轮上的法向力 F_n（垂直于齿廓）可分解为相互垂直的三个分力：圆周力 F_t、径向力 F_r 和轴向力 F_a。

$$F_t = \frac{2T_1}{d_1} \tag{7-31}$$

$$F_r = F'_n \tan\alpha_n = \frac{F_t}{\cos\beta}\tan\alpha_n \tag{7-32}$$

$$F_n = F_t \tan\beta \tag{7-33}$$

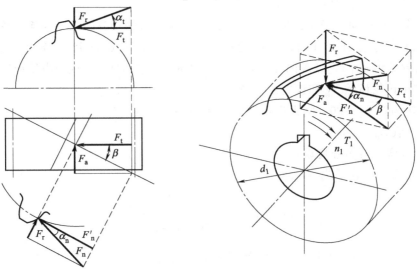

图 7-33　斜齿轮的受力分析

圆周力的方向，在主动轮上与啮合点速度方向相反，在从动轮上与啮合点的速度方向相同；径向力的方向都分别指向各自的轮心；轴向力的方向可按螺旋定则判定：若主动轮右

旋，则右手四指按转动方向握轴，拇指即为轴向力方向；当主动轮为左旋时，则应以左手判定轴向力；从动轮上的轴向力方向与主动轮方向相反。

由式（7-33）可知，斜齿轮轴向力的大小随螺旋角的大小而确定。

6. 斜齿圆柱齿轮的强度计算

斜齿圆柱齿轮传动的强度计算方法与直齿圆柱齿轮相似。由于斜齿轮齿面接触线是倾斜的，重合度较大，因而斜齿轮的接触强度和弯曲强度都比直齿轮高，但斜齿轮往往是局部折断，其计算按法平面当量直齿轮进行，以法向参数为依据。

（1）齿面接触疲劳强度计算

校核公式为
$$\sigma_H = 3.17 Z_E \sqrt{\frac{KT_1(u \pm 1)}{bd_1^2 u}} \leqslant [\sigma_H] \qquad (7\text{-}34)$$

设计公式为
$$d_1 \geqslant \sqrt[3]{\frac{KT_1(u \pm 1)}{\psi_d u} \left(\frac{3.17 Z_E}{[\sigma_H]}\right)^2} \qquad (7\text{-}35)$$

（2）齿根弯曲疲劳强度计算

校核公式
$$\sigma_F = \frac{1.6 KT_1 \cos\beta}{b m_n^2 z_1} Y_F Y_S \leqslant [\sigma_F] \qquad (7\text{-}36)$$

设计公式
$$m_n \geqslant 1.17 \sqrt[3]{\frac{KT_1 \cos^2\beta Y_F Y_S}{\psi_d z_1^2 [\sigma_F]}} \qquad (7\text{-}37)$$

计算时应将两齿轮的 $\dfrac{Y_F Y_S}{[\sigma_F]}$ 值进行比较，取其较大者代入式（7-37）中计算，计算所得模数应取标准值。

例 7-4 试设计重型机械中的单级斜齿轮减速器。已知输入功率 $P = 70\text{kW}$，小齿轮转速 $n_1 = 960\text{r/min}$，传动比 $i = 3$，电动机驱动，载荷中等冲击。

解 ① 选择齿轮材料及精度等级

所设计的齿轮传动属于闭式传动，考虑此对齿轮传递的功率较大，为使齿轮传动结构紧凑，大、小齿轮均选用硬齿面。小齿轮的材料选用 20CrMnTi 渗碳淬火，硬度为 56～62HRC；大齿轮用 40Cr，经表面淬火，齿面硬度为 48～55HRC。选择齿轮精度为 8 级。

② 确定小齿轮齿数 z_1 和齿宽系数 ψ_d

取小齿轮齿数 $z_1 = 20$，则大齿轮齿数 $z_2 = iz_1 = 3 \times 20 = 60$

由表 7-7 取 $\psi_d = 0.8$

③ 按齿根弯曲疲劳强度设计

由斜齿轮设计公式 [式（7-37）]

$$m_n \geqslant 1.17 \sqrt[3]{\frac{KT_1 \cos^2\beta Y_F Y_S}{\psi_d z_1^2 [\sigma_F]}}$$

转矩 $T_1 = 9.55 \times 10^6 \times \dfrac{P}{n_1} = 9.55 \times 10^6 \times \dfrac{70}{960} = 6.69 \times 10^5 \text{N} \cdot \text{mm}$

按表 7-6 取 $K = 1.4$；初选螺旋角 $\beta = 14°$

当量齿数为 $z_{v1} = \dfrac{z_1}{\cos^3\beta} = \dfrac{20}{\cos^3 14°} = 21.89$

$$z_{v2} = \frac{z_2}{\cos^3 \beta} = \frac{60}{\cos^3 14°} = 65.68$$

由表 7-8 得 $Y_{F1} = 2.75$，$Y_{F2} = 2.286$；由表 7-9 得 $Y_{S1} = 1.58$，$Y_{S2} = 1.741$。
由表 7-5，取 $[\sigma_{F1}] = 645 \text{MPa}$，$[\sigma_{F2}] = 490 \text{MPa}$。

$$\frac{Y_{F1} Y_{S1}}{[\sigma_{F1}]} = \frac{2.75 \times 1.58}{645} = 0.0067$$

$$\frac{Y_{F2} Y_{S2}}{[\sigma_{F2}]} = \frac{2.286 \times 1.741}{490} = 0.0081$$

故

$$m_n \geqslant 1.17 \sqrt[3]{\frac{KT_1 \cos^2 \beta Y_F Y_S}{\psi_d z_1^2 [\sigma_F]}} = 1.17 \sqrt[3]{\frac{1.4 \times 6.69 \times 10^5 \times \cos^2 14° \times 0.0081}{0.8 \times 20^2}} = 3.29 \text{mm}$$

由表 7-4 取标准模数值 $m_n = 4\text{mm}$。

④ 计算齿轮的几何尺寸

传动中心距为 $\quad a = \dfrac{m_n(z_1 + z_2)}{2\cos\beta} = \dfrac{4 \times (20+60)}{2\cos 14°} = 164.898 \text{mm}$

圆整中心距，取 $a = 165\text{mm}$，则螺旋角 β 为

$$\beta = \arccos \frac{m_n(z_1 + z_2)}{2a} = \arccos \frac{4 \times (20+60)}{2 \times 165} = 14.1411°$$

与初选值相差不大，故不必重新计算。

分度圆直径 $\quad d_1 = \dfrac{m_n z_1}{\cos\beta} = \dfrac{4 \times 20}{\cos 14.1411°} = 82.5 \text{mm}$

$$d_2 = \frac{m_n z_2}{\cos\beta} = \frac{4 \times 60}{\cos 14.1411°} = 247.5 \text{mm}$$

齿宽 $\quad b = \psi_d d_1 = 0.8 \times 82.5 = 66 \text{mm}$

取 $b = b_2 = 70\text{mm}$，$b_1 = 75\text{mm}$。

齿数比 $\quad u = i = 3$

⑤ 校核齿面接触疲劳强度

由式（7-34） $\quad \sigma_H = 3.17 Z_E \sqrt{\dfrac{KT_1(u+1)}{bd_1^2 u}} \leqslant [\sigma_H]$

由表 7-5 查得 $[\sigma_{H1}] = 1350 \text{MPa}$，$[\sigma_{H2}] = 1035 \text{MPa}$；取 $Z_E = 189.8\sqrt{\text{MPa}}$。
由此可得

$$\sigma_H = 3.17 Z_E \sqrt{\frac{KT_1(u+1)}{bd_1^2 u}} = 3.17 \times 189.8 \sqrt{\frac{1.4 \times 6.96 \times 10^5 \times (3+1)}{70 \times 82.5^2 \times 3}} = 993 \text{MPa} < [\sigma_H]$$

所以齿面接触疲劳强度足够。

⑥ 计算齿轮的圆周速度

$$v = \frac{\pi d_1 n_1}{60 \times 1000} = \frac{3.14 \times 82.5 \times 960}{60 \times 1000} = 4.14 \text{m/s}$$

由表 7-10 可知，选 8 级精度合适。

⑦ 计算齿轮结构尺寸并绘制齿轮零件工作图（略）。

7. 齿轮的结构设计

齿轮结构设计是指合理选择齿轮的结构形式，确定齿轮各部分的尺寸及绘制齿轮的零件工作图。齿轮的结构形式主要依据齿轮的尺寸、材料、加工工艺、经济性等因素而定，各部分尺寸由经验公式求得。

（1）齿轮轴　当圆柱齿轮的齿根至键槽底部的距离 $x \leqslant 2.5 m_n$ 时，应将齿轮与轴制成一体，称为齿轮轴，如图 7-34 所示。

（2）实体式齿轮　当齿轮的齿顶圆直径 $d_a \leqslant 200 \text{mm}$ 时，可采用实体式结构，如图 7-35 所示。

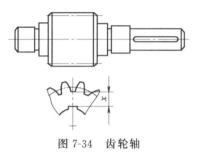

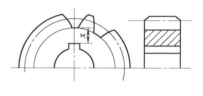

图 7-34　齿轮轴　　　　　　　图 7-35　实体式齿轮

（3）腹板式齿轮　当齿轮的齿顶圆直径 $d_a = 200 \sim 500 \text{mm}$ 时，可采用腹板式结构，如图 7-36 所示。

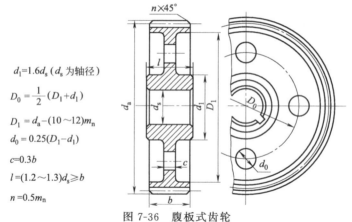

$d_1 = 1.6 d_s$（d_s 为轴径）

$D_0 = \dfrac{1}{2}(D_1 + d_1)$

$D_1 = d_a - (10 \sim 12) m_n$

$d_0 = 0.25(D_1 - d_1)$

$c = 0.3 b$

$l = (1.2 \sim 1.3) d_s \geqslant b$

$n = 0.5 m_n$

图 7-36　腹板式齿轮

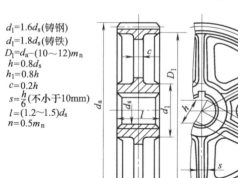

$d_1 = 1.6 d_s$（铸钢）
$d_1 = 1.8 d_s$（铸铁）
$D_1 = d_a - (10 \sim 12) m_n$
$h = 0.8 h$
$h_1 = 0.8 h$
$c = 0.2 h$
$s = \dfrac{h}{6}$（不小于10mm）
$l = (1.2 \sim 1.5) d_s$
$n = 0.5 m_n$

图 7-37　轮辐式齿轮

（4）轮辐式齿轮　当齿轮的齿顶圆直径 $d_a > 500 \text{mm}$ 时，可采用轮辐式结构，如图 7-37 所示。

8. 齿轮传动的润滑

润滑对于齿轮传动十分重要。润滑不仅可以减小摩擦、减轻磨损，还可以起到冷却、防锈、降低噪声、改善齿轮的工作状况、延缓轮齿失效、延长轮齿的使用寿命等作用。

闭式齿轮传动的润滑方式有浸油

润滑和喷油润滑两种，一般根据齿轮的圆周速度确定采用哪种方式。

当齿轮的圆周速度 $v<12\text{m/s}$ 时，采用浸油润滑。通常将大齿轮浸入油池中进行润滑，齿轮浸入油池的深度至少为10mm，转速低时可浸深一些，但浸入过深则会增大运动阻力并使油温升高。

当齿轮的圆周速度 $v>12\text{m/s}$ 时，由于圆周速度大，齿轮搅油剧烈，且黏附在齿廓面上的油易被甩掉，因此应采用喷油润滑。即用油泵将具有一定压力的润滑油经喷嘴喷到啮合的齿面上。

汽车变速器及差速器齿轮传动均采用浸油润滑；发动机正时齿轮一般采用喷油润滑。

九、其他齿轮传动简介

1. 直齿圆锥齿轮传动

圆锥齿轮的轮齿分布在一截锥体上，如图7-38所示。它用于两轴线相交的轴间传动，特别是两轴线互垂相交的轴间传动。

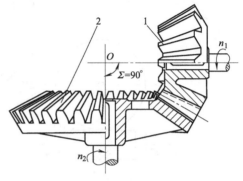

图7-38 圆锥齿轮传动
1—主动轮；2—从动轮

圆锥齿轮的轮齿可以是直齿、斜齿或曲齿。直齿圆锥齿轮因其设计、加工及安装均较简便，故应用较广；而曲齿圆锥齿轮由于其传动平稳、结构紧凑并可传递较大负荷，在汽车及拖拉机的差动轮系中获得广泛应用。

圆锥齿轮的几何尺寸计算以大端为标准，在大端的分度圆上，模数按国家标准规定的模数系列取值，压力角 $\alpha=20°$，齿顶高系数 $h_a^*=1$，顶隙系数 $c^*=0.2$。

直齿圆锥齿轮的正确啮合条件为：两锥齿轮的大端模数和压力角分别相等且等于标准值，即

$$m_1=m_2=m$$
$$\alpha_1=\alpha_2=\alpha$$

一对圆锥齿轮传动的传动比为

$$i=\frac{\omega_1}{\omega_2}=\frac{n_1}{n_2}=\frac{z_2}{z_1}$$

2. 蜗杆传动

蜗杆传动用于传递两交错轴之间的运动和动力，如图7-10（i）所示。两轴的交错角通常为90°，蜗杆传动由蜗杆和蜗轮组成，蜗杆常为主动件。蜗杆传动也是一种齿轮传动。

根据蜗杆的形状，蜗杆传动可分为圆柱蜗杆传动［图7-39（a）］，环面蜗杆传动［图7-39（b）］和锥面蜗杆传动［图7-39（c）］等。圆柱蜗杆又有普通圆柱蜗杆传动和圆弧圆柱蜗杆传动。普通圆柱蜗杆根据不同的齿廓曲线可分为阿基米德蜗杆、渐开线蜗杆等。其中阿基米德蜗杆由于加工方便，其应用最为广泛。

蜗杆有左、右旋之分，无特殊要求不用左旋。蜗轮旋转方向用左、右手定则判定。如图7-40（a）所示，当蜗杆为右旋时，则用右手，四指沿蜗杆转动方向弯曲，拇指所指的相反方向即为蜗轮上节点速度方向，因此，蜗轮逆时针方向旋转；当蜗杆为左旋时，则用左手按相同方法判定蜗轮转向，如图7-40（b）所示。

根据蜗杆轮齿螺旋线的头数，蜗杆有单头和多头之分。

与齿轮传动相比，蜗杆传动有如下特点：

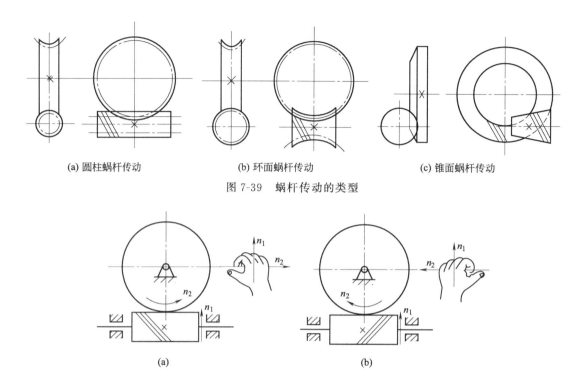

(a) 圆柱蜗杆传动　　(b) 环面蜗杆传动　　(c) 锥面蜗杆传动

图 7-39　蜗杆传动的类型

图 7-40　蜗轮的旋转方向

（1）传动比大，结构紧凑　一般传动中，$i=10\sim40$，最大可达 80。在分度机构中，其传动比可达 $600\sim1000$。

（2）传动平稳、噪声小　蜗杆齿是连续的螺旋形齿，蜗轮和蜗杆是逐渐进入和退出啮合的，同时啮合的齿数较多，所以传动平稳、噪声小。

（3）可以自锁　当蜗杆的螺旋线升角小于啮合面的当量摩擦角时，蜗杆传动具有自锁性。

（4）效率低　由于蜗杆和蜗轮在啮合处有较大的相对滑动，因此发热量大，效率较低。传动效率一般为 $0.7\sim0.9$，自锁时效率小于 0.5。

（5）蜗轮造价高　为减少磨损，提高效率和寿命，蜗轮齿圈一般多用青铜制造，因此造价较高。

当蜗杆为主动件时，蜗杆传动的传动比为

$$i=\frac{n_1}{n_2}=\frac{z_2}{z_1}$$

式中，n_1、n_2 分别为蜗杆和蜗轮的转速，r/min；z_1 为蜗杆头数，z_2 为蜗轮齿数。z_1 小，传动比大，效率低；z_1 大，效率高，但加工困难。通常 z_1 取为 1、2、4、6。

十、轮系

在汽车传动系统中，一对齿轮组成的齿轮传动往往不能满足不同的工作要求，常常采用一系列互相啮合的齿轮组成的传动系统满足一定功能要求。这种由一系列啮合齿轮组成的传动系统称为齿轮系，简称轮系。

图 7-41 为普通货车的机械式传动（发动机前置后轮驱动）系统。发动机发出动力依次经过离合器、变速器和由万向联轴器与传动轴组成的万向传动装置，以及安装在驱动桥中的主减速器、差速器和半轴，最后传到驱动车轮。为保证汽车在不同条件下正常行驶，并具有

良好的动力性和燃油经济性,汽车的传动系统必须能够实现变速和倒车、随时中断动力传递、车轮具有差速功能等。其中变速、倒车和差速功能都需要由轮系来实现。

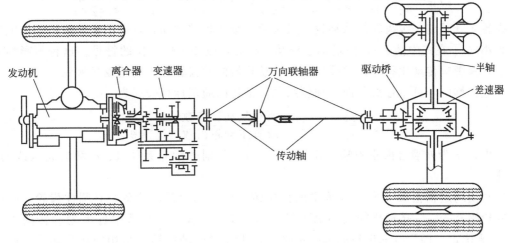

图 7-41　发动机前置后轮驱动系统

按轮系运转时各齿轮轴线位置相对机架是否固定,将轮系分为定轴轮系和行星轮系两种基本类型。

1. 定轴轮系的传动比

当轮系运转时,各个齿轮的几何轴线相对于机架固定不动的轮系称为定轴轮系。定轴轮系又分为平面定轴轮系(图 7-42)和空间定轴轮系(图 7-43)两种。

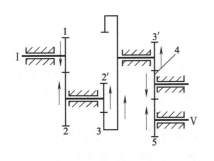

图 7-42　平面定轴轮系

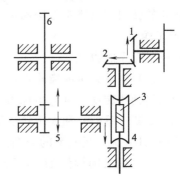

图 7-43　空间定轴轮系

轮系中,输入轴和输出轴角速度(或转速)之比,称为轮系的传动比,用 i 表示。图 7-42 中轮系的传动比 $i_{15}=\dfrac{\omega_1}{\omega_5}=\dfrac{n_1}{n_5}$。轮系传动比的计算包括计算传动比的大小和确定输出轴的转动方向。

(1)平面定轴轮系　如图 7-42 所示,平面定轴轮系各轮轴线的转向都是相同或相反的,因此可用带有正、负号的传动比来表示。规定:外啮合圆柱齿轮传动,两轮转向相反,传动比取负号;内啮合圆柱齿轮传动,两轮转向相同,传动比取正号。若各轮的齿数分别为 z_1、z_2、$z_{2'}$、z_3、$z_{3'}$、z_4、z_5,则该定轴轮系中各对齿轮的传动比为

$$i_{12}=\frac{n_1}{n_2}=-\frac{z_2}{z_1};\ i_{2'3}=\frac{n_{2'}}{n_3}=\frac{z_3}{z_{2'}};\ i_{3'4}=\frac{n_{3'}}{n_4}=-\frac{z_4}{z_{3'}};\ i_{45}=\frac{n_4}{n_5}=-\frac{z_5}{z_4}$$

因 $n_2=n_{2'}$，$n_3=n_{3'}$，所以

$$i_{15}=\frac{n_1}{n_5}=\frac{n_1}{n_2}\times\frac{n_{2'}}{n_3}\times\frac{n_{3'}}{n_4}\times\frac{n_4}{n_5}=(-1)^3\frac{z_2z_3z_4z_5}{z_1z_{2'}z_{3'}z_4}=-\frac{z_2z_3z_5}{z_1z_{2'}z_{3'}}$$

齿轮 4 既是前一级齿轮的从动轮，又是后一级齿轮的主动轮，因而它的齿数不影响传动比的大小（z_4 在式中消去），但增加了外啮合次数，改变了传动比的符号。这种不影响传动比大小，只影响传动比符号，即改变轮系从动轮转向的齿轮称为惰轮或过渡轮。

将上式推广，可得任意平面定轴轮系总传动比的通用计算公式为

$$i_{1k}=\frac{n_1}{n_k}=(-1)^m\frac{\text{所有从动轮齿数的连乘积}}{\text{所有主动轮齿数的连乘积}} \tag{7-38}$$

式中，m 为外啮合齿轮的啮合次数，n_1、n_k 分别表示轮系中 1、k 两齿轮（或两轴）的转速。

（2）空间定轴轮系　图 7-43 为空间齿轮传动的定轴轮系，轮系中有圆柱齿轮、圆锥齿轮、蜗轮蜗杆等。其传动比的大小仍可按式（7-38）计算，但轮系中各齿轮的转向不能由 $(-1)^m$ 来确定。因为空间齿轮的轴线不平行，不能说两轴的转向是相同还是相反，所以空间轮系中各轮的转向只能在图中用箭头画出。

例 7-5　图 7-43 所示的轮系中。已知各轮的齿数为 $z_1=20$，$z_2=30$，$z_3=1$，$z_4=40$，$z_5=20$，$z_6=50$，试求传动比 i_{16}，并指出齿轮 6 的转向。

解　根据式（7-38），可得该空间轮系的传动比为

$$i_{16}=\frac{z_2z_4z_6}{z_1z_3z_5}=\frac{30\times40\times50}{20\times1\times20}=150$$

齿轮 6 的转向用画箭头方法确定，如图中箭头所示。

2. 行星轮系

（1）行星轮系的组成

行星轮系是一种先进的齿轮传动机构。在轮系运转时，至少有一个齿轮的几何轴线绕另一个齿轮几何轴线转动，该轮系称为行星轮系。如图 7-44（a）所示的行星轮系，主要由行星齿轮、行星架（系杆）和太阳轮所组成。

图 7-44（b）为行星轮系的简图。活套在构件 H 上的齿轮 2，一方面绕自身的轴线 $O'O'$ 回转，另一方面又随构件 H 绕固定轴线 OO 回转，因此，称齿轮 2 为行星齿轮。支承行星齿轮 2 的构件 H 称为行星架。与行星齿轮 2 相啮合且作定轴转动的齿轮 1 和 3 称为中心轮或太阳轮。

行星轮系中一般都以太阳轮或行星架作为运动的输入或输出构件，故称太阳轮、行星轮和行星架为行星轮系的基本构件。

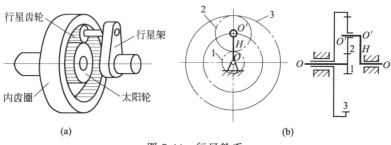

图 7-44　行星轮系

由于行星轮系传动机构中具有动轴线行星轮,如图 7-44 所示,从运动学角度看,只需 1 个行星轮即可。而在实际传递动力的行星轮系中,都采用多个完全相同的行星轮,通常为 2～6 个,如图 7-45 所示。各行星轮均匀地分布在太阳轮四周,这样既可使几个行星轮共同分担载荷,以减小齿轮尺寸,同时又可使啮合处的径向分力和行星轮公转所产生的离心力得以平衡,以减小轴承受力,增加运动的平稳性。

(2) 行星轮系传动比的计算

在行星轮系中,由于行星轮除绕本身轴线自转外,还随行星架绕固定轴线公转,所以其传动比不能直接利用定轴轮系传动比的计算公式,但可采用转化机构法,利用定轴轮系传动比的计算公式,间接求出单级行星轮系的传动比。

如图 7-46 (a) 所示,设行星轮系中各轮和行星架 H 的转速分别为 n_1、n_2、n_3、n_H,若假想给该轮系加上一个与行星架 H 的转速大小相等、方向相反的公共转速"$-n_H$",则根据相对运动原理,此时单级行星轮系中各构件间的相对运动关系不变,正如钟表各指针的相对运动关系,并不会因整个钟表作相对的附加反转运动而改变。这样行星架的相对转速为零,行星轮绕固定轴线转动,原来的行星轮系便转化为

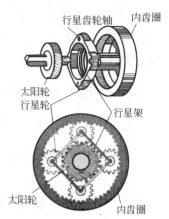

图 7-45 行星轮系结构图

一个假想的定轴轮系 [图 7-46 (b)]。这个假想的定轴轮系称为原轮系的转化机构。转化机构中各构件的转速就是行星轮系各构件相对于行星架 H 的转速,各构件在转化前后的转速见表 7-11。

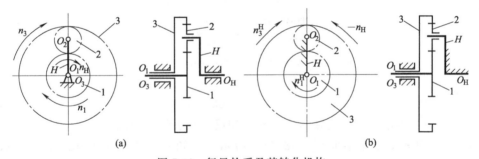

图 7-46 行星轮系及其转化机构

表 7-11 转化机构中各构件的转速

构件	原轮系中的转速	转化机构中的转速	构件	原轮系中的转速	转化机构中的转速
1	n_1	$n_1^H = n_1 - n_H$	3	n_3	$n_3^H = n_3 - n_H$
2	n_2	$n_2^H = n_2 - n_H$	H	n_H	$n_H^H = n_H - n_H = 0$

转化机构中 1、3 两轮的传动比可根据定轴轮系传动比的计算方法求得,即

$$i_{13}^H = \frac{n_1^H}{n_3^H} = \frac{n_1 - n_H}{n_3 - n_H} = (-1)^1 \frac{z_2 z_3}{z_1 z_2} = -\frac{z_3}{z_1}$$

将以上分析推广到一般情况,可得单级行星轮系中任意两轮 G、K 之间的传动比计算式为

$$i_{GK}^H = \frac{n_G - n_H}{n_K - n_H} = (-1)^m \frac{G、K \text{ 间各从动轮齿数的乘积}}{G、K \text{ 间各主动轮齿数的乘积}} \tag{7-39}$$

式中,G 为主动轮,K 为从动轮,中间各轮的主从地位也应按此假定判定。m 为齿轮

G、K 之间外啮合的次数。

应用上式计算行星轮系传动比时需注意以下几点：

① n_G、n_K、n_H 必须是轴线平行或重合的相应齿轮的转速。

② 将 n_G、n_K、n_H 的值代入上式时，必须连同转速的正负号代入。可先假设某一已知构件转向为正，则另外构件转向与之相同取正，反之取负。

③ 等式右边的符号表示转化机构中齿轮 G、K 的转向关系，其判定方法与定轴轮系判定方法相同。如果 G、K 之间只有圆柱齿轮，则由 $(-1)^m$ 来确定；若 G、K 之间有圆锥齿轮，则在转化机构中要用画箭头的方法确定。

④ $i_{GK}^H \neq i_{GK}$，i_{GK}^H 为转化机构中 G、K 两轮的转速之比，即 $i_{GK}^H = \dfrac{n_G^H}{n_K^H}$，其大小和正负号应按定轴轮系传动比的计算方法确定；而 i_{GK} 是行星轮系中 G、K 两轮的绝对速度之比，即 $i_{GK} = \dfrac{n_G}{n_K}$，它的大小和符号必须由计算结果确定。

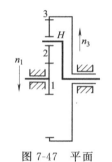

图 7-47 平面差动轮系

例 7-6 一平面差动轮系（自由度为 2 的行星轮系）如图 7-47 所示，已知各轮齿数为 $z_1=16$，$z_2=24$，$z_3=64$，当轮 1 和轮 3 的转速为：$n_1=100$r/min，$n_3=-400$r/min，转向如图所示，试求 n_H 和 i_{1H}。

解 根据式（7-39）可得

$$i_{13}^H = \frac{n_1 - n_H}{n_3 - n_H} = (-1)^1 \frac{z_3}{z_1}$$

由题意可知，轮 1 与轮 3 转向相反，将 n_1、n_3 及各轮齿数代入上式，得

$$\frac{100 - n_H}{-400 - n_H} = -\frac{64}{16} = -4$$

解之得

$$n_H = -300 \text{r/min}$$

由此可求得

$$i_{1H} = \frac{n_1}{n_H} = \frac{100}{-300} = -\frac{1}{3}$$

上式中的负号表示行星架的转向与齿轮 1 相反，与齿轮 3 相同。

例 7-7 一空间差动轮系如图 7-48（a）所示，已知 $z_1=48$，$z_2=42$，$z_{2'}=18$，$z_3=21$，$n_1=100$r/min，$n_3=-80$r/min，转向如图所示，求 n_H。

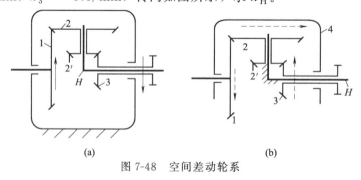

(a)　　　　　　　　　(b)

图 7-48 空间差动轮系

解 齿轮 1、3 及行星架 H 轴线重合，故可用式（7-39）求解。因 1、3 两齿轮之间为圆锥齿轮，所以等式右边的符号应用画箭头法确定。如图 7-48（b）所示，假设轮 1 方向向下（与绝对转向无关），按啮合关系画出轮 3 方向向上，故转化机构的齿数比前应取负

号，即

$$i_{13}^H = \frac{n_1 - n_H}{n_3 - n_H} = -\frac{z_2 z_3}{z_1 z_{2'}} = -\frac{42 \times 21}{48 \times 18} = -\frac{49}{48}$$

因轮 1 与轮 3 转向相反，将 n_1、n_3 代入上式，得

$$\frac{100 - n_H}{-80 - n_H} = -\frac{49}{48}$$

解得 $n_H = 9.072 \text{r/min}$

n_H 为正值，说明行星架 H 与轮 1 的转向相同。

3. 轮系的功用

轮系广泛用于汽车发动机和传动系统中，其主要功用如下：

（1）实现远距离传动　当两轴距离较远时，若只用一对齿轮传动，则齿轮的尺寸必然很大，致使机器的结构尺寸和重量增大，制造安装都不方便。若采用轮系传动，就可克服上述缺点，还可很容易获得需要的传动比。图 7-49 为汽车发动机正时齿轮机构，曲轴正时齿轮分别通过两个中间齿轮驱动机油泵、凸轮轴和喷油泵，不仅可以改变齿轮的转动方向，还可以使转速降低。齿轮系传动准确性高，但成本也高，主要用于赛车发动机。

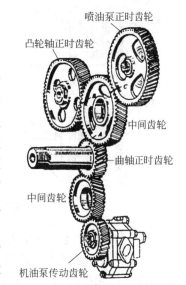

图 7-49　发动机正时齿轮传动

（2）实现变速传动　汽车从静止开始启动，直到正常行驶，车速变化仅靠发动机的转速变化是不能实现的。汽车发动机转速低时输出转矩小，这与汽车启动需要很大的转矩相矛盾。相反，在车辆行驶时由于惯性只需要很小的转矩就可以，但发动机转速却很高，并且发动机只能一个方向旋转，不能实现倒车。通过齿轮系就可以实现变速、变转矩和倒车。

① 定轴轮系变速　如图 7-50 所示的汽车变速器。第一轴为输入轴，第二轴为输出轴，通过改变齿轮不同的啮合，可获得不同的输出转速。变速器采用手动操作机构，在变速器壳底部有润滑油，通过齿轮的转动进行润滑和冷却。按传动比从大到小依次为一挡、二挡、三挡、四挡，传动比最小一般为 1。传动比小于 1 的称为超速挡，传动比越大驱动力越大。

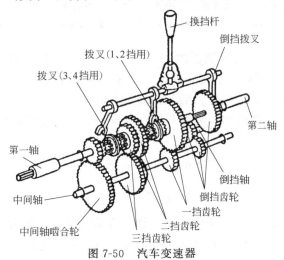

图 7-50　汽车变速器

第一轴齿轮和中间轴第一个齿轮为常啮合传动齿轮，是现在汽车的常用形式。第二轴的其他齿轮采用滚针轴承支承安装在变速器第二轴上，并在第二轴上空转。在每个挡位的从动齿轮之间装有同步器，同步器与第二轴采用花键连接，换挡时，同步器齿轮和从动齿轮啮合，传递转矩。同步器在换挡时利用摩擦力的作用，使同步器齿轮和从动齿轮逐步达到同步。同步器在换挡操作时不会产生冲击和噪声，换挡过程轻便、平顺。图 7-51 为变速器各挡齿轮啮合位置示意图。

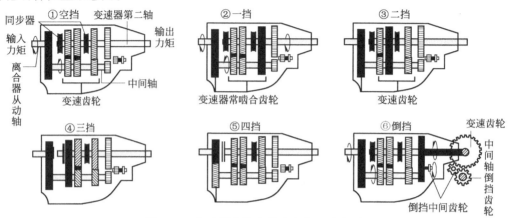

图 7-51 变速器各挡齿轮啮合位置示意图

② 行星轮系变速　汽车自动变速器采用行星齿轮变速机构，在液力变矩器的后部排列着 2~3 组行星齿轮机构。如图 7-52 为双排行星齿轮变速器，用离合器和制动器可改变行星齿轮机构中各元件的相对运动关系，以实现不同挡位的传动。

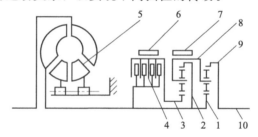

图 7-52 自动变速器结构简图

1—后排太阳轮；2—前排齿圈；3—前排太阳轮；4—直接挡离合器；5—液力变矩器；
6—低速挡制动器；7—倒挡制动器；8—行星架；9—后排齿圈；10—变速器第二轴

以图 7-44 为例来说明自动变速器的变速原理。在三个基本构件中，当选择的主动件、从动件、固定件不同时，可以分别得到减速、增速、逆转等功能。各个齿轮的固定或自由转动，是由汽车电脑根据负荷和车速等情况自动控制的。

① 太阳轮输入，行星架输出，齿圈制动（$n_3=0$），为减速传动。

$$i_{13}^H = \frac{n_1 - n_H}{n_3 - n_H} = \frac{n_1 - n_H}{0 - n_H} = 1 - i_{1H} = -\frac{z_3}{z_1}$$

所以
$$i_{1H} = 1 + \frac{z_3}{z_1}$$

因 $z_3 > z_1$，因而 $i_{1H} > 2$。与定轴轮系一样，传动比越大，驱动力越大，相当于一挡。

② 齿圈输入，行星架输出，太阳轮制动（$n_1=0$），为减速传动。

$$i_{31}^H = \frac{n_3 - n_H}{n_1 - n_H} = \frac{n_3 - n_H}{0 - n_H} = 1 - i_{3H} = -\frac{z_1}{z_3}$$

$$i_{3H} = 1 + \frac{z_1}{z_3}$$

此传动比大于 1 而小于 2，也是增矩减速传动，但减速较小，输出轴转速较高，相当于二挡。

③ 若三个基本构件间无相对运动，整个行星齿轮机构成为一个整体而旋转，此时为直接挡传动（传动比等于 1），相当于三挡。

④ 行星架输入，齿圈输出，太阳轮制动（$n_1 = 0$），为增速传动。

$$i_{31}^H = \frac{n_3 - n_H}{n_1 - n_H} = \frac{n_3 - n_H}{0 - n_H} = 1 - i_{3H} = -\frac{z_1}{z_3}$$

$$i_{3H} = 1 + \frac{z_1}{z_3} = \frac{z_3 + z_1}{z_3}$$

所以

$$i_{H3} = \frac{1}{i_{3H}} = \frac{z_3}{z_3 + z_1}$$

该传动比小于 1，因此是增速传动，相当于四挡。

⑤ 行星架输入，太阳轮输出，齿圈制动（$n_3 = 0$），为增速传动。

$$i_{13}^H = \frac{n_1 - n_H}{n_3 - n_H} = \frac{n_1 - n_H}{0 - n_H} = 1 - i_{1H} = -\frac{z_3}{z_1}$$

$$i_{1H} = 1 + \frac{z_3}{z_1} = \frac{z_1 + z_3}{z_1}$$

所以

$$i_{H1} = \frac{z_1}{z_1 + z_3}$$

因 $z_1 < z_3$，所以该传动比最小，也是增速传动，相当于五挡。

⑥ 当行星架制动（$n_H = 0$），太阳轮输入，齿圈输出，或齿圈输入，太阳轮输出，两者均为倒挡，只是传动比不同，一个快挡，一个慢挡。此时属于定轴轮系，很容易看出太阳轮与齿圈反向旋转。

⑦ 如果太阳轮、行星架和齿圈三者中，无任何一个构件被制动，而且也无任何两个构件被锁成一体，各构件自由转动，行星齿轮机构就不能传递动力，从而得到空挡。

单级行星轮系的速比范围有限，往往不能满足汽车的实际要求，因此在实际应用的行星齿轮变速器中，由 2～3 组行星齿轮机构组成，但其工作原理仍与单级行星齿轮机构相同。

（3）实现运动的分解 图 7-53 为汽车的整体式驱动桥，由主减速器、差速器、半轴和桥壳等组成。驱动桥的功能是将经变速器和万向传动装置传来的发动机动力，减速增大转矩后传给差速器，主减速器将转矩方向改变 90°，分配到左右驱动轮（一个输入运动分解成两个构件的运动），使其与驱动轮的旋转方向一致，使汽车以正常速度行驶，同时允许左右车轮以不同的转速旋转。

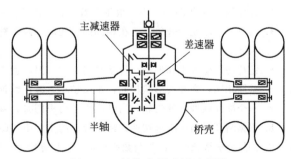

图 7-53 整体式驱动桥示意图

差速器的功能就是当汽车转弯或在不平路面上行驶时，使左右驱动车轮以不同的转速滚动，保证两侧驱动车轮作纯滚动运动。差速器的差速原理如图 7-54（a）为直线行驶；图 7-54（b）为弯道行驶。其装配关系如图 7-55 所示。

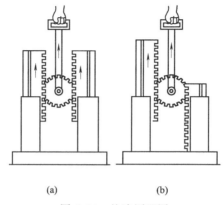

图 7-54　差速原理图

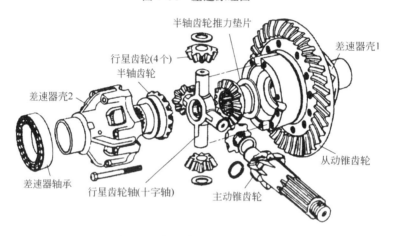

图 7-55　行星齿轮差速器分解图

习　题

一、判断题

1. 带传动是通过带与带轮之间产生的摩擦来传递运动和动力的。（　　）
2. V 带型号中，截面尺寸最小的是 Z 型。（　　）
3. 在多根 V 带传动中，当一根带失效时，只需换上一根新带即可。（　　）
4. 由于链传动是啮合传动，在相同的时间内，两个链轮转过的链齿数是相同的，故能保证准确的传动比恒定不变。（　　）
5. 链传动产生冲击和振动，传动平稳性差，因此适用于低速传动。（　　）
6. 基圆相同，渐开线形状相同；基圆越小，渐开线越弯曲。（　　）
7. 一个渐开线圆柱外齿轮，当基圆大于齿根圆时，基圆以内部分的齿廓曲线也是渐开线。（　　）
8. 根据渐开线齿廓啮合特性，齿轮传动的实际中心距任意变动都不影响瞬时传动比恒定。（　　）
9. 测量公法线长度，跨测齿数必须按公式计算确定，并圆整为整数，否则，测量的结果不准确。（　　）
10. 对于单个齿轮来说，节圆直径就等于分度圆直径。（　　）

11. 展成法加工渐开线齿轮时，一把模数、压力角为标准值的刀具，可以加工相同模数和压力角的任何齿数的齿轮。（　　）
12. 斜齿圆柱齿轮不产生根切的最小齿数与相同参数的直齿圆柱齿轮不产生根切的最小齿数相同。（　　）
13. 一对外啮合斜齿圆柱齿轮正确啮合条件是：两斜齿圆柱齿轮的端面模数和压力角分别相等，螺旋角大小相等，旋向相同。（　　）
14. 斜齿圆柱齿轮法面上的模数和压力角为标准值。（　　）
15. 圆锥齿轮传动用于传递两垂直交错轴之间的运动和动力。（　　）
16. 蜗杆传动连续、平稳，因此适合传递大功率的场合。（　　）
17. 定轴轮系传动比的大小，等于该轮系的所有从动轮齿数连乘积与所有主动轮齿数连乘积之比。（　　）
18. 定轴轮系的传动比大小与轮系中的惰轮齿数有关。（　　）
19. 传递平行轴运动的轮系，若外啮合齿轮为偶数对时，首末两轮的转向相同。（　　）
20. 至少有一个齿轮的几何轴线绕另一个齿轮几何轴线转动，该轮系称为行星轮系。（　　）
21. 在行星轮系中，几何轴线不运动的齿轮称为行星轮。（　　）
22. 行星轮系中，一般以太阳轮或行星架作为运动的输入和输出构件，故称太阳轮和行星架为行星轮系的基本构件。（　　）
23. 轮系可以实现变速和变向要求。（　　）

二、选择题

1. V带传动的特点是_____。
   A. 缓和冲击，吸收振动　　　　B. 传动比准确　　　　C. 能用于环境较差的场合
2. 带传动采用张紧装置的主要目的是_____。
   A. 缓冲吸振　　　　B. 保持带的拉力　　　　C. 提高寿命
3. 当带速 $v \leqslant 25$m/s 时，一般采用_____材料制造带轮。
   A. 铸钢　　　　B. 铸铁　　　　C. 铝合金
4. 普通V带传动中，V带轮的楔角是_____。
   A. 大于40°　　　　B. 等于40°　　　　C. 小于40°
5. 链传动和带传动相比较，其优点是_____。
   A. 能保持准确的传动比　　　　B. 工作时平稳、无噪声　　　　C. 链条强度高、寿命长
6. 链传动中作用在轴和轴承上的载荷比带传动要小，这主要是由于_____。
   A. 啮合传动，无需很大的初拉力
   B. 链速较高，在传递相同功率时，圆周力小
   C. 链传动只用来传递小功率
7. 在链传动中，引起振动和冲击的原因是_____。
   A. 链条绕入链轮成多边形状　　　　B. 链速太高　　　　C. 链条太长
8. 在机械传动中，理论上能保证瞬时传动比为常数的是_____。
   A. 带传动　　　　B. 齿轮传动　　　　C. 链传动
9. 渐开线齿廓的形状取决于_____半径的大小。
   A. 齿顶圆　　　　B. 基圆　　　　C. 分度圆
10. 一对渐开线直齿圆柱齿轮的啮合线切于_____。
    A. 两分度圆　　　　B. 两齿根圆　　　　C. 两基圆
11. 一对渐开线齿轮的连续啮合条件是_____。
    A. 实际啮合线大于基圆齿距　　　　B. 实际啮合线小于基圆齿距　　　　C. 齿轮齿数多
12. 加工直齿圆柱齿轮轮齿时，一般检测_____来确定该齿轮是否合格。
    A. 公法线长度　　　　B. 齿厚　　　　C. 齿根圆直径
13. 用展成法加工直齿圆柱齿轮时，其不发生根切的最少齿数是_____。

A. 14　　　　　　　　　　B. 17　　　　　　　　　　C. 20

14. 按接触疲劳强度设计一般闭式齿轮传动是为了避免_____失效。
A. 轮齿折断　　　　　　　B. 胶合　　　　　　　　　C. 齿面点蚀

15. 设计一般闭式齿轮传动时，齿根弯曲疲劳强度计算主要针对的失效形式是_____。
A. 齿面磨损　　　　　　　B. 轮齿折断　　　　　　　C. 齿面点蚀

16. 高速重载齿轮传动，当润滑不良时，最可能出现的失效形式是_____。
A. 齿面胶合　　　　　　　B. 齿面疲劳点蚀　　　　　C. 轮齿疲劳折断

17. 对于软齿面闭式齿轮传动，其主要失效形式是_____。
A. 齿面磨损　　　　　　　B. 齿面疲劳点蚀　　　　　C. 轮齿疲劳折断

18. 设计一对闭式软齿面齿轮传动时，一般要求小齿轮硬度_____大齿轮硬度。
A. 高于　　　　　　　　　B. 低于　　　　　　　　　C. 等于

19. 对于软齿面闭式齿轮传动，设计时一般_____。
A. 先按齿面接触疲劳强度设计，再按齿根弯曲疲劳强度校核
B. 先按齿根弯曲疲劳强度设计，再按齿面接触疲劳强度校核
C. 只按齿面接触疲劳强度设计

20. 为了提高齿轮传动的齿面接触疲劳强度，应_____。
A. 分度圆直径不变的条件下增大模数
B. 增大分度圆直径
C. 分度圆直径不变的条件下增加齿数

21. 为了提高齿轮齿根弯曲疲劳强度，应_____。
A. 增大模数　　　　　　　B. 增加齿数　　　　　　　C. 增大分度圆直径

22. 在圆柱齿轮传动中，常使小齿轮齿宽略大于大齿轮齿宽，其目的是_____。
A. 提高小齿轮齿面接触疲劳强度
B. 提高小齿轮齿根弯曲疲劳强度
C. 补偿安装误差，以保证全齿宽的接触

23. 轮系中，_____转速之比称为轮系的传动比。
A. 末轮与首轮　　　　　　B. 首轮与末轮　　　　　　C. 末轮与中间轮

24. 惰轮在轮系中的作用如下：（1）改变从动轮转向；（2）改变从动轮转速；（3）调节齿轮轴间距离；（4）提高齿轮强度。其中有_____条是正确的。
A. 1　　　　　　　　　　B. 2　　　　　　　　　　C. 3

25. 行星轮系的传动比计算应用了转化机构，其转化机构是_____。
A. 定轴轮系　　　　　　　B. 行星轮系

26. 轮系的功用中，实现_____必须依靠行星轮系来实现。
A. 运动的分解　　　　　　B. 远距离传动　　　　　　C. 变速传动

27. 在行星轮系中，支承行星轮并和它一起绕固定几何轴线转动的构件称为_____。
A. 行星轮　　　　　　　　B. 太阳轮　　　　　　　　C. 行星架

28. 将行星轮系转化为定轴轮系后，各构件间的相对运动_____变化。
A. 不发生　　　　　　　　B. 发生　　　　　　　　　C. 不确定

三、综合应用题

1. 已知一对正确安装的直齿圆柱齿轮，采用正常齿制，$m=3.5\text{mm}$，$z_1=21$，$z_2=64$，求传动比，分度圆直径，节圆直径，齿顶圆直径，齿根圆直径，基圆直径，中心距，齿距，齿厚和齿槽宽。

2. 已知一对正常齿制的标准直齿圆柱齿轮，$m=10\text{mm}$，$z_1=17$，$z_2=22$，中心距 $a=195\text{mm}$，要求：
（1）绘制两轮的齿顶圆、节圆、齿根圆和基圆；
（2）作出理论啮合线、实际啮合线和啮合角。

3. 设计一对单级直齿圆柱齿轮减速器的齿轮。已知：电动机驱动，转向不变，$z_1=26$，$z_2=52$，小齿轮转速 $n_1=1440\text{r/min}$，功率 $P=7.5\text{kW}$，工作平稳，齿轮为对称布置。

4. 如图 7-56 所示的某二级圆柱齿轮减速器，已知减速器的输入轴的转速 $n_1=960\text{r/min}$，各齿轮齿数为 $z_1=22$，$z_2=77$，$z_3=18$，$z_4=81$，求减速器的总传动比及各轴转速。

5. 机械钟表传动机构如图 7-57 所示，已知各轮齿数为 $z_1=72$，$z_2=12$，$z_{2'}=64$，$z_{2''}=z_3=z_4=8$，$z_{3'}=60$，$z_{5'}=z_6=24$，$z_5=6$，试分别计算分针 m 和秒针 s 之间的传动比 i_{ms}、时针 h 和分针 m 之间的传动比 i_{hm}。

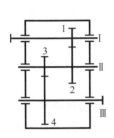

图 7-56　题三、4 图

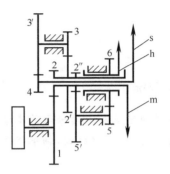

图 7-57　题三、5 图

6. 一手摇提升装置如图 7-58 所示。其中各轮齿数为 $z_1=20$，$z_2=50$，$z_{2'}=16$，$z_3=30$，$z_{3'}=1$，$z_4=40$，$z_{4'}=18$，$z_5=52$，试求传动比 i_{15}，并指出当提升重物时手柄的转向。

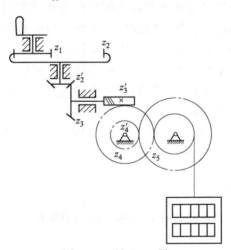

图 7-58　题三、6 图

7. 如图 7-59 所示的轮系中，已知各轮的齿数为 $z_1=15$，$z_2=25$，$z_{2'}=15$，$z_3=30$，$z_{3'}=15$，$z_4=30$，$z_{4'}=2$，$z_5=60$，试求传动比 i_{15}，并判断蜗轮 5 的转向。

8. 如图 7-60 所示轮系，已知各轮齿数，$z_1=50$，$z_2=30$，$z_{2'}=20$，$z_3=100$，试求传动比 i_{1H}。

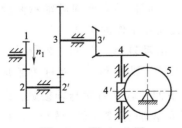

图 7-59　题三、7 图

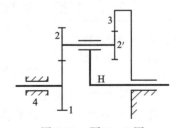

图 7-60　题三、8 图

第八章 轴承

学习目标

了解滑动轴承和滚动轴承的类型、结构特点及应用；了解滚动轴承代号的构成，掌握基本代号表示的含义；能根据轴承使用的条件选择滚动轴承的类型和尺寸；了解滚动轴承的组合设计。

第一节 滑 动 轴 承

轴承是各类机械设备中用来支承轴和轴上零件的重要零部件，用以保证轴的回转精度，减少轴与支承面间的摩擦和磨损。按摩擦性质，轴承分为滑动轴承和滚动轴承两大类。在一般机器中，如无特殊使用要求，优先推荐使用滚动轴承。

在滑动摩擦下运转的轴承称为滑动轴承。滑动轴承形式简单，接触面积大，适用于以下几种情况：①转速极高、承载特重、回转精度要求特别高；②承受巨大冲击和振动；③必须采用剖分结构的轴承；④要求径向尺寸特小。因而滑动轴承在汽轮机、内燃机、仪表、机床及铁路机车等机械上被广泛应用。此外，在低速、精度要求不高的机械中，如水泥搅拌机、破碎机中也常被采用。

一、滑动轴承的结构

滑动轴承按其承受载荷的方向，可分为承受径向载荷的径向滑动轴承和承受轴向载荷的止推滑动轴承。

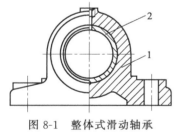

图 8-1 整体式滑动轴承
1—轴承座；2—轴套（轴瓦）

1. 径向滑动轴承

（1）整体式滑动轴承　如图 8-1 所示，整体式滑动轴承由轴承座和轴套组成，轴承座顶部有油孔，轴套内有油沟，分别用以加油和引油，以便润滑。这种轴承结构简单，但装拆时轴或轴承需轴向移动，而且轴套磨损后轴承间隙无法调整。它多用于低速轻载或间歇工作的场合。

（2）对开（剖分）式滑动轴承　如图 8-2 所示，对开式滑动轴承由轴承座、轴承盖、轴瓦和双头螺柱等组成。轴承盖与轴承座接合处做成台阶形止口，以便于对中。上、下两片轴瓦直接与轴接触，装配后应适度压紧，使其不随轴转动。轴承盖上有螺纹孔，可安装油杯或油管，轴瓦上有油孔和油沟。

对开式轴承按对开面位置，可分为平行于底面的正滑动轴承（图 8-2）和与底面成 45°的斜滑动轴承（图 8-3），以便承受不同方向的载荷。

对开式滑动轴承装拆方便，可调整轴承孔与轴颈之间的间隙，因此应用广泛。

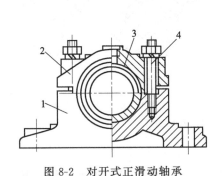 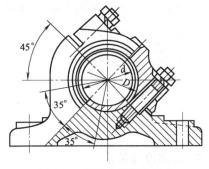

图 8-2　对开式正滑动轴承　　　　　　图 8-3　对开式斜滑动轴承

1—轴承座；2—轴承盖；3—轴瓦；4—双头螺柱

如图 8-4 为发动机连杆组件。连杆小头为整体式轴承；为了将活塞和连杆从汽缸套抽出，连杆大头采用对开式轴承。汽油机连杆大头采用平切口（图 8-4），柴油机连杆大头既有平切口，也有斜切口（图 8-5）。

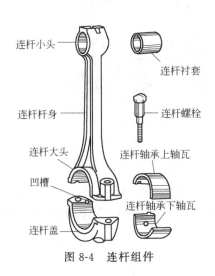 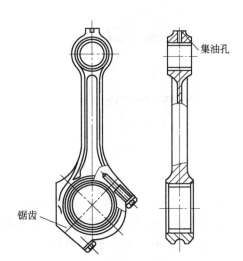

图 8-4　连杆组件　　　　　　图 8-5　斜切口连杆

柴油机连杆大头斜剖部分与连杆轴线成 30°～60°夹角，当做功冲程时，大头上盖承受爆发压力时可提高其强度，排气冲程时，连杆螺栓承受的拉应力会减小。为减小连杆螺钉的剪切应力，斜切口连杆盖要进行定位，定位方式如图 8-6 所示。

为防止连杆螺钉松动，在螺钉尾部采用特殊结构，螺母采用槽型螺母，再穿上开口销或锁紧铁丝防松。

（3）自动调心轴承　当轴承宽度 B 较大时（$B/d>1.5$），由于轴的变形、装配等原因，会引起轴颈轴线与轴承轴线偏斜，使轴承两端边缘与轴颈局部磨损，因此，应采用自动调心式滑动轴承。常见调心滑动轴承结构为轴承外支承表面呈球面，球面的中心恰好在轴线上，如图 8-7 所示，轴承可绕球形配合面自动调整位置。

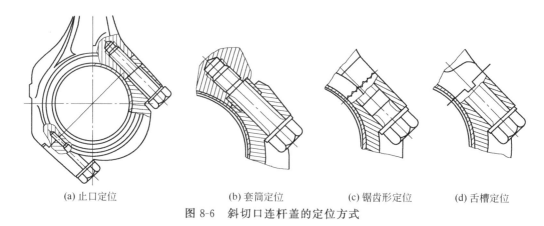

(a) 止口定位　　(b) 套筒定位　　(c) 锯齿形定位　　(d) 舌槽定位

图 8-6　斜切口连杆盖的定位方式

2. 止推滑动轴承

止推滑动轴承的结构如图 8-8 所示，它由轴承座、衬套、径向轴瓦和止推轴瓦组成。止推轴瓦的底部制成球面，以便对中，并用销钉与轴承座固定，用来防止止推轴瓦随轴转动。工作时润滑油靠压力从底部注入，从上部油管导出进行润滑。

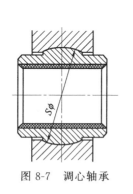

图 8-7　调心轴承

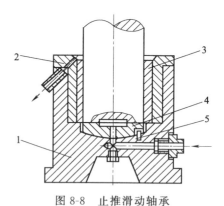

图 8-8　止推滑动轴承

1—轴承座；2—衬套；3—径向轴瓦；4—止推轴瓦；5—销钉

图 8-9 为止推轴承轴颈的几种常见形式。载荷较小时可采用空心端面止推轴颈 [图 8-9 (a)] 和环形轴颈 [图 8-9 (b)]，载荷较大时采用多环止推轴颈 [图 8-9 (c)]。环状轴颈不仅能承受双向的轴向载荷，且承载能力较大。

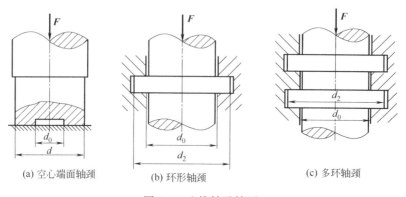

(a) 空心端面轴颈　　(b) 环形轴颈　　(c) 多环轴颈

图 8-9　止推轴承轴颈

二、轴瓦（轴套）的结构

轴瓦是滑动轴承中直接与轴颈接触的零件，是滑动轴承的主要组成部分。轴瓦结构如图 8-10 所示，分为整体式 [图 8-10（a）] 和剖分式 [图 8-10（b）] 两种。剖分式轴瓦两端凸缘可防止轴瓦沿轴向窜动，并能承受一定的轴向力。

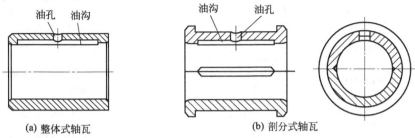

图 8-10 轴瓦结构

为了保证润滑油能均布在轴瓦工作表面，在非承载区的轴瓦上制有油孔和油槽（图 8-11），当宽径比 B/d 较小时，可以开一个油孔；对于宽径比较大、可靠性要求较高的轴承，还应开设油槽，油槽应以进油口为中心沿纵向、横向或斜向开设，但不应开至端部，以减少端部漏油。

为了提高轴瓦表面的摩擦性能，提高承载能力，对于重要轴承，可在轴瓦内表面浇铸一层轴承合金作减摩材料，以便节约贵重金属并改善接触面的摩擦性质。轴瓦内层合金部分称为轴承衬，外层部分称为瓦背。在轴瓦座上浇铸轴承衬时，为了使轴承衬牢固黏附在轴瓦上，常在轴瓦内表面开设沟槽，如图 8-12 所示。

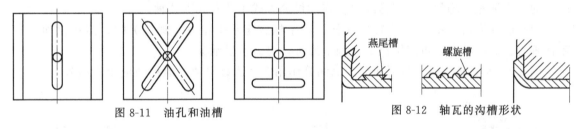

图 8-11 油孔和油槽   图 8-12 轴瓦的沟槽形状

三、轴承材料

滑动轴承的材料是指轴瓦（或轴套）和轴承衬的材料。因为轴瓦和轴颈直接接触承受载荷，产生摩擦、磨损并发热，所以轴瓦的材料应具有足够的强度，良好的减磨性、耐磨性和跑合性，具有较好的抗胶合能力，良好的导热性及加工工艺性等。

常用的轴瓦材料见表 8-1。

表 8-1 常用轴瓦材料

名称	材料 牌号	最大许用值			t/℃	应用场合
		$[p]$/MPa	$[v]$/(m/s)	$[pv]$/(MPa·m/s)		
铸造锡锑轴承合金	ZSnSb11Cu6	平稳载荷			150	用于高速重载的重要轴承，变载荷下易疲劳,价贵
		25	80	20		
	ZSnSb8Cu4	冲击载荷				
		20	60	15		

续表

材料		最大许用值			$t/℃$	应用场合
名称	牌号	$[p]$/MPa	$[v]$/(m/s)	$[pv]$/(MPa·m/s)		
铸造铅锑轴承合金	ZPbSb16Sn16Cu2	15	12	10	150	用于中速、中等载荷的轴承，不宜受显著冲击，可作为锡锑轴承合金的代用品
	ZPbSb15Sn5Cu3	5	6	5		
	ZPbSb15Sn10	20	15	15		
铸造锡青铜	ZCuSn10P1	15	10	15	280	用于中速、重载及受变载荷的轴承
	ZCuSn5Pb5Zn5	5	3	10		用于中速、中载的轴承
铸造铝青铜	ZCuAl10Fe3	15	4	12	280	用于润滑充分的低速、重载轴承

注：$[p]$ 为许用压强；$[v]$ 为许用速度；pv 值代表轴承的发热情况，$[pv]$ 为许用值。

四、滑动轴承的润滑

轴承常用的润滑剂有润滑油和润滑脂。

1. 润滑油润滑

油润滑有间歇供油和连续供油两类。间歇供油由操作人员用油壶或油枪注油，供油是间歇性的，供油量不均匀，且容易疏忽。连续供油方式主要有如下几种。

(1) 滴油润滑　图 8-13 为针阀油杯。将手柄放至水平位置，阀口关闭，停止供油；当手柄垂直，阀口开启，可连续供油。调节螺母，可调节供油量。

图 8-14 为油绳油杯。利用油绳的毛细管作用实现连续供油，但供油量无法调节。

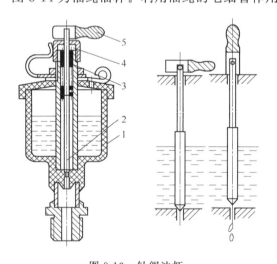

图 8-13　针阀油杯
1—杯体；2—针阀；3—弹簧；4—调节螺母；5—手柄

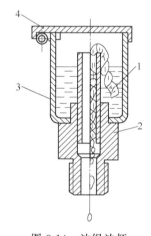

图 8-14　油绳油杯
1—油芯；2—接头；3—杯体；4—杯盖

(2) 油环润滑　图 8-15 所示为油环润滑。油环套在轴上，下部浸入油池中，当轴颈旋转时，油环依靠摩擦力被轴带动旋转，将油带到轴颈上进行润滑。这种装置结构简单，供油充分，但轴的转速不能太高或太低。

(3) 飞溅润滑 常用于闭式箱体内的轴承润滑,它利用旋转件(如齿轮、蜗杆或蜗轮等)将油池中的油飞溅到箱壁,再沿油槽流入轴承进行润滑。

(4) 压力循环润滑 用油泵将压力油输送至轴承处实现润滑,使用后的油回到油箱,经冷却过滤再重复使用。这种润滑可靠、效果好,但结构复杂,费用高。

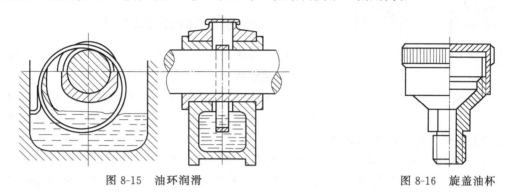

图 8-15　油环润滑　　　　　　　　　图 8-16　旋盖油杯

2. 润滑脂润滑

润滑脂比润滑油稠,不易流失,但冷却作用差,适用于低、中速且载荷不太大的场合。润滑一般为间断供应,常用的加脂方式有黄油枪加脂和脂杯加脂。图 8-16 所示为旋盖油杯,杯中装入润滑脂后,旋转上盖即可将润滑脂挤入轴承。

第二节　滚动轴承的构造及类型

一、滚动轴承的构造

滚动轴承的典型构造如图 8-17 所示,它由外圈 1、内圈 2、滚动体 3 和保持架 4 组成。滚动体的形式较多,有球和各类滚子等,如图 8-18 所示。内圈装在轴颈上,外圈装在机座内,一般内圈与轴一起转动,外圈保持不动,滚动体在内外圈间沿滚道滚动,保持架将各滚动体均匀隔开。

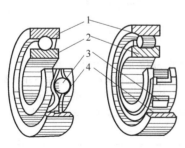

图 8-17　滚动轴承的基本结构
1—外圈;2—内圈;3—滚动体;4—保持架

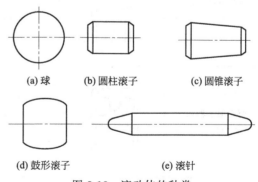

(a) 球　　(b) 圆柱滚子　　(c) 圆锥滚子

(d) 鼓形滚子　　(e) 滚针

图 8-18　滚动体的种类

滚动轴承中滚动体与外圈接触处的法线与垂直于轴承轴心线的径向平面之间的夹角 α 称为滚动轴承的公称接触角(图 8-19)。它是滚动轴承的一个重要参数,α 越大,轴承承受轴

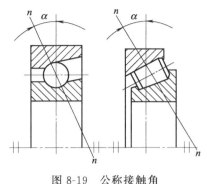

图 8-19 公称接触角

向载荷的能力越大。

滚动轴承已标准化,由专业工厂进行大批量生产,因此使用者只需根据工作条件和使用要求,正确选用轴承类型和尺寸即可。

二、滚动轴承的分类及特点

（1）按滚动体的形状分类 滚动轴承可分为球轴承和滚子轴承两大类。

① 球轴承 滚动体为球形的轴承称为球轴承。它与内、外圈滚道之间是点接触,摩擦小,但承载能力和耐冲击能力较低；允许的极限转速高。

② 滚子轴承 滚动体是圆柱、圆锥、鼓形和滚针等形状的轴承称为滚子轴承。它与轴承内、外圈滚道之间为线接触,摩擦大,但其承载能力和耐冲击能力较高；允许的极限转速较低。

（2）按承受载荷方向和公称接触角的不同分类 滚动轴承又可分为向心轴承和推力轴承两大类。

① 向心轴承 主要承受径向载荷,公称接触角 $0°\leqslant\alpha\leqslant 45°$。其中 $\alpha=0°$ 的,称为径向接触轴承,除深沟球轴承外,只能承受径向载荷；$0°<\alpha\leqslant 45°$,称为向心角接触轴承。

② 推力轴承 主要承受轴向载荷,公称接触角 $45°<\alpha\leqslant 90°$。其中 $\alpha=90°$ 的称为轴向接触轴承,只能承受轴向载荷；$45°<\alpha<90°$,称为推力角接触轴承。α 越小,承受径向载荷能力就越大。

滚动轴承的基本类型及特性见表 8-2。

表 8-2 常用滚动轴承类型及主要性能

类型及代号	结构简图	载荷方向	主要性能及应用
调心球轴承（1）		↕	其外圈的内表面是球面,内、外圈轴线间允许角偏位为 2°～3°,极限转速低于深沟球轴承。可承受径向载荷及较小的双向轴向载荷。用于轴变形较大及不能精确对中的支承处
调心滚子轴承（2）		↕	轴承外圈的内表面是球面,主要承受径向载荷及一定的双向轴向载荷,但不能承受纯轴向载荷,允许角偏位 0.5°～2°。常用在长轴或受载荷作用后轴有较大的弯曲变形及多支点的轴上
圆锥滚子轴承（3）		↱	可同时承受较大的径向及轴向载荷。承载能力大于"7"类轴承。外圈可分离,装拆方便,成对使用

续表

类型及代号	结构简图	载荷方向	主要性能及应用
推力球轴承(5)		↓	只能承受轴向载荷,而且载荷作用线必须与轴线相重合,不允许有角偏差。极限转速低,是分离型轴承
双向推力球轴承(5)		↕	能承受双向轴向载荷。其余与推力轴承相同
深沟球轴承(6)		↑↔	可承受径向载荷及一定的双向轴向载荷。内、外圈轴线间允许角偏位为 $8'\sim16'$
角接触球轴承(7) 7000C型($\alpha=15°$) 7000AC型($\alpha=25°$) 7000B型($\alpha=40°$)		↑→	可同时承受径向及轴向载荷,也可用来承受纯轴向载荷。承受轴向载荷的能力由接触角 α 的大小决定,α 大,承受轴向载荷的能力高。由于存在接触角 α,承受纯轴向载荷时,会产生内部轴向力,使内、外圈有分离的趋势,因此这类轴承都成对使用,可以分装于两个支点或同装于一个支点上。极限转速较高
圆柱滚子轴承(N)		↑	能承受较大的径向载荷,不能承受轴向载荷,极限转速也较高,但允许的角偏位很小,约 $2'\sim4'$。设计时,要求轴的刚度大,对中性好
滚针轴承(NA)		↑	不能承受轴向载荷,不允许有角偏斜,极限转速较低,结构紧凑,在内径相同的条件下,与其他轴承比较,其外径最小。适用于径向尺寸受限制的部件中

第三节 滚动轴承的代号及类型选择

一、滚动轴承的代号

滚动轴承是标准件,一般用途的滚动轴承代号由基本代号、前置代号和后置代号组成,代号一般印在轴承的端面上,其排列顺序为:

前置代号　基本代号　后置代号

1. 基本代号

基本代号表示轴承的类型、结构和尺寸。一般用五个数字或字母加四个数字表示,如图 8-20 所示。

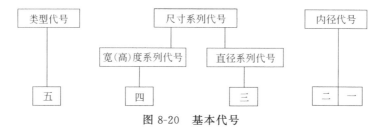

图 8-20　基本代号

(1) 内径代号　右边第一、二位数字代表内径尺寸,表示方法见表 8-3。公称内径在 20~480mm 之间时,代号为内径除以 5 的商数,商数为个位数时,需在商数前加"0";公称内径等于 500mm 以上,以及 22mm,28mm,32mm 等特殊值时,代号直接用公称内径数表示,但与尺寸系列之间用"/"分开。

表 8-3　轴承内径代号

内径代号	00	01	02	03	04~96
轴承内径 d/mm	10	12	15	17	数字×5

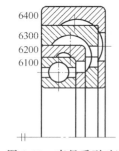

图 8-21　直径系列对比

(2) 尺寸系列代号　包括直径系列代号和宽(推力轴承指高)度系列代号。

直径系列代号:右起第三位数字表示轴承的直径系列代号。直径系列是指同一内径的轴承,配有不同外径和宽度的尺寸系列,常用代号为 0、1、2、3、4,尺寸依次递增。如图 8-21 所示。

宽(高)度系列代号:右起第四位数字表示宽(高)度系列代号。宽(高)度系列是指内径、外径都相同的轴承,配有不同宽度的尺寸系列(向心轴承),常用代号为 8、0、1、2、3、4、5、6,尺寸依次递增。对推力轴承,配有不同高度的尺寸系列,代号为 7、9、1、2,高度尺寸依次递增。

当宽度系列为"0"系列(正常系列)时,对多数轴承在代号中可不标出宽度系列代号 0,但对于调心滚动轴承和圆锥滚子轴承,则不可省略。

(3) 类型代号　右起第五位是轴承类型代号,用数字或字母表示轴承的类型,其表示方法见表 8-2。

2. 前置代号和后置代号

（1）前置代号　用字母来表示轴承分部件，例如：L 表示可分离轴承的可分离内圈或外圈，R 表示不可分离内圈或外圈的轴承等。

（2）后置代号　是轴承在结构形状、尺寸公差、技术要求等方面有改变时，在基本代号右侧添加的补充代号，用字母和数字表示，与左边的基本代号空半个汉字。后置代号共分八组，例如，第一组是内部结构，表示内部结构变化情况。如以 C、AC、B 分别表示公称接触角 $\alpha=15°$、$25°$、$40°$ 的角接触球轴承。又如，后置代号中第五组为公差等级代号，滚动轴承的公差等级分为 0、6、6X、5、4、2 六级，其中 2 级精度最高，0 级精度最低。标记方法为在轴承代号后写 /P0、/P6、/P6X、/P5、/P4、/P2 等，依次由低级到高级，/P0 级为常用的普通级，应用最广，其代号可不标出。

前置、后置代号及其他有关内容，详见《滚动轴承产品样本》。

例 8-1　说明轴承 7314B/P6 和 6208 的含义。

解　7314B/P6——表示内径 $d=70\text{mm}$，直径为 3 系列，宽度为 0 系列（省略），角接触球轴承，公称接触角 $\alpha=40°$，公差等级为 6 级。

6208——表示内径 $d=40\text{mm}$，直径系列为 2 系列，宽度为 0 系列，深沟球轴承。

二、滚动轴承的类型选择

1. 类型选择

选择滚动轴承的类型时，应根据表 8-2 各类轴承的特点，并考虑下列各因素进行。

① 载荷的性质　当载荷小而平稳时，可选用球轴承；载荷大或有冲击时，宜选用滚子轴承。当轴承只受径向载荷时，应选用径向接触轴承；当仅承受轴向载荷时，则应选用轴向接触轴承；同时承受径向和轴向载荷时，选用角接触轴承，轴向力越大，应选择接触角越大的轴承。

② 轴承的转速　转速高时，宜选用球轴承；转速低时可用滚子轴承。

③ 调心性能　当轴的中心线与轴承座中心线不重合而有角度误差时，或因轴受到力作用而弯曲或倾斜时，应采用调心轴承，但必须两端成对使用。

④ 装拆方便　为了便于安装和拆卸，可选用内、外圈可分离的轴承。

⑤ 经济性　一般说，球轴承比滚子轴承便宜，公差等级低的轴承比公差等级高的便宜，有特殊结构的轴承比普通结构的轴承贵。

2. 型号选择

对于一般机械轴承型号的选择，可根据轴颈直径选取轴承内径，轴承外廓系列，则根据空间位置参考同类型机械选取。

第四节　滚动轴承的组合设计

为了保证滚动轴承的正常工作，除了正确选择轴承的类型和型号外，还要解决轴承的轴向定位与固定、调整、配合、装拆、润滑与密封等一系列的问题，也就是还要合理地进行轴承的组合设计。

一、滚动轴承的轴向定位与固定

轴承的轴向定位与固定是指轴承的内圈与轴颈、外圈与座孔间的轴向定位与固定，这样轴承才能承受轴向载荷。轴承轴向定位与固定的方法很多，应根据轴承所受载荷的大小、方向、性质、转速的高低、轴承的类型及轴承在轴上的位置等因素，选择合适的轴向定位与固定方法。

1. 轴承内、外圈的轴向定位与固定

滚动轴承内圈轴向定位与固定的常用方法见表 8-4。

表 8-4 轴承内圈轴向定位与固定常用方法

定位与固定方式	图例	特点及应用
轴肩定位	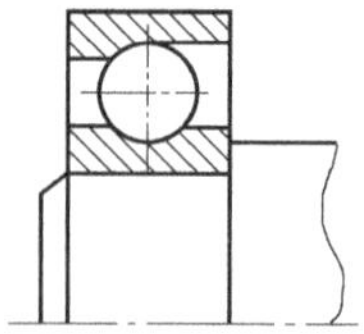	最常用的一种轴向定位方式，单向定位、结构简单、装拆方便，适用于各种轴承
轴用弹性挡圈	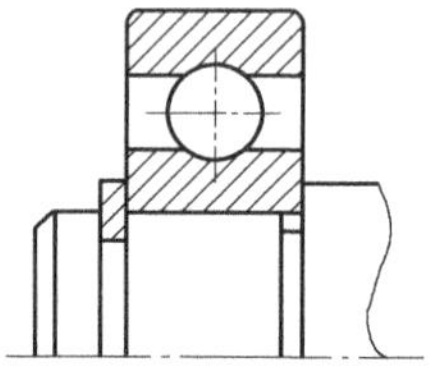	结构尺寸小，装拆方便，无法调整游隙，可承受不大的轴向载荷，主要用于深沟球轴承的轴向固定
轴端挡圈	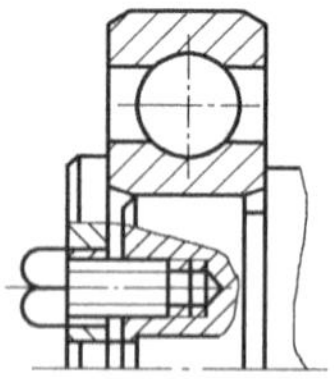	定位固定可靠，能承受较大的轴向力，适用于高转速下的轴承定位
圆螺母与止动垫圈	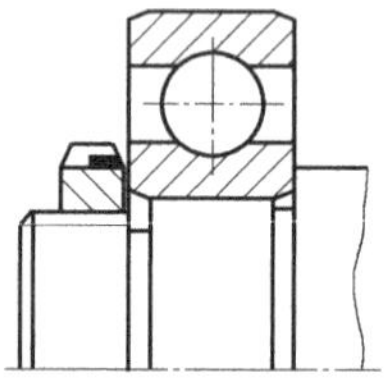	安全可靠，承受轴向力大，适用于高速、重载的场合

滚动轴承外圈定位与固定的常用方法见表 8-5。

表 8-5 轴承外圈轴向定位与固定常用方法

定位与固定方式	图例	特点及应用
轴承端盖	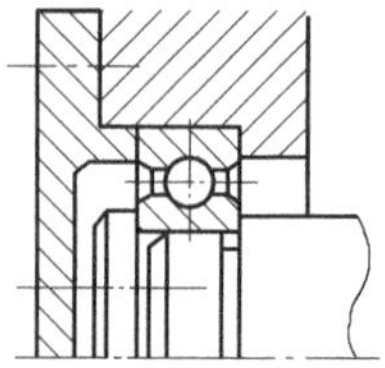	结构简单，固定可靠，调整方便，适用于各类轴承的外圈单向固定

定位与固定方式	图例	特点及应用
孔用弹性挡圈		结构简单、紧凑,装拆方便,适用于转速不高、轴向力不大的场合
止动卡环		适用于机座上不便制作凸台,且外圈带有止动槽的深沟球轴承

2. 轴系的固定

轴系固定的目的是防止轴工作时发生轴向窜动,保证轴上零件有确定的工作位置,同时还要预留适当间隙,以保证工作温度变化时轴能自由伸缩,不发生卡死现象。轴系的常见固定方式有下列三种组合形式。

(1) 两端固定支承 对于正常温度下工作的短轴(跨距小于 400mm),常采用较简单的两端固定支承。如图 8-22 所示,其轴向固定是靠轴肩顶住轴承内圈,轴承盖顶住轴承外圈来实现的。两个支承点各限制轴沿一个方向的轴向移动,合起来就限制了轴的双向移动。考虑到轴会受热伸长,一般在轴承端盖与轴承外圈端面间留有补偿间隙 $\Delta = 0.25 \sim 0.4$ mm,间隙 Δ 的大小,通常用一组垫片来调节。

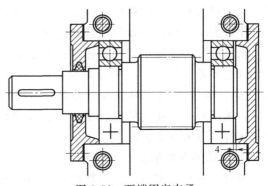

图 8-22 两端固定支承

(2) 一端固定一端游动支承 当轴的跨距较大或工作温度较高时,因轴的伸缩量较大,应采用一端固定一端游动支承。如图 8-23 (a) 所示,轴的左端深沟球轴承的内、外圈两个端面均为轴向固定,右端其外圈和座孔之间采用间隙配合,两端面都没有约束,从而保证轴在伸长或缩短时能自由移动。图 8-23 (b) 是一端支承采用圆柱滚子轴承时的游动结构,虽然轴承的内、外圈双向固定,但可依靠轴承本身具有的内、外圈可分离的特性实现游动。

(3) 两端游动支承 如图 8-24 所示,此种支承结构形式用得很少,只用于某些特殊情况,如人字齿轮小齿轮轴,由于人字齿轮的螺旋角加工不易做到左右完全一样,在啮合传动时会有左右微量窜动,因此,必须用两端游动支承结构,小齿轮轴可做轴向少量游动,自动补偿两侧螺旋角的制造误差,以防止齿轮卡死或人字齿轮两边受力不均匀。与其相啮合的大齿轮所在的轴则必须采用两端固定支承结构,以使该轴系在箱体中有固定位置。

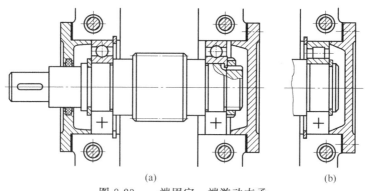

图 8-23　一端固定一端游动支承

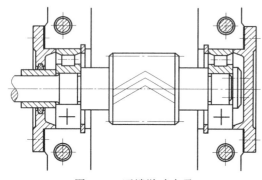

图 8-24　两端游动支承

二、滚动轴承的配合与装拆

1. 滚动轴承的配合

滚动轴承是标准件，其内圈与轴颈的配合采用基孔制，外圈与轴承座孔的配合则采用基轴制。

轴承配合的选择应考虑载荷的大小、方向和性质，转速的高低，工作温度以及套圈是否回转等因素。一般情况下，转动圈应比固定圈的配合紧；转速越高、载荷越大、冲击振动越严重时，采用的配合越紧；当轴承安装于空心轴上时，应采用较紧的配合；工作温度变化较大时，内圈与轴的配合应较紧，外圈与孔的配合应较松。

轴承的配合不同于普通圆柱轴孔的配合。在装配图中，标注轴承内圈与轴的配合时，只标注轴的公差代号而不必标注轴承内圈孔的代号，轴承内圈与轴常采用有过盈的配合，如 n6、m6、k6、js6 等；标注轴承外圈与座孔的配合时则只标孔的公差代号而不标轴承外圈的代号，轴承外圈与座孔的配合常采用有间隙的配合，如 K7、J7、H7、G7 等。滚动轴承配合的选择可参考国家标准。

2. 滚动轴承的装拆

滚动轴承是精密组件，其装拆方法必须规范，否则会降低轴承精度，损坏轴承和其他零部件。装拆时应使滚动体不受力，装拆力应对称均匀作用在轴承套圈的端面上。

由于轴承内圈与轴颈之间是过盈配合，故安装方法可以采用冷压法，即用专用压套用锤打或压力机将轴承装入轴颈，如图 8-25 所示，对于尺寸较大、精度要求较高的轴承，可采用热套法安装轴承，即将轴承放入油池中加热至 80~100℃，然后套装到轴颈上。

轴承的拆卸应使用专门的拆卸工具，如图 8-26 所示，而且在轴的设计中应考虑到定位轴肩的高度应小于轴承内圈的厚度。

三、滚动轴承的润滑与密封

1. 滚动轴承的润滑

滚动轴承润滑的目的主要是减少摩擦和磨损，同时也有冷却、吸振、防锈和减小噪声的作用。

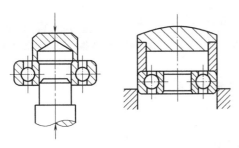
图 8-25 轴承的安装

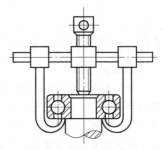
图 8-26 轴承的拆卸

当轴颈圆周速度 $v<4\sim 5$m/s 时，可采用润滑脂润滑，装填润滑脂时一般不超过轴承内空隙的 $1/3\sim 1/2$，以免因润滑脂过多而引起轴承发热，影响轴承正常工作。

当轴颈速度过高时，应采用润滑油润滑，这样不仅能减小轴承的摩擦阻力，还可起到散热、冷却作用。润滑方式常用浸油润滑或飞溅润滑。浸油润滑时油面不应高于最下方滚动体中心，以免因搅油而损失较大能量，使轴承过热。高速轴承采用喷油润滑。

2. 滚动轴承的密封

密封是为了阻止灰尘、杂物等进入轴承，同时也为了防止润滑剂流失。密封方法的选择与润滑剂种类、工作环境、温度、密封处的圆周速度等有关。密封方法分接触式和非接触式两大类。

接触式密封常用的有毡圈和密封圈密封。图 8-27 为毡圈密封，在轴承端盖上的梯形断面槽内装入毡圈，使其与轴在接触处径向压紧达到密封。密封处轴颈的速度 $v\leqslant 4\sim 5$m/s。图 8-28 为密封圈密封，密封圈由耐油橡胶或皮革制成。安装时密封唇应朝向密封的部位，密封效果比毡圈好，密封处轴颈的速度 $v\leqslant 7$m/s。接触式密封要求轴颈接触部分表面粗糙度 Ra 数值小于 $0.8\sim 1.6\mu$m。

图 8-27 毡圈密封

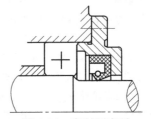
图 8-28 密封圈密封

非接触式密封有油沟密封（图 8-29）和迷宫式密封（图 8-30）。

油沟密封应在油沟内填充润滑脂，端盖与轴颈的间隙为 $0.1\sim 0.3$mm。油沟密封结构简单，适用于轴颈速度 $v\leqslant 5\sim 6$m/s。迷宫式密封为静止件与转动件之间有几道弯曲的缝隙，缝隙宽度为 $0.2\sim 0.5$mm，缝隙中填满润滑脂。迷宫式密封可用于高速场合。

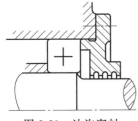
图 8-29 油沟密封

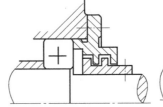
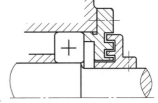
图 8-30 迷宫式密封

▶▶ 习　题 ◀◀

一、判断题

1. 在一般机器中，如无特殊使用要求，优先推荐使用滚动轴承。（　）
2. 滑动轴承适用于轴向尺寸特小的场合。（　）
3. 止推滑动轴承能承受径向载荷。（　）
4. 为了保证润滑，在非承载区的轴瓦上制有油孔和油槽。（　）
5. 滚动轴承由内圈、外圈和滚动体组成。（　）
6. 深沟球轴承可承受径向载荷及一定的双向轴向载荷。（　）
7. 滚动轴承直径系列代号表示轴承内径不同而外径尺寸相同。（　）
8. 滚动轴承的外圈与箱体孔的配合采用基轴制。（　）

二、选择题

1. 内燃机曲轴与连杆之间采用_____滑动轴承。
   A. 整体式　　　　　　　　B. 对开式　　　　　　　　C. 调心式
2. 一直齿轮轴，其两端宜采用_____。
   A. 向心轴承　　　　　　　B. 推力轴承　　　　　　　C. 向心推力轴承
3. 在尺寸相同的情况下，_____所能承受的轴向载荷最大。
   A. 调心球轴承　　　　　　B. 深沟球轴承　　　　　　C. 角接触轴承
4. 下列滚动轴承中，_____的极限转速最高。
   A. 推力球轴承　　　　　　B. 深沟球轴承　　　　　　C. 角接触轴承
5. 只能承受径向载荷的轴承是_____。
   A. 圆柱滚子轴承　　　　　B. 深沟球轴承　　　　　　C. 推力球轴承
6. 只能承受轴向载荷的轴承是_____。
   A. 圆柱滚子轴承　　　　　B. 深沟球轴承　　　　　　C. 推力球轴承
7. 在滚动轴承的基本分类中，向心轴承其公称接触角 α 的范围是_____。
   A. $\alpha = 0°$　　　　　　　B. $45° < \alpha \leq 90°$　　　　　C. $0° \leq \alpha \leq 45°$
8. 滚动轴承代号由基本代号、前置代号和后置代号组成，其中基本代号表示_____。
   A. 轴承的类型、结构和尺寸　B. 轴承组件　　　　　　　C. 轴承内部结构
9. 滚动轴承的类型代号由_____表示。
   A. 数字或字母　　　　　　B. 数字　　　　　　　　　C. 字母
10. 角接触球轴承所能承受轴向载荷的能力取决于_____。
    A. 轴承的宽度　　　　　　B. 接触角的大小　　　　　C. 轴承精度

三、说明题

试说明下列滚动轴承代号的含义。

7210AC　　　　30306/P5　　　　N211　　　　　　6212

第九章 连接零件

学习目标

了解连接用螺纹的类型与特点、常用连接件的结构与应用、螺纹连接的结构与装拆；掌握螺纹连接的基本类型与使用特点、螺纹连接的防松方法；了解联轴器、离合器的结构、功用和特点；了解弹簧的类型与功用。

第一节 螺纹连接

螺纹连接是利用带螺纹的零件构成的一种可拆连接。螺纹连接具有结构简单、装拆方便、工作可靠、成本低、类型多样等特点，在机械制造和工程结构中应用广泛。绝大多数螺纹连接件已标准化，并由专业工厂成批量生产。本节主要介绍螺纹连接及螺纹连接件的类型、结构、标准、材料、安装等基本知识。

一、连接用螺纹

轴向剖面内牙型为三角形的三角形螺纹，因其自锁性好，螺纹牙强度高，故多用于连接。三角形螺纹分为米制（公制）和英制两类，中国除管螺纹采用英制螺纹外，其余均采用米制螺纹。

1. 米制螺纹

米制螺纹的牙型角（牙型两侧边的夹角）为 60°，牙根较厚，牙根强度高。按螺距 P（相邻两螺纹牙对应点间的轴向距离）不同又分为粗牙螺纹和细牙螺纹。同一公称直径（螺纹大径 d）的螺纹可有多种螺距，螺距最大的称为粗牙螺纹，其余称为细牙螺纹。

（1）粗牙螺纹 为基本螺纹，如图 9-1（a）所示，一般情况下使用的均为粗牙螺纹。

（2）细牙螺纹 与公称直径相同的粗牙螺纹相比，细牙螺纹的螺距小、牙细、小径大，如图 9-1（b）所示，故自锁性好，对螺纹件的强度削弱小。但细牙螺纹因每圈接触面较小，不耐磨，磨损后易滑丝，常用于受冲击、振动、变载荷以及薄壁零件的连接和微调装置中。

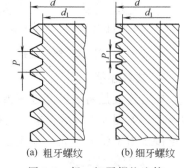

(a) 粗牙螺纹　　(b) 细牙螺纹

图 9-1　粗、细牙螺纹比较

2. 管螺纹

管螺纹是专用于管件连接的特殊细牙三角形螺纹。其牙型角为 55°，公称直径为管子的内径。管螺纹分为圆柱管螺纹和圆锥管螺纹。圆柱管螺纹连接的内、外螺纹间无径向间隙，连接密封性较好，常用于水、煤气和润滑油管道；圆锥管螺纹有 1∶16 的锥度，主要依靠牙的变形来保证连接的密封性，常用于高温、高压等密封性要求较高的管道连接。

二、螺纹连接的类型

螺纹连接是通过螺纹连接件或被连接件上的内、外螺纹来实现的，有螺栓连接、双头螺柱连接、螺钉连接和紧定螺钉连接等类型。

1. 螺栓连接

螺栓连接是将螺栓穿过被连接件上的通孔，再拧紧螺母的连接。这种连接结构简单、加工方便、成本低，一般用于被连接件不太厚、需经常装拆的场合。螺栓连接可分为普通螺栓连接和铰制孔螺栓连接两类。

（1）普通螺栓连接 如图 9-2（a）所示，螺栓杆与被连接件孔壁之间保持一定的间隙，杆与孔的加工精度低，应用广泛。使用时需拧紧螺母。不管连接传递的载荷是何种形式，都使连接螺栓产生拉伸变形。

（2）铰制孔螺栓连接 如图 9-2（b）所示，螺栓杆与被连接件孔壁之间没有间隙，螺栓杆与孔需精加工（孔需铰制），成本较高。螺栓工作时承受剪切和挤压作用。一般用于承受横向载荷、要求定位精度高的场合。

2. 双头螺柱连接

双头螺柱连接如图 9-3 所示，螺柱两头都制有螺纹，一头旋紧在被连接件之一的螺纹孔中，另一头穿过其余连接件的通孔，再拧紧螺母。双头螺柱连接装拆方便，拆卸时，只需拧下螺母而不必从螺纹孔中拧出螺柱。这种连接适用于被连接件之一较厚难以穿孔并经常装拆的场合。

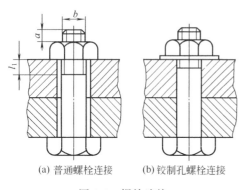

图 9-2 螺栓连接

(a) 普通螺栓连接 (b) 铰制孔螺栓连接

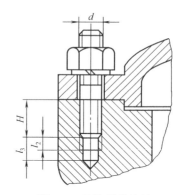

图 9-3 双头螺柱连接

3. 螺钉连接

螺钉连接是将螺钉穿过一被连接件的通孔后直接拧入另一较厚的被连接件螺纹孔中的一种连接，如图 9-4 所示。这种连接不用螺母，结构简单，经常拆卸时易损坏孔内螺纹，故螺钉连接多用于受力不大、被连接件之一较厚难以穿孔、不需经常装拆的场合。

4. 紧定螺钉连接

紧定螺钉连接是将紧定螺钉旋入一螺纹零件的螺纹孔中，并用紧定螺钉端部顶住或顶入另一个零件，以固定两个零件的相对位置，并可传递不太大的力或转矩的一种连接，如图 9-5 所示。

5. 地脚螺栓连接

地脚螺栓连接如图 9-6 所示，用于水泥基础中固定各种机架。

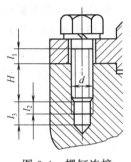
图 9-4　螺钉连接

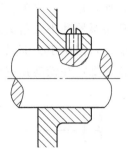
图 9-5　紧定螺钉连接

6. 吊环螺钉连接

吊环螺钉连接如图 9-7 所示。吊环一般装在机器的外壳上，以便于安装、拆卸和运输时起吊。如果使用两个吊环螺钉工作时，两个吊环间的受力夹角 α 不得大于 90°，如图 9-7（b）所示。吊环螺钉应进行 200% 额定静载荷的强度试验，试验后吊环螺钉不允许有永久变形和裂纹，以保证起重和搬运时的安全。

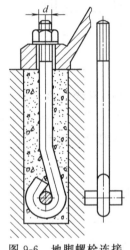
图 9-6　地脚螺栓连接

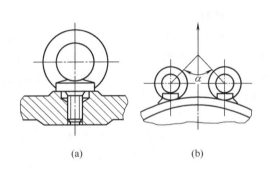
图 9-7　吊环螺钉连接

三、螺纹连接件

螺纹连接件的品种虽然很多，但基本上都是商业性的标准件，只要合理选择其规格、型号后，就可直接购买。国家标准规定，螺纹连接件的公称直径均为螺纹的大径；其精度分 A、B、C 三个等级，A 级精度最高，B 级精度次之，常用的标准螺纹连接件选用 C 级精度。

螺纹连接件一般常用 Q215、Q235、10 钢、35 钢、45 钢等材料制造；受冲击、振动、变载荷作用的螺纹连接件可采用合金钢，如 15Cr、40Cr、15MnVB、30CrMnSi；有防腐蚀、防磁、耐高温、导电等特殊要求时，采用 1Cr13、2Cr13、CrNi2、1Cr18Ni9Ti 和黄铜 H62、HPb62 及铝合金 2B11、2A10 等材料；近年来还发展了高强度塑料的螺栓和螺母。螺母材料的强度和硬度一般较相配合螺栓材料稍低。

工程上常用螺纹连接件有如下几种。

1. 螺栓

螺栓的结构形式如图 9-8 所示，螺栓杆部可以全部制成螺纹或只有一段螺纹。螺栓头部的形状很多,如六角头、方头、T形头,但以六角头螺栓应用最广。六角头螺栓按头部大小分为标准六角头螺栓和小六角头螺栓两种。用冷镦法生产的小六角头螺栓,用材省、生产率高、力学性能好,但由于头部尺寸小,不宜用于被连接件抗压强度低和经常装拆的场合。螺栓还可分为普通螺栓和铰制孔螺栓两类,以分别用于普通螺栓连接和铰制孔螺栓连接。

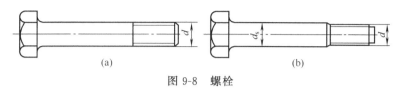

图 9-8 螺栓

2. 双头螺柱

双头螺柱的结构如图 9-9 所示,其两端均制有螺纹。双头螺柱的一端旋入被连接件的螺纹孔,另一端用螺母拧紧,有 A、B 两种结构。

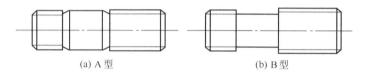

图 9-9 双头螺柱

3. 螺钉

如图 9-10 所示,螺钉的结构与螺栓的结构相似,但头部的形状较多,以适应不同的要求。内六角沉头螺钉用于拧紧力矩大、连接强度高、结构紧凑的场合;十字槽沉头螺钉拧紧时易对中、不易打滑,便于用机动工具装配;一字槽浅沉头螺钉结构简单,用于拧紧力矩小的场合。

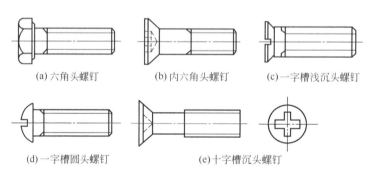

图 9-10 螺钉

4. 紧定螺钉

紧定螺钉用末端顶住被连接件,末端结构有多种形式,如图 9-11 所示,以适应不同的工作要求。锥端要求被顶面有凹坑,紧定可靠,适用于被紧定零件硬度较低、不经常拆装的场合;倒角端适用顶紧硬度较高的平面、经常装拆的场合;圆柱端不伤被顶表面,多用于需经常调节位置的场合。

5. 螺母

螺母形状有六角螺母、圆螺母、方螺母等,如图 9-12 所示。应用最普遍为六角螺母,按螺母厚度不同,六角螺母分为普通螺母、薄螺母、厚螺母。薄螺母用于尺寸受空间限制的

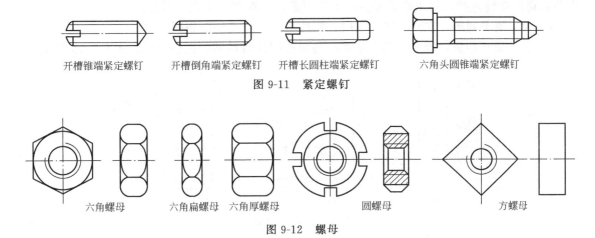

图 9-11 紧定螺钉

六角螺母　　六角扁螺母　　六角厚螺母　　圆螺母　　方螺母

图 9-12 螺母

地方，厚螺母用于装拆频繁、易于磨损的地方。圆螺母的螺纹常为细牙螺纹，四个缺口供扳手拧螺母用，常与止动垫圈配合使用，形成机械防松，用来固定轴上零件。

6. 垫圈

在螺母与被连接件之间通常装有垫圈，以增大与被连接件的接触面，降低接触面的压强，从而保护被连接件表面在拧紧螺母时不致被擦伤。垫圈常用的有平垫圈、斜垫圈和弹簧垫圈，如图 9-13 所示。斜垫圈用于垫平倾斜的支承面，避免螺杆受到附加的偏心载荷。弹簧垫圈与螺母配合使用，可起摩擦防松作用。

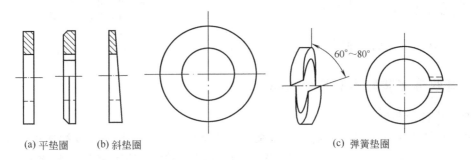

(a) 平垫圈　　(b) 斜垫圈　　(c) 弹簧垫圈

图 9-13 垫圈

四、螺栓连接的几个结构问题

机器中多数螺栓连接一般都是成组使用的，因此，必须合理地布置其结构。

① 在连接接合面上，合理地布置螺栓。

a. 为了便于加工制造、确保接合面受力比较均匀，接合面采用轴对称的简单几何形状，螺栓在接合面上应对称布置，如图 9-14 所示。

b. 为了便于钻孔时在圆周上分度和画线，分布在同一圆周上的螺栓数应取易于等分的数，如 3、4、6、8、12 等。

c. 为了避免螺栓受力严重不均匀，对承受

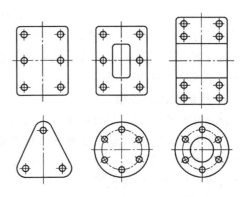

图 9-14 螺栓的布置形式

横向载荷的螺栓连接，沿工作载荷方向上不要成对地布置 8 个以上的螺栓。

d. 为了便于制造，在同一螺栓组中，螺栓材料、直径均应相同。

② 为了便于装拆，螺栓与箱壁或螺栓与螺栓间应留足够的扳手空间，如图 9-15 所示。

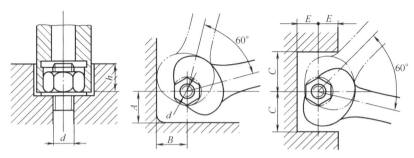

图 9-15　扳手空间

③ 为了连接可靠，避免产生附加载荷，螺栓头、螺母与被连接件的接触面应加工平整并保证螺栓轴线与接触面垂直。为减少加工面，常将支承面做成凸台或凹坑，如图 9-16 所示。对于有斜坡的型钢，可采用方形斜垫圈垫平，如图 9-17 所示。

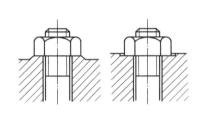

图 9-16　凸台与凹坑

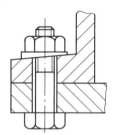

图 9-17　斜面垫圈

五、螺纹连接装配中的几个问题

1. 螺栓连接的预紧

大多数螺栓连接在装配时都需要拧紧螺母，使螺栓与被连接件间以及被连接件间产生足够的预紧力，以增强连接的可靠性、紧密性和防松能力。通常螺栓连接的拧紧由操作者的手感、经验决定，但不易控制，可能将小直径的螺栓拧断。重要的螺栓连接可通过测力矩扳手等来控制预紧程度，如图 9-18 所示。在重要的螺栓连接中，若不严格控制预紧力，则不

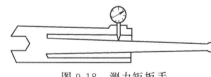

图 9-18　测力矩扳手

能采用小于 M12～16 的螺栓。

为了保证接合面贴合良好、螺栓间承载一致，在拧紧螺栓组中各螺栓时，必须按一定顺序分步拧紧，如图 9-19 所示。

2. 螺纹连接的防松

连接用螺纹都能满足自锁条件，在静载荷和温度变化不大时，自锁可靠，连接不会自动松脱。但若有冲击、振动、变载或温度变化较大时，螺纹牙间和支承面间的摩擦阻力可能瞬时消失，经多次重复后，连接可能会松动，甚至脱落造成严重的事故。因此，机器中的螺纹连接在装配时应考虑防松措施。

螺纹连接防松的基本原理是防止螺旋副在工作时产生相对转动。按防松原理不同，螺纹

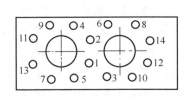 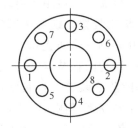 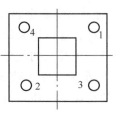

图 9-19　螺栓组连接的拧紧顺序

防松方法可分为摩擦防松、机械防松和永久止动三种。

（1）摩擦防松　其原理是拧紧螺纹连接后，使内外螺纹间有不随外加载荷而变的压力，因此始终有一定的摩擦力来防止螺旋副的相对转动。

图 9-20 所示为对顶螺母防松装置，是在螺栓上旋合两个螺母，利用两螺母的对顶作用使螺栓始终受到附加拉力和附加摩擦力作用，尽管外载荷为零，但附加摩擦力总是存在，故达到防松的目的。由于多了一个螺母，且工作并不十分可靠，故不适宜剧烈振动和高速场合。

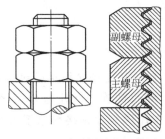 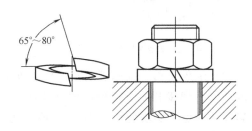

图 9-20　对顶螺母防松装置　　　　　图 9-21　弹簧垫圈防松装置

图 9-21 所示为弹簧垫圈防松装置。弹簧垫圈的材料为 65Mn 钢，制成后经过淬火处理，并具有 65°～80° 的翘开斜口。拧紧螺母后，弹簧垫圈被压平而产生弹力，从而使螺纹间始终保持压紧力和摩擦力，达到防松的目的。垫圈切口处的尖角刮着螺母和被连接件的支承面，也有防松作用。弹性垫圈结构简单、工作可靠、应用广泛。

（2）机械防松　其原理是利用止动零件直接防止内外螺纹间的相对转动，机械防松的可靠性高。

图 9-22 所示为开口销和槽形螺母防松装置，螺母开槽，螺栓尾部钻孔。螺母拧紧后，开口销通过开槽螺母的槽插入螺栓尾部的孔中后，将销的尾部分开，从而使螺母和螺栓间不

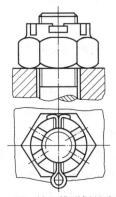 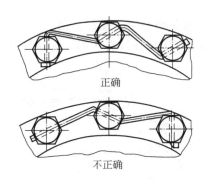

图 9-22　开口销和槽形螺母防松装置　　　　　图 9-23　串联金属丝防松装置

能相对转动。这种防松装置安全可靠,常应用于有较大振动和冲击载荷的高速机械中。

图 9-23 所示为串联金属丝防松装置,螺钉头部钻孔。螺钉拧紧后,用金属丝穿过各螺钉头部的孔,将各螺钉串联而互相制约来防止松动。穿绕的金属丝应让任一螺钉在松动时,使其余的螺钉产生拧紧的趋势。这种防松装置结构轻便,防松可靠,适用于螺钉组连接。

图 9-24 所示为单耳止动垫圈防松装置,拧紧螺母后,将垫圈的单耳弯折贴紧在被连接件的侧面,把垫圈的一边弯折贴紧在螺母侧边平面,从而把螺母锁紧在被连接件上。

图 9-25 所示为圆螺母用止动垫圈防松装置,止动垫圈有一个内翅和几个外翅。将垫圈的内翅嵌入螺栓(或轴)的槽内,拧紧螺母后将外翅的一折嵌于螺母的一个槽内,从而实现防松。

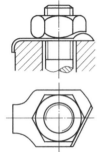

图 9-24 单耳止动垫圈防松装置

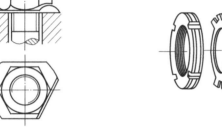

图 9-25 圆螺母用止动垫圈防松装置

(3)永久止动 其原理是把螺旋副变为不可拆卸的连接,从而排除相对运动的可能。图 9-26 所示为焊接和冲点防松,螺母拧紧后,在螺栓末端与螺母的旋合缝处的 2~3 个位置进行焊接或冲点来实现防松。图 9-27 所示为粘接防松,通常用厌氧性粘接剂涂于螺纹旋合表面,拧紧螺母后粘接剂将螺纹副粘接在一起,实现防松。

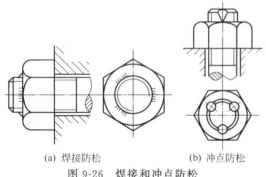

(a) 焊接防松　　　　(b) 冲点防松

图 9-26 焊接和冲点防松

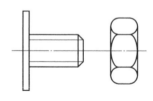

图 9-27 粘接防松

3. 双头螺柱旋入端的紧固

由于双头螺柱没有头部,无法将旋入端紧固,为此,常采用两螺母对顶的方法来装配双头螺柱。

如图 9-28 所示,采用双头螺母对顶方法紧固双头螺柱时,先将两个螺母互相旋紧在双头螺柱上,然后用扳手转动上面一个螺母,因下面一个螺母的锁紧作用,迫使双头螺柱随扳手转动而拧入螺纹孔中紧固。松开时,用两把扳手分别夹住两螺母同时反向松动。

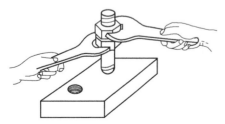

图 9-28 双头螺母拧入法

4. 装拆时螺纹连接件转向的判定

螺纹按其旋向分为左旋螺纹和右旋螺纹，右旋螺纹的相对轴向移动方向和旋转方向满足右手定则，即右手的大拇指表示螺纹件轴向移动方向，四指的弯曲方向则为该螺纹件的转动方向（扳手的转动方向）。由于机械工程中通常用右旋螺纹，故在装拆螺纹连接时，一般情况下可用右手定则来判定螺纹连接件的轴向移动方向与转向间的关系，如图 9-29 所示。

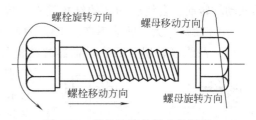

图 9-29　螺纹连接件转向的判定

第二节　联轴器和离合器

联轴器和离合器是将两轴（或轴与旋转零件）连成一体，以传递运动和转矩的部件，是机械传动中常用的部件。联轴器和离合器所不同的是，用联轴器连接的两轴，只能在停机后经拆卸才能分离；而离合器则可在机器运转过程中使两轴随时都能分离或连接。常用的联轴器和离合器大多数已经标准化和系列化，一般从标准中选择所需的型号和尺寸。

一、联轴器

由于制造和安装误差、受载后的变形、温度变化和局部地基的下沉等因素，使连接的两轴产生一定的相对位移，如图 9-30 所示。因此，要求联轴器能补偿这些位移，否则会在轴、联轴器和轴承中引起附加载荷，导致工作情况恶化。联轴器种类很多，按有无补偿两轴相对位移的能力，可分为刚性联轴器和挠性联轴器两大类。

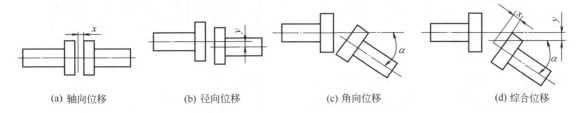

(a) 轴向位移　　　(b) 径向位移　　　(c) 角向位移　　　(d) 综合位移

图 9-30　两轴轴线的相对位移

1. 刚性联轴器

刚性联轴器不能补偿两轴的相对位移，要求所连接两轴对中性要好，对机器安装精度要求高。常用的刚性联轴器有套筒联轴器和凸缘联轴器。

（1）套筒联轴器　套筒联轴器是利用套筒、键或圆锥销将两轴端连接起来，如图 9-31 所示。当主动轴转动时，通过其上的键或圆锥销带动套筒转动，套筒通过与从动轴间的键或销驱

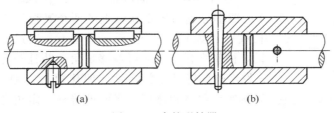

图 9-31　套筒联轴器

动从动轴转动。套筒联轴器的结构简单、容易制造、径向尺寸小，但装拆不便（需作轴向位移），用于载荷不大、转速不高、工作平稳、两轴对中性好、要求联轴器径向尺寸小的场合。

（2）凸缘联轴器 凸缘联轴器的结构如图 9-32 所示，由两个带凸缘的半联轴器通过键分别与两轴相连接，再用一组螺栓把两个半联轴器连接起来。凸缘联轴器有两种对中方式，图 9-32（a）所示是用一个半联轴器上的凸肩与另一个半联轴器上的凹槽相配合来实现两轴的对中。它用普通螺栓连接来连接两半联轴器，依靠两半联轴器接合面上的摩擦力传递转矩，因而，其对中性好，传递的转矩较小，但装拆时需移动轴。图 9-32（b）所示是通过铰制孔螺栓连接来实现两轴的对中，依靠螺栓杆产生剪切和挤压变形来传递转矩，故传递的转矩大，装拆时不需移动轴，但铰制孔加工较复杂，两轴对中性稍差。

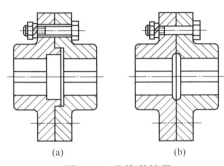

图 9-32 凸缘联轴器

凸缘联轴器的全部零件都是刚性的，不能缓冲吸振，不能补偿两轴间的位移，制造、安装精度要求高，但结构简单、对中性好、传递转矩大、价格低廉，适用于连接低速、载荷平稳、刚性大的轴。

2. 挠性联轴器

挠性联轴器能补偿两轴的相对位移，按是否具有弹性元件可分为无弹性元件和有弹性元件两类。

（1）无弹性元件 这类联轴器利用其内部工作元件间构成的动连接实现位移补偿，但其结构中无弹性元件，不能缓和冲击与振动。常用的有十字滑块联轴器、十字轴式万向联轴器、齿式联轴器等。

① 十字滑块联轴器 其结构如图 9-33 所示，由两个端面开有径向凹槽的半联轴器 1、3 和一个两面带有凸块的中间盘 2 组成。中间盘两端面上互相垂直的凸块嵌入 1、3 的凹槽中并可相对滑动，以补偿两轴间的相对位移。为了减少滑动面间的摩擦、磨损，在凹槽与凸榫的工作面应注入润滑油。

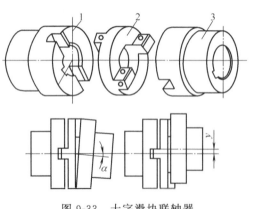

图 9-33 十字滑块联轴器
1,3—半联轴器；2—中间盘

十字滑块联轴器结构简单、径向尺寸小，制造方便，但工作时中间盘因偏心而产生较大的离心力，故适用于低速、工作平稳的场合。

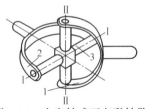

图 9-34 十字轴式万向联轴器
1,2—叉形接头；3—十字轴

② 十字轴式万向联轴器 其结构如图 9-34 所示，十字轴 3 的四端分别与固定在轴上的两个叉形接头 1、2 用铰链相连，构成一个动连接。当主动轴转动时，通过十字轴驱使从动轴转动，两轴在任意方向可偏移 α 角，并且轴运转时，即使偏移角 α 发生改变仍可正常转动。偏移角 α 一般不能超过 35°～45°，否则零件可能相碰撞。当两轴偏移一定角度后，虽然主动轴以角速度 ω_1 作匀速转动，但从动轴角速度 ω_2 将在一定范围内作

周期性变化,因而引起附加动载荷。为了消除这一缺点,常将十字轴式万向联轴器成对使用,如图 9-35 所示。在安装时,应使中间轴的两叉形接头位于同一平面,并使主、从动轴与中间轴的夹角相等,从而使主动轴与从动轴同步转动。

十字轴式万向联轴器结构紧凑,维护方便,能传递较大转矩,且能补偿较大的综合位移,广泛应用于汽车、拖拉机和金属切削机床中。

③ 齿式联轴器 如图 9-36 所示,由两个具有外齿的半联轴器 1、2 和两个具有内齿的外壳 3、4 组成。两个半联轴器分别与主动轴和从动轴用键相连接,外壳 3、4 的内齿轮分别与半联轴器 1、2 的外齿轮相互啮合,并且内、外齿轮的齿数相等,两外壳用螺栓连接在一起。为了使其具有补偿轴间综合位移的能力,齿顶和齿侧均留有较大的间隙,并把外齿的齿顶制成球面。联轴器内注有润滑油,以减少齿间磨损。

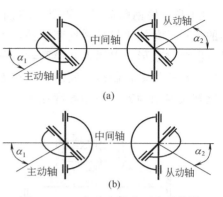

图 9-35 双向十字轴式万向联轴器

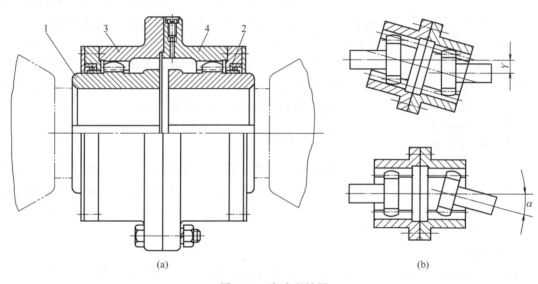

图 9-36 齿式联轴器
1,2—半联轴器;3,4—外壳

齿式联轴器有较多的齿同时工作,能传递很大的转矩,能补偿较大的综合位移,结构紧凑,工作可靠,但结构复杂、比较笨重、制造成本较高,因此广泛应用于传递平稳载荷的重型机械中。

(2) 有弹性元件 这类联轴器利用其内部弹性元件的弹性变形来补偿轴间相对位移,并能缓和冲击、吸收振动。

① 弹性套柱销联轴器 如图 9-37 所示,弹性套柱销联轴器的结构与凸缘联轴器相似,不同之处在于用装有弹性套圈的柱销代替了螺栓。安装时,一般将装有弹性套的半联轴器作动力的输出端,并在两半联轴器间留有轴向间隙,使两轴可有少量的轴向位移。这种联轴器的结构简单、重量较轻、安装方便、成本较低,但弹性套易磨损、寿命较短,主要应用于冲击小、有正反转或启动频繁的中、小功率传动的场合。

② 弹性柱销联轴器 如图9-38所示，弹性柱销联轴器与弹性套柱销联轴器相类似，不同的是用尼龙柱销代替弹性套柱销，工作时通过尼龙柱销传递转矩。柱销形状一段为柱形，另一段为腰鼓形，以增大补偿两轴间角位移的能力，为防止柱销脱落，两侧装有挡板。这种联轴器结构简单，制造、安装、维护方便，传递转矩大、耐用性好，适用于轴向窜动较大、正反转及启动频繁、使用温度在－20～70℃的场合。

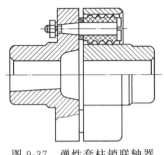

图9-37 弹性套柱销联轴器

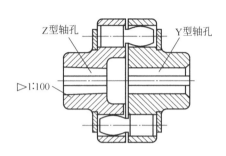

图9-38 弹性柱销联轴器

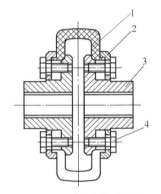

图9-39 轮胎式联轴器
1—橡胶制品；2—压板；
3—半联轴器；4—螺钉

③ 轮胎式联轴器 如图9-39所示，轮胎式联轴器是用压板2和螺钉4将轮胎式橡胶制品1紧压在两半联轴器3上。工作时通过轮胎传递转矩。为便于安装，轮胎通常开有径向切口。这种联轴器结构简单，具有较大的补偿位移的能力，良好的缓冲防振性能，但径向尺寸大。适用于潮湿、多尘、冲击大、正反转频繁、两轴间角位移较大的场合。

二、离合器

用离合器连接的两轴，可以通过操纵系统在机器运转过程中随时进行结合或分离，以实现传动系统的间断运行、变速和换向等。离合器按其接合方式不同，可分为牙嵌式和摩擦式两大类。

1. 牙嵌式

牙嵌离合器的结构如图9-40所示，由端面带牙的两个半离合器1、3组成，依靠相互嵌合的牙面接触传递转矩。半离合器1用普通平键和紧定螺钉固定在主动轴上，半离合器3用导向键或花键装在从动轴上，并通过操纵机构带动滑环4使其沿轴向移动，从而实现离合器的分离或接合。对中环2固定在主动轴的半联轴器内，以使两轴能较好地对中，从动轴轴端

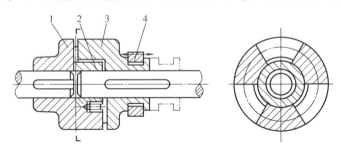

图9-40 牙嵌离合器
1,3—半离合器；2—对中环；4—滑环

可在对中环内自由转动。牙嵌离合器结构简单，尺寸小，工作时被连接的两轴无相对滑动而同速旋转，并能传递较大的转矩，但是在运转中接合时有冲击和噪声，因此接合时必须使主动轴慢速转动或停车。

2. 摩擦式

摩擦离合器是靠摩擦力传递转矩的，可在任何转速下实现两轴的离合，并具有操纵方便、接合平稳、分离迅速和过载保护等优点，但两轴不能精确同步运转，外廓尺寸较大，结构复杂，发热较高，磨损较大。

(1) 单盘式　图 9-41 所示为单盘式摩擦离合器，摩擦盘 2 紧固在主动轴 1 上，摩擦盘 3 用导向平键与从动轴 5 相连接并可沿轴向移动，工作时，通过操纵系统拨动滑环 4，使摩擦盘 3 左移，在轴向力作用下将其压紧在摩擦盘 2 上，从而在两摩擦盘的接触面间产生摩擦力，将扭矩和运动传递给从动轴。反向操纵滑环 4，使摩擦盘 3 右移，两摩擦盘分离。这种摩擦离合器结构简单，散热性好，但径向尺寸较大、摩擦力受到限制，常用在轻型机械上。

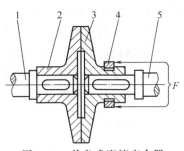

图 9-41　单盘式摩擦离合器
1—主动轴；2,3—摩擦盘；
4—滑环；5—从动轴

(2) 多盘式　多盘式摩擦离合器如图 9-42 所示，外套筒 2、内套筒 9 分别固定在主动轴 1 和从动轴 10 上，它有两组摩擦片，其中一组外摩擦片 4 的外齿插入外套筒 2 的纵向槽中（花键连接）构成动连接。另一组内摩擦片 5 的内齿插入内套筒 9 的纵向槽中构成动连接，两组摩擦片交错排列。操纵滑环 7 向左移动时，角形杠杆 8 通过压板 3 将内、外摩擦片相互压紧在一起，随同主动轴和外套筒一起旋转的外摩擦片通过摩擦力将转矩和运动传递给内摩擦片，从而使内套筒和从动轴旋转。当操纵滑环 7 向右移动时，角形杠杆 8 在弹簧的作用下将摩擦片放松，则两轴分离。为使摩擦片易于松开、提高接合时的平稳性，常将内摩擦片制成蝶形［图 9-42 (c)］，并使其具有一定弹性。螺母 6 可调节摩擦片之间的压力。多片式摩擦离合器由于增多了摩擦面，传递转矩的能力显著增大，结构紧凑，安装调节方便，应用广泛。

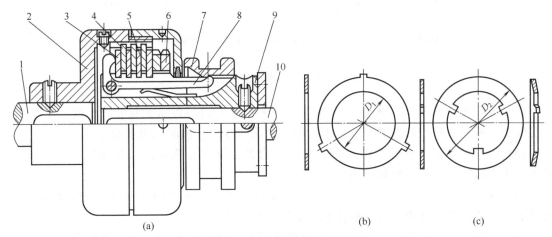

图 9-42　多盘式摩擦离合器
1—主动轴；2—外套筒；3—压板；4—外摩擦片；5—内摩擦片；6—螺母；
7—滑环；8—角形杠杆；9—内套筒；10—从动轴

第三节 弹簧

一、功用

弹簧是受外力后能产生较大弹性变形的一种常用弹性元件，是机械和仪表中的重要零件。利用其弹性变形可把机械能或动能转变为弹簧的弹性变形能，或把弹性变形能变为动能或机械能。弹簧的主要功用如下。

① 缓冲吸振，如汽车、火车车厢的缓冲弹簧和各种缓冲器中的弹簧。
② 控制机构运动，如凸轮机构中的控制弹簧、圆珠笔中的复位弹簧。
③ 储存及输出能量，如钟表弹簧、枪支中的弹簧。
④ 测量载荷，如测力器、弹簧秤中的弹簧。

二、类型

弹簧的类型很多，按外形可分为螺旋弹簧、板弹簧、蜗卷形盘簧、碟形弹簧和环形弹簧五种。

(1) 螺旋弹簧　如图 9-43 所示，螺旋弹簧用弹簧钢丝按螺旋线卷绕而成。按其外形可分为圆柱螺旋弹簧和圆锥螺旋弹簧；按其受载性质分为拉伸弹簧、压缩弹簧、扭转弹簧。由于螺旋弹簧制造简单，所以应用广泛，其中以圆柱螺旋弹簧应用最为广泛。

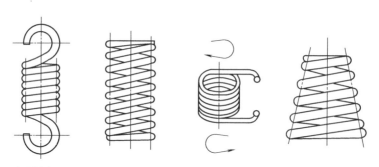

(a) 圆柱螺旋拉伸弹簧　(b) 圆柱螺旋压缩弹簧　(c) 圆柱螺旋扭转弹簧　(d) 圆锥螺旋弹簧

图 9-43　螺旋弹簧

(2) 板弹簧　如图 9-44 所示，板弹簧由许多长度不同的条状钢板叠合而成，主要用来承受弯矩。板弹簧有较好的缓冲、消振性能，常用做各种车辆的减振弹簧。

(3) 蜗卷形盘簧　如图 9-45 所示，蜗卷形盘簧由钢带盘绕而成，其轴向尺寸很小，主要用于承受转矩不大的仪器和钟表的储能装置。

(4) 碟形弹簧　如图 9-46 所示，由薄钢板冲压而成，主要用作压缩弹簧，其刚性大，缓冲吸振能力很强，常用于重型机械和大炮的缓冲装置。

(5) 环形弹簧　如图 9-47 所示，由内或外部具有锥度的钢制圆环交错叠合而成，主要用作压缩弹簧，因圆锥面具有较大的摩擦力而消耗能量，故具有很高的缓冲吸振能力，常用做重型机械的缓冲装置。

      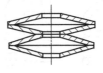   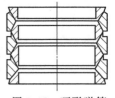

图 9-44　板弹簧　　　图 9-45　蜗卷形盘簧　　　图 9-46　碟形弹簧　　　图 9-47　环形弹簧

三、材料

由于弹簧在机械中常常承受交变载荷和冲击载荷，所以弹簧材料应具有较高的弹性极限、疲劳极限，具有足够的冲击韧性、塑性以及良好的热处理性能，以保证弹簧工作可靠。常用的材料有碳素弹簧钢、合金弹簧钢、不锈钢和铜合金。

(1) **碳素弹簧钢**　常用的有 65 钢、70 钢、85 钢等，这类材料价廉、强度高、性能好，但其热处理性能不如合金钢，适用于制造不承受冲击载荷的小弹簧。

(2) **合金弹簧钢**　常用的有 65Mn、60Si2Mn、50CrVA 钢等，65Mn 钢比碳素弹簧钢的强度高、淬透性好，但易产生淬火裂纹，一般用于制作直径在 8～15mm 左右的小弹簧。60Si2Mn 钢弹性好，回火稳定性好，但易脱碳，用于制作承受较大载荷的重要弹簧。50CrVA 钢有较高的疲劳性能，弹性、淬火性和回火稳定性好，耐高温，适合制作承受交变载荷的重要弹簧。

(3) **不锈钢和铜合金**　不锈钢耐腐蚀、耐高温，1Cr18Ni9 适合制作小弹簧，4Cr13 适合制作较大的弹簧。铜合金耐腐蚀、防磁性好，用于潮湿、酸性或其他腐蚀性介质中工作的弹簧。

四、圆柱螺旋弹簧的结构

1. 压缩弹簧

圆柱螺旋压缩弹簧在自由状态下，中部各圈间均留有一定的间距，以便于承载后变形，其两端各有 3/4～5/4 圈并紧的支承圈不参与变形。支承圈的主要结构形式如图 9-48 所示，图 9-48 (a) 为两端圈并紧且磨平的 YⅠ型，以使弹簧受压时能平稳直立、保证中心线垂直于端面，适用于承受变载荷、要求载荷与变形关系很准确的重要场合；图 9-48 (b) 为两端并紧不磨平的 YⅢ型。

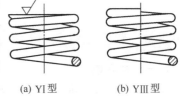

(a) YⅠ型　　(b) YⅢ型

图 9-48　压缩弹簧的结构

2. 拉伸弹簧

圆柱螺旋拉伸弹簧的各圈相互并紧，为了便于安装和加载，其端部制有挂钩，常用挂钩的结构如图 9-49 所示。LⅠ型 [图 9-49 (a)] 为半圆钩环，LⅡ型 [图 9-49 (b)] 为圆钩环，两者均由末端弹簧圈弯折而成，制造方便，但在过渡处产生很大的弯曲应力，适用于弹簧直径不大于 10mm 且不重要的弹簧。LⅦ型 [图 9-49 (c)] 为螺旋块可调式，LⅧ型 [图 9-49 (d)] 为耳环可转式，这两种挂钩的弯曲应力小，挂钩可以任意转动，便于安装。LⅧ型适用于较大载荷处，但价格较贵。

五、圆柱螺旋弹簧的几何参数

如图 9-50 所示，圆柱螺旋弹簧的几何参数有弹簧丝直径 d、弹簧中径 D_2、节距 P、工

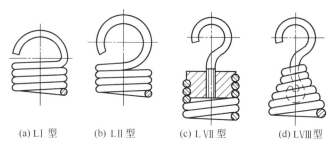

(a) LⅠ型　　(b) LⅡ型　　(c) LⅦ型　　(d) LⅧ型

图 9-49　拉伸弹簧的结构

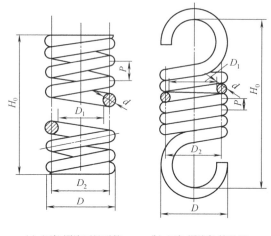

(a) 圆柱螺旋压缩弹簧　　(b) 圆柱螺旋拉伸弹簧

图 9-50　圆柱螺旋弹簧的几何参数

作圈数 n、自由高度 H_0 以及旋绕比 C。

弹簧丝直径 d 由弹簧的强度条件确定。圆柱螺旋弹簧的旋绕比 C 又称弹簧指数，是指弹簧中径 D_2 与弹簧丝直径 d 的比值，$C=D_2/d$。旋绕比越大，弹簧越软，卷制容易，但卷制后会有明显的回弹现象，且弹簧工作时易产生颤动，承载能力降低；旋绕比越小，弹簧越硬，卷制困难，弹簧丝受到的弯曲应力增大，容易断裂。一般 $C=4\sim16$。弹簧的工作圈数由弹簧的刚度条件确定，为了保证弹簧的稳定性，其工作圈数 $n\geqslant2$。压缩弹簧的节距 P 一般取 $(0.28\sim0.5)D_2$，拉伸弹簧的节距 P 等于弹簧丝直径 d。两端并紧且磨平的压缩弹簧的自由高度 $H_0\approx Pn+(1.5\sim2)d$，两端并紧不磨平的压缩弹簧的自由高度 $H_0\approx Pn+(3\sim3.5)d$，拉伸弹簧的自由高度 H_0 为 $(n+1)d$ 与挂钩长度之和。

▶▶ 习　题 ◀◀

一、判断题

1. 连接用螺纹要求平稳性好、螺纹牙强度高。（　　）
2. 普通螺纹的公称直径指的是螺纹的大径。（　　）
3. 当两个被连接件不太厚，便于加工成通孔时，宜采用螺钉连接。（　　）
4. 当两个被连接件不太厚，便于加工成通孔，要求定位精度高时，用铰制孔螺栓连接。（　　）
5. 双头螺柱连接用于被连接件之一太厚而不便于加工通孔并需经常拆装的场合。（　　）
6. 在重要的连接中，如果不能严格控制预紧力的大小，宜使用直径不大于 M12 的螺栓。（　　）
7. 螺纹连接的防松就是防止螺母与螺栓杆的相对运动。（　　）
8. 联轴器和离合器的主要区别是：用联轴器时无需拆卸就能使两轴分离或接合，用离合器时则要经拆卸才能把两轴分开。（　　）
9. 套筒联轴器用于径向安装尺寸受限并要求两轴对中性好的场合。（　　）
10. 工作有冲击、振动，两轴不能严格对中时，宜选用弹性联轴器。（　　）
11. 弹性套柱销联轴器允许两轴有较大的轴间相对位移。（　　）

12. 要求某机器的两轴在任何转速下都能接合或分离，应选用牙嵌离合器。（　）
13. 多盘式摩擦离合器的摩擦片数越多，传递的转矩也越大。（　）

二、选择题

1. 相同公称尺寸的普通细牙螺纹和粗牙螺纹相比，_____的自锁性能好。
   A. 细牙螺纹　　　　　　　　　　B. 粗牙螺纹
2. 当两个被连接件之一太厚，不宜制成通孔，且连接不需要经常拆装时，适宜采用_____连接。
   A. 双头螺柱　　　　　　　　B. 螺钉　　　　　　　　C. 螺栓
3. 设计螺栓组连接时，虽然每个螺栓的受力不一定相等，但各个螺栓仍采用相同的材料、直径和长度，这主要是为了_____。
   A. 受力均匀　　　　　　　　B. 外形美观　　　　　　　C. 便于加工和装配
4. 设计螺栓组连接时，常把螺栓布置成轴对称的均匀的几何形式，这主要是为了_____。
   A. 受力均匀　　　　　　　　B. 外形美观　　　　　　　C. 便于加工和装配
5. 采用凸台或沉头座孔结构作为螺栓或螺母的支承面，其目的是_____。
   A. 减少精加工面　　　　　　B. 外形美观　　　　　　　C. 便于加工和装配
6. 螺纹连接预紧的目的是_____。
   A. 增强螺栓的强度　　　　　B. 防止拧紧过载　　　　　C. 保证连接的可靠性和密封性
7. 下列联轴器中，_____具有良好的补偿综合位移的能力。
   A. 凸缘联轴器　　　　　　　B. 十字滑块联轴器　　　　C. 弹性柱销联轴器
8. 凸缘联轴器是一种_____联轴器。
   A. 刚性　　　　　　　　　　B. 挠性　　　　　　　　　C. 金属弹性元件挠性
9. 牙嵌离合器适用于_____。
   A. 任何转速下都能接合　　　B. 高速转动时接合　　　　C. 低速或停车时接合
10. 一般情况下，连接电动机和减速器的轴，如果要求有弹性，宜采用_____。
    A. 凸缘联轴器　　　　　　　B. 十字滑块联轴器　　　　C. 弹性柱销联轴器

参 考 文 献

[1] 蔡广新. 工程力学. 2版. 北京：化学工业出版社，2016.
[2] 蔡广新. 机械设计基础. 北京：化学工业出版社，2016.
[3] 柴鹏飞. 工程力学与机械设计. 北京：机械工业出版社，2013.
[4] 陈立德. 机械设计基础. 4版. 北京：高等教育出版社，2013.
[5] 胡家秀. 机械设计基础. 2版. 北京：机械工业出版社，2008.